KB271921

ONCE UPON *TOMORROW*

어느 날 다가온 *미래*

메타버스가 창출하는 새로운 기회를 잡아라

이충환 옮김

서울대 천문학과를 졸업한 뒤 동대학원에서 천문학 석사학위를 받고, 고려대 과학기술학 협동과정에서 언론학 박사학위를 받았다. 천문학 잡지 [별과 우주]에서 기자 생활을 시작했고 동아사이언스에서 [과학동아], [수학동아] 편집장을 역임했으며, 현재는 과학 콘텐츠 기획·제작 사 동아에스앤씨의 편집위원으로 있다. 옮긴 책으로 『상대적으로 쉬운 상대성이론』, 『빛의 제국』, 『보이드』, 『버드 브레인』 등이 있고 지은 책으로는 『블랙홀』, 『칼 세이건의 코스모스』, 『반짝반짝, 별 관찰 일지』, 『재미있는 별자리와 우주 이야기』, 『재미있는 화산과 지진 이야기』, 『지구온난화 어떻게 해결할까?』, 『십 대가 꼭 알아야 할 기후변화 교과서』, 『미세먼지 어떻게 해결할까?』, 『챗GPT 기회인가 위기인가(공저)』 등이 있다.

ONCE UPON *TOMORROW* : 어느 날 다가온 미래
메타버스가 창출하는 새로운 기회를 잡아라

초판 1쇄 발행 2026년 04월 10일

지은이 | 슈릭 아가피토프
옮긴이 | 이충환
펴낸이 | 정광성
펴낸곳 | 알파미디어
편집 | 임은경
디자인 | 황하나

출판등록 | 제2018-000063호
주소 | 05387 서울시 강동구 천호옛12길 18, 한빛빌딩 2층(성내동)
전화 | 02 487 2041
팩스 | 02 488 2040
ISBN | 979-11-7502-029-0 (03500)

ONCE UPON *TOMORROW*

어느 날 다가온 **미래**

메타버스가 창출하는 새로운 기회를 잡아라

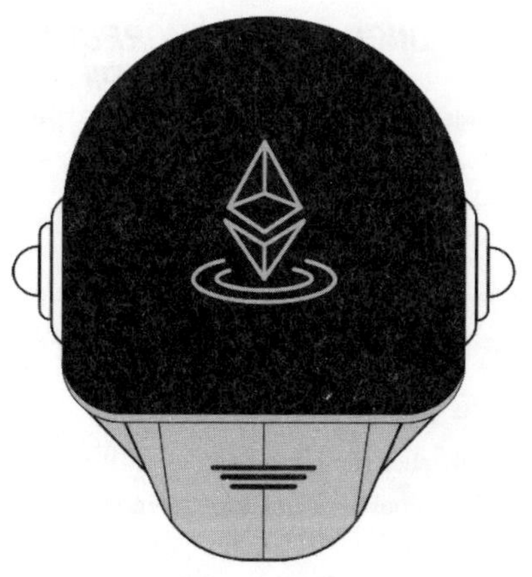

슈릭 아가피토프 글
이충환 옮김

알파미디어

ONCE UPON *TOMORROW*
어느 날 다가온 *미래*
메타버스가 창출하는 새로운 기회를 잡아라

자기 자신의 미래를 만들어 가는 사람들과
메타버스 제작자들에게

차례

| 들어가며 | 메타버스에 오신 것을 환영합니다   8

| 제1장 | 왜 마크 저커버그는 메타버스를 완전히 잘못 봤나   11

| 제2장 | 나의 이야기: 시베리아에서 셔먼 오크스까지   37

| 제3장 | 수조 달러 규모의 이야기   63

| 제4장 | 영화·음악·출판 산업의 붕괴, 그리고 비디오게임의 부상   88

| 제5장 | 비디오게임이 어떻게 세상을 구했는가   108

| 제6장 | 왜 메타사이트가 당신의 세상을 뒤흔들 것인가   126

| 제7장 | 블록체인, 비트코인, 이더리움 이해하기   148

| 제8장 | '디지털 아이템': 초강화된 로열티 프로그램을 떠올려라   168

| 제9장 | 수익 공유: 클릭에 선지급하지 말고, 고객에게 후지급하라   181

| 제10장 | 당신의 데이터를 가진 자가 당신의 세상을 지배한다   195

| 제11장 | 엑솔라는 비디오게임에 어떻게 투자하는가   208

| 제12장 | 스토리3: 소액 결제 기반의 스토리텔링   224

| 제13장 | 나는 LA도, 메타버스도 사랑한다   238

| 제14장 | 결론: 메타버스의 기회 붙잡기   253

감사의 글   265

주(註)   269

메타버스에 오신 것을 환영합니다

처음 인터넷을 사용했을 때의 설렘을 기억할 것이다. 인류 역사상 처음으로 거의 모든 지식이 손끝에 놓이게 되었다. 스마트폰, 컴퓨터, 태블릿만 있으면 언제든 과거의 역사 속으로 들어갈 수 있고, 복잡한 수학과 과학도 배울 수 있다. 그 과정은 대부분 무료로 이루어진다.

인터넷은 내가 살아온 시대의 가장 강력한 '기회 평준화 장치'였다. 세계에서 가장 가난한 지역 중 한 곳에서 자란 한 청년이 인터넷을 통해 스스로 공부하고, 지구 곳곳에 존재하는 가능성을 발견할 수 있었기 때문이다. 인터넷 속도가 빨라지고, 그래픽 품질이 향상되며, 더 많은 사람이 온라인으로 이동할수록 새로운 기회는 계속해서 생겨날 것이다.

인터넷은 더욱 강력하고 몰입적인 환경으로 발전할 것이며, 세상에서 자신의 자리를 찾고자 하는 창의적인 개인들에게 지금보다 훨씬 더 큰 기회를 제공할 것이다. 이 책의 핵심 주제도 바로 여기에 있다. 앞으로 이어질 장(章)에서는 향후 7년 안에 본격적으로 전개될 차세대 인터넷을 다룬다. 그것이 바로 메타버스다.

여기서 이런 질문이 나올 수 있다. "메타버스는 왜 중요한가?" 메타버스는 단순히 3차원 그래픽이 좋아지거나 인터넷 속도가 빨라지는 문제에 그치지 않는다. 이것은 기업이 운영되는 방식, 소비자가 일하고 놀며 시간을 보내는 방식, 그리고 인간이 이야기를 전달하는 방식(그것이 엔터테인먼트든 마케팅이든)을 근본적으로 바꾸는 변혁적 기술이다.

앞으로의 세상은 알파벳, 메타 플랫폼스, 아마존과 같은 거대 기술 기업들의 중앙집중적 계획을 중심으로만 돌아가지 않을 것이다. 이 책은 하나의 비전을 제시한다. 그 비전이 실현된다면 개인은 자신의 데이터와 개인정보에 대해 더 큰 통제권을 갖게 되고, 이 새로운 세계에서 가치를 창출할 수 있는 중요한 기회를 얻게 된다.

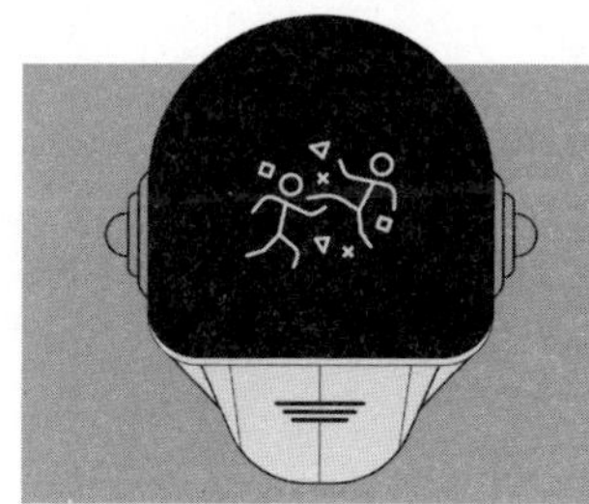

이 변화는 단순히 화면에 무엇이 보이느냐의 문제가 아니다. 더 정교한 반도체 칩의 등장만을 의미하지도 않는다. 이는 거대한 패러다임 전환이다. 사람들이 서로 상호작용하는 방식, 이야기를 공유하는 방식, 아이디어를 만들고 실행하는 방식은 지금까지 경험해온 것과는 전혀 다른 모습이 될 것이다. 그렇기 때문에 지금 이 시점에서 메타버스가 만들어낼 미래의 가능성을 이해하고, 변화의 흐름을 앞서 파악하는 것이 중요하다.

이 책은 메타버스를 통해 무엇이 가능해질지, 그리고 그것이 사회를 어떻게 재편할지를 보여준다. 관련 기술뿐 아니라 법적 과제, 소비자가 상품을 구매하는 방식, 그리고 결제 수단의 변화까지 함께 다룬다. 이제 메타버스와 차세대 인터넷이 열어갈 미래로 들어가 보자.

제1장

왜 마크 저커버그는 메타버스를 완전히 잘못 봤나

2021년 10월, 페이스북 공동창업자 마크 저커버그(Mark Zuckerberg)는 충격적인 발표로 전 세계 기술업계를 흔들었다. 창립 17년이 지난 세계 최대 소셜미디어 기업이 완전히 변신하겠다고 선언한 것이다.

페이스북은 새로운 이름, 새로운 브랜드, 새로운 비전, 그리고 저커버그 표현대로라면 새로운 '북극성(North Star)'을 갖게 된다.[1] 회사는 매년 열리는 커넥트 콘퍼런스(Connect conference) 전후로 사명을 메타 플랫폼스(Meta Platforms), 즉 메타(Meta)로 바꾼다고 발표했다. 새로 떠오르는 디지털 세계, 즉 메타버스와 자기 브랜드와 미래 플랫폼을 사실상 같은 말로 만들겠다는 대담한 리브랜딩이었다.

메타버스라는 개념은 30년 넘게 과학소설(SF) 속 설정에서 출발해, 이제는 인터넷과 인간의 연결 방식의 미래를 가리키는 기업 전략의 핵심 키워드로 커졌다. 이 용어는 닐 스티븐슨(Neal Stephenson)의 1992년 소설 『스노 크래시(Snow Crash)』에 처음 등장했다. 그는 메타버스를 가상현실 기반의 전 지구적 네트워크로 정의했고, 그곳에서 사람들은 디지털로 소통하고 멀리 떨어진 채로도 일할 수 있었다. 그 소설이 출간될 당시 미국에서는 전화선으로 접속하는 초창기 인터넷(다이얼업 방식)이 막 퍼지기 시작하던 때였다.

오늘날 메타버스의 의미는 '인터넷의 다음 단계'에 더 가깝다. 현실 세계와 가상 세계가 점점 합쳐지는 흐름을 뜻한다. 웹 1.0이 개인 홈페이지 같은 '콘텐츠 목적지' 중심이었다면, 웹 2.0은 더 빠르고 협업이 가능하며 사용자 참여와 신뢰를 기반으로 성장했다. 그리고 웹 3.0은 어떤 기기, 어떤 채널이든 상관없이 언제 어디서나 콘텐츠에 접근하게 만들고, 사용자에게 맞춰 온라인 경험을 개인화하는 방향으로 갈 것이다.

웹 3.0의 핵심 요소인 메타버스는 사람들이 현실 세계만큼 몰입감 있고 매력적인 가상 환경에서 일하고 쇼핑하고 어울리게 만들 것이다. 게임과 유통에서 엔터테인먼트와 교육까지 손대는 산업 거의 전부를 크게 바꿀 수 있다. 씨티(Citi)는 2030년까지 메타버스가 최소 10조 달러 규모의 변혁적 생태계가 될 수 있다고 봤고,[2] 에필리온(Epyllion) CEO 매튜 볼(Matthew Ball)은 30조 달러까지도 갈 수 있다고 전망했다.[3]

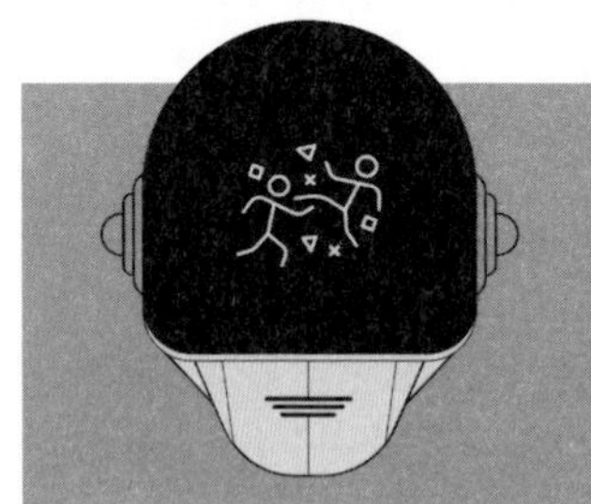

그러니 실리콘밸리 기업들이 앞다퉈 깃발을 꽂으려 드는 것도 자연스러운 일이다.

저커버그의 메타버스 비전

공격적인 성장 전략으로 페이스북 제국을 구축한 저커버그는 메타버스에서도 소셜미디어 때처럼 빠르게 시장을 선점하고 싶어 했다. 월가 애널리스트들과 업계 임원들 상당수는 이런 수를 어느 정도 예상하고 있었다. 저커버그가 몇 달 전부터 이미 방향을 흘렸기 때문이다.

2021년 7월, 그는 언론 매체 《더 버지(The Verge)》에 페이스북이 "사람들이 우리를 소셜미디어 회사로 보던 시각에서 메타버스 회사로 보는 시각으로 사실상 전환할 것"이라고 말했다.[4] 그해 9월에는 리얼리티 랩스(Reality Labs) 책임자 앤드루 보즈워스(Andrew Bosworth)를 최고기술책임자(CTO)로 승진시켰다. 8년간 CTO를 맡아온 마이크 슈뢰퍼(Mike Schroepfer)를 대체한 이 인사[5]는 회사 전략이 크게 바뀐다는 신호였다. 리얼리티 랩스는 그동안 VR, AR, 뇌-기계 인터페이스 같은 하드웨어 프로젝트를 조용히 맡아왔다. 이제는 저커버그의 야심찬 계획 한가운데로 올라온다.

저커버그는 회사의 전환을 알리는 영상에서 "이제부터 우리는 페이스북 퍼스트가 아니라 메타버스 퍼스트다"라고 말했다.[6]

주주들에게 보낸 편지에서 그는 수십억 명이 메타버스를 오가며 시간을 보내는 미래를 그렸다. 일의 생산성을 높이고, 친구들과 게임을 하고, 기존 페이스북 네트워크에서 사람들과 어울린다는 그림이다.

그는 "메타버스에서는 상상할 수 있는 거의 모든 것을 할 수 있다. 즉 가족·친구와 만나고, 일하고 배우고 놀고 쇼핑하고 창조하는 것, 그리고 지금의 컴퓨터나 스마트폰 개념으로는 잘 들어맞지 않는 완전히 새로운 경험까지"라고 썼다. 또한 페이스북은 메타버스에 '세계 어느 회사보다도 더' 자원과 에너지를 쏟겠다고 덧붙였다.[7]

여기서 '울타리 정원(walled garden)'이라는 개념을 먼저 이해할 필요가 있다. 높은 담으로 둘러싸인 정원에서는 안에서 일어나는 모든 일을 담의 주인이 통제한다. 밖으로 빠져나가기도 어렵다. 기술 산업에서 이 구조는 꽤 흔하다. 메타 같은 회사들은 자기 생태계를 담장으로 둘러치고 그 안에서 벌어지는 일을 통제한다. 규칙을 만들고, 자기에게 유리한 결제 시스템을 깔고, 콘텐츠를 플랫폼 밖으로 못 나가게 막는다. 결국 그 콘텐츠를 다른 곳에서는 접근할 수 없게 만드는 방식이다.

페이스북 초기에 저커버그는 사용자가 전 세계 어디로든 콘텐츠를 공유할 수 있는 열린 플랫폼을 만들고 싶어 했던 것으로 알려져 있다. 가능한 한 많은 콘텐츠를 개방해 소비자 선택지를 늘리겠다는 생각이었다.

하지만 시간이 흐르면서 방향이 바뀌었다. 저커버그는 페이스북 세계에서 더 많은 통제권을 갖고 싶어 했고, 회사는 페이스북 밖으로 콘텐츠가 나갈 수 있게 해주던 기능을 점점 없애기 시작했다. 전반적으로 더 권위적인 방식처럼 느껴진다. 규칙은 저커버그와 팀이 정하고, 경제적 이익도 그들이 가져가는 더 닫힌 시스템이 된 것이다.

이런 사업 관행에 대해 규제 당국과 정부가 경계해 온 것도 사실이다. 핵심 쟁점은 개인정보, 데이터 보호, 경쟁 부족이다. 세계 각국의 정부는 소비자의 개인정보가 안전하게 보호되기를 원한다. 또한 기업이 사용자가 무엇을 보고, 어떻게 정보를 접하며, 무엇을 공유하는지를 과도하게 좌우하는 권한을 갖는 것을 원치 않는다.

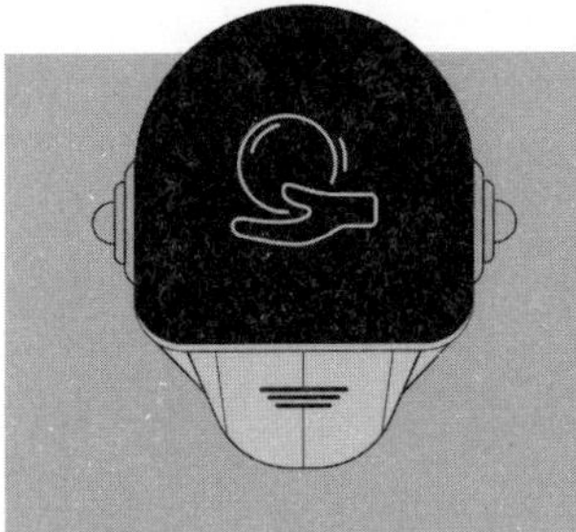

메타 플랫폼스는 기술업계에서 가장 강력한 플레이어 중 하나다. 규제 당국은 메타가 허위정보 확산을 막는 데 충분히 노력하지 않았다고 비판해 왔다. 하지만 메타는 거대 기업 중 하나일 뿐이기에 모든 걸 저커버그의 탓으로 여길 수는 없다.

그럼에도 페이스북의 전환 과정을 살펴보면, 저커버그의 리브랜딩과 메타버스 프로젝트에 쏟아부은 수십억 달러의 투자(자본지출)는 21세기 최악의 기업 전략으로 기록될 가능성이 있다고 본다. 단지 재무 성과가 나빠서만이 아니다.

메타로 전환한 뒤 저커버그는 사실상 올인을 선언했다. 투자자들에게 2021년 수익성이 100억 달러나 깎일 것이며, 리얼리티 랩스에 대한 대규모 투자가 앞으로도 계속될 것이라고 말했다.[8] 메타가 저커버그의 메타버스 비전을 개발하는 데 정확히 얼마를 쓸지는 불분명하다. 히지만 벤치투자자 차마스 팔리하피티야(Chamath Palihapitiya)는 2021~2022년에만 리얼리티 랩스에 250억 달러가 들어갔다고 추정했다. 또 2022년 11월 올인(All-In) 팟캐스트에서는 10년에 걸쳐 2,500억 달러를 쓸 수도 있다고까지 말했다.[9]

그 규모는 물가를 감안하면 미국 정부가 1960~1973년 아폴로 우주 프로그램에 투자한 총액과 맞먹는 수준이 될 수 있다.[10]

2022년 10월, 《뉴욕타임스》는 메타 내부에서 이 야심을 두고 공개적으로 충돌이 벌어졌다고 보도했다. 한 고위 임원은 메타버스 프로젝트에 쏟아부은 자금 규모 때문에 "속이 뒤집힐 정도로 아프다"고 불평했다고 한다.[11]

그런데 그렇게 투자했는데도 결과는 기대에 못 미쳤다. 비판자들은 밋밋한 그래픽, 불편한 기능, 통일된 비전의 부재를 지적했다. 직원들 또한 CEO의 기분과 생각이 바뀔 때마다 프로젝트 방향이 흔들린다고 공개적으로 불만을 터뜨렸다.[12] 그리고 가장 큰 타격을 받은 건 주주들이었다.

공식 발표가 있었던 2021년부터 2022년 말까지 메타 주가는 66% 급락했다.[13] 시가총액도 1조 달러를 넘던 수준에서 약 3,000억 달러로 줄었다. 2023년에 일부 회복되긴 했지만, 초기 하락은 막대한 현금 소모 속도 때문에 더 크게 영향을 받았다.[14]

저커버그는 나중에 코로나19 이후 전자상거래와 디지털 전환이 계속 급가속할 것이라고 지나치게 낙관했다고 인정했다. 그 낙관 때문에 팬데믹 시기에 메타버스 투자도 오히려 더 늘렸다는 것이다.

2022년 11월, 그는 '자본 효율성을 높이기 위해' 인력의 13%, 약 1만 1

천 명을 감원해야 한다고 발표했다. 직원들에게 보낸 편지에서 그는 전자상거래 흐름 변화, 거시경제 침체, 경쟁 심화, 광고 매출 약화를 원인으로 들었다. 그리고 재무 운영을 두고 "내가 잘못 판단했고, 그 책임을 지겠다"고 썼다.[15]

하지만 메타의 삐걱거린 전환을 다룬 기사들이 쏟아졌어도, 많은 분석가와 기자는 저커버그의 '핵심 실수' 하나를 제대로 짚지 못한다. 이 혼란스러운 투자와 전략 변동을 촉발한 단순한 진실이다.

저커버그는 메타버스가 성공하기 위해 필요한 기본 생태계를 근본적으로 오해했다. 그리고 2,500억 달러를 쏟아부어도 그 사실은 바뀌지 않는다.

메타버스 패권을 둘러싼 전쟁

메타 플랫폼스만 경영진의 비전이나 자존심에 기대어 '회사표 메타버스 전략'을 밀어붙이는 것은 아니다. 2022년 10월, 마이크로소프트의 협업 앱·플랫폼 부문 사장 제프 티퍼(Jeff Teper)는 블로그 글에서 마이크로소프트의 홀로렌즈(HoloLens) 증강현실 헤드셋을 중심으로 한 '산업용 메타버스'를 자랑스럽게 소개했다.[16] 그런데 그 글에 실린 그래픽은 다리가 없는 아바타들이 공중에 떠 있는 탁자 주변에 앉아, '신입사원 오리엔테이션(New Employee Orientation)'이라는 가상 화면을 멍하니 바라보는 모습이었다. 마이크로소프트가 그린 '업무용 메타버스'는 솔직히 상상력이 풍부하다고 보기 어렵다.

미국에서 중국까지, 캐나다에서 한국까지, 다국적 기술 대기업들은 메타버스 주도권을 놓고 서로 발을 밟을 정도로 경쟁하고 있다. S&P 500 정보기술 섹터에 들어 있는 기업이라면 2021년 연차보고서에 메타버스 전략 업데이트를 넣었을 가능성이 높다. 시장 점유율을 확보하고 매출을 극대화하겠다는 내용이 중심이다. 다만 저커버그만큼 회사 전체를 메타버스에 '완전히' 걸어버린 경영자는 드물다(그는 메타 플랫폼스 의결권 주식의 57%를 쥐고 있다).[17]

저커버그의 공을 인정할 부분도 있다. 그는 메타버스라는 개념을 대중에게 각인시켰고, 집집마다 아는 단어로 만들었다. 메타버스의 미래에서 소셜 네트워크가 중요하다는 사실도 본능적으로 이해한다. 메타버스가 무엇을 할 수 있는지 보여주려는 옹호자 역할도 해왔다. 또 메타 플랫폼스가 메타버스 진화 과정에서 수많은 참여자 중 하나일 뿐이라고 신호를 보내기도 했다.

하지만 저커버그가 메타버스에서 메타의 힘을 지배적이고 중앙집중적으로 만들려 한다는 사실은 비밀도 아니다. 업계 정책과 표준을 장악해 시장을 잡고, 가능한 한 많은 수익을 주주에게 가져다주려는 것이다.

나는 저커버그가 결국 그 목표를 달성하리라고 보지 않는다. 저커버그의 메타버스 비전이 왜 실패하기 쉬운지 이해하려면, 어떤 상장기업의 이사회 회의실부터 떠올려야 한다. 기본적으로 저커버그의 역할은 주주에 대한 신인 의무(회사를 주주의 이익을 위해 운영해야 한다는 책임)를 수행하는 것이다. 이런 책임 때문에 투자자들에게 확실한 수익을 창출하지 못한 채 회사가 수백억 달러를 투자하거나 오픈소스 소프트웨어를 장려하기는 매우 어렵다. 결국 이 의무는 저커버그가 장하는 탈중앙화 생태계보다 주주와 자사 플랫폼의 이익을 우선시하도록 만든다.

저커버그는 기술 비전가이고 메타버스의 열렬한 지지자다. 그러나 이 기본 책임이 메타 플랫폼스의 기업적 접근 방식을 만들어왔다. 사실 이런 사고방식은 모든 CEO와, 인터넷 1·2세대에 투자했던 벤처캐피털의 머릿속에 기본값처럼 박혀 있다. 저커버그를 탓하기만도 어렵다.

하지만 앞으로 설명하겠지만, 메타는 정렬(이해관계의 맞춤)과 재무 구조 측면에서 저커버그가 원하는 모습대로 메타버스 미래의 '지배적 플레이어'가 되기 어렵다. 이를 보여주는 핵심 요인은 세 가지다. 첫째, 이번 리브랜딩은 메타를 메타버스의 '문지기(게이트키퍼)'로 세우려는 불편한 시도로 보인다. 둘째, 메타는 VR 헤드셋을 메타버스의 '입구'로 강조하는데, 이것은 접근성을 심각하게 제한하는 관문이 된다. 셋째, 메타 플랫폼스의 중앙집중적 구조는 수익 극대화를 위해 움직이는 과정에서 콘텐츠 제작자들과의 관계를 악화시키고, 결국 창작자들이 등을 돌리게 만들 가능성이 크다. 이제 하나씩 풀어보자.

관문을 열다

먼저 '게이트키핑' 문제다. 하버드 경영대학원은 소비자 대상 기업이 궁극적으로 성공하려면, 어떤 제품군을 떠올릴 때 그 브랜드가 곧장 연상되도록 만들어야 한다고 말한다. 21세기 최고의 사례는 구글이다. 구글은 더 이상 브랜드 이름만이 아니다. 이제 '검색하다'라는 뜻의 동사처럼 쓰인다. 심지어 사람들은 빙(Bing), 야후(Yahoo!), 덕덕고(DuckDuckGo) 같은 경쟁사의 검색창에서도 '구글링'을 하곤 한다.

브랜드가 제품군의 대명사가 된 사례는 구글만이 아니다. 미국 조지아 주에 가면 식당에서 주는 탄산음료가 RC 콜라든 펩시든 상관없이 그냥 '콕(Coke)'이라고 부르는 경우가 흔하다. 또 자쿠지(Jacuzzi), 크록팟(Crock-Pot), 버블랩(Bubble Wrap), 클리넥스(Kleenex), 큐팁(Q-tips), 밴드에이드(Band-Aid), 심지어 마이크로소프트가 만든 파워포인트(PowerPoint) 같은 이름도 일종의 '대명사 브랜드'가 되었다.

문제는 메타 플랫폼스의 최근 사명 변경이 브랜드 연상을 강제로 만들어내려는 경영학 교과서식 시도로 느껴진다는 점이다. 핵심적으로 메타버스는 어느 한 회사가 만들거나 '문지기'가 될 수 있는 세계가 아니다. 인터넷 초창기를 떠올리면, 나는 메타의 방식이 AOL(아메리카 온라인)을 떠올리게 한다.

AOL은 1990년대 말 다이얼업 시절에 크게 성공한 온라인 플랫폼이었지만, 고속 인터넷과 분산형 프로토콜이 확산되고 '로그인' 자체가 필수 요건이 아닌 시대가 오면서 급속히 잊혔다. 결국 인터넷을 쓰려면 AOL 계정이 필요하다는 생각 자체가 사라졌다. AOL 전략과 무관한 개발자들이 인터넷 1.0 생태계를 넓혀갈 때, 사람들에게 필요한 건 특정 회사 계정이 아니라 단순히 '인터넷 연결'뿐이었다.

초기에는 많은 사람이 AOL의 울타리 정원을 '인터넷 그 자체'로 착각했다. 하지만 시간이 지나면서 AOL은 더 넓은 온라인 세계의 작은 동네 하나일 뿐이라는 사실을 알게 됐다. AOL은 전체 인터넷 경험을 제공하는 것처럼 포지셔닝했지만, 사실 이용자에게 필요한 건 고속도로에 올라타는 진입로(온램프) 같은 '연결'이었다.

같은 방식으로 저커버그는 메타가 곧 메타버스가 되길 원한다. 그러나 이용자에게 필요한 건 메타라는 한 회사가 아니라, 메타와 다른 수많은 회사가 만드는 더 넓은 메타버스 세계에 접근할 수 있는 '방법'이다.

메타 플랫폼스의 비전은 마크 저커버그라는 한 사람의 머리와 전략에서 출발했다. 그는 소셜 네트워킹에서 메타버스로의 전환이 성공할 것이라 확신했다. 하지만 메타버스 전체 생태계는 한 사람이나 한 회사가 만들 수 없다. AOL이 인터넷의 확장을 담아낼 수 없었던 것처럼 말이다.

위에서 내려오는(top-down) 기업식 접근은 메타버스 혁신을 질식시킨다. 신기술의 힘과 확장성을 제한한다. 그런데도 메타는 자기 개발자들과 저커버그가 생각하기에 '사람들이 원할 것' 같은 메타버스를 대신 만들어주려 한다. 하지만 최적의 메타버스는 특정 기업이 정한 중앙 규칙 없이, 사용자·개발자·창작자 같은 '구성원'들이 스스로 설계하고 만들어내는 방식으로 등장할 가능성이 크다. 소수 기업이 함께 표준을 쥐고 좌지우지하는 '복점(duopoly, 複占, 2개 업체에 의한 시장 독점)이나 디지털 과두정' 모델로는 어렵다.

두 번째 문제는 메타가 VR을 메타버스의 주요 진입 관문으로 삼는다는 점이다. 메타는 2016년 VR 헤드셋 제조사 오큘러스(Oculus)를 10억 달러에 인수했고, 이후 VR 시장에서 사실상 독주했다. 글로벌 IT 시장조사기관 IDC의 전 세계 증강현실(AR)·가상현실(VR) 헤드셋 분기별 시장 추적 보고서에 따르면, 메타 퀘스트(Meta Quest)가 VR 헤드셋 시장 점유율의 90%를 차지한다. 2위 업체인 바이트댄스(ByteDance)의 피코(Pico)는 4.5% 수준에 불과하다.[18]

저커버그가 페이스북의 소셜미디어 지배력을 VR 확산에 활용하려 한 것도 놀랍지 않다. 2022년 10월 기준으로 방문 점유율을 보면 페이스북은 소셜미디어 시장의 64.3%를 차지했고, 자회사 인스타그램이 추가로 8.8%를 차지했다. 둘을 합치면 전체 소셜미디어 활동의 거의 4분의 3에 해당한다.[19]

그래서 회사가 가진 두 개의 핵심 채널을 결합하는 것은 미시경제학적 관점에서 보면 충분히 타당하다. 저커버그의 메타버스 전략과 관련 프로젝트들은 운영, 표준, 커뮤니티를 VR 중심으로 집중시키기 위해 빠르게 중앙집중적·기업 중심적 접근 방식을 띠게 되었다. 메타가 메타버스 기업으로 전환하겠다는 의도를 발표하면서, 저커버그는 VR 헤드셋을 원가 수준이거나 그 이하의 가격으로 판매하겠다고 밝혔는데, 이는 사실상 자사의 하드웨어를 보조금으로 지원하겠다는 의미였다.[20]

VR 헤드셋은 수많은 화면 가운데 하나의 화면에 불과하다. 그리고 사용자가 메타버스로 들어가는 단 하나의 중심 관문으로 VR 헤드셋을 받아들일 것이라고 가정하는 것은 매우 큰 전제다. 게다가 VR 헤드셋은 사용하기 불편하고, 비싸며, 일부 사용자에게는 어지럼증이나 메스꺼움을 유발하기도 한다. 또한 VR 헤드셋은 메타버스의 기술적 가능성을 심각하게 제한한다. 메타버스는 하나의 화면에만 국한되지 않고, 휴대전화, 텔레비전, 데스크톱 모니터, 디지털 프로젝터 등 여러 화면으로 확장되는 개념이기 때문이다. 뒤에서 더 설명하겠지만, 새로운 기술과 새로운 접점들은 계속 등장하고 있으며, 이것들이 모여 몰입형 메타버스 경험을 만들어가게 될 것이다.

한편 저커버그가 VR 헤드셋으로 그려낸 메타버스는 내가 생각하는 메타버스 잠재력에 비하면 솔직히 별로 매력적이지 않다. '진짜 메타버스'는 사용자 중심의 자연스러운 몰입 경험이어야 한다. 사용자가 언제 어디서나 자신이 선호하는 기기를 통해 가상 세계와 현실 세계를 자유롭게 오갈 수 있어야 한다.

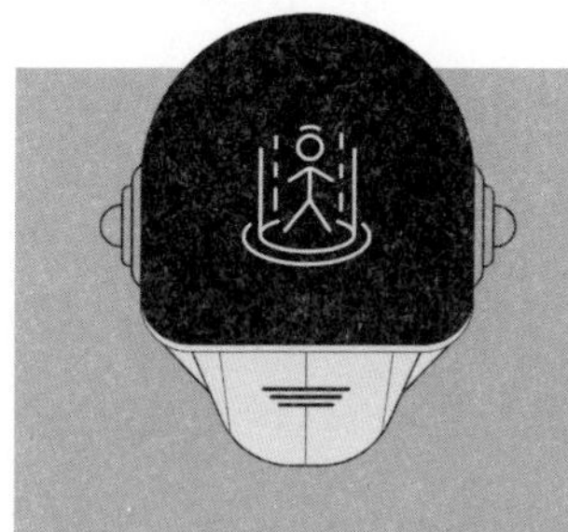

'진짜 메타버스'는 사용자 중심의 자연스러운 몰입 경험이어야 한다. 사용자가 언제 어디서나 자신이 선호하는 기기를 통해 가상 세계와 현실 세계를 자유롭게 오갈 수 있어야 한다.

저커버그가 설명한 '두 사람이 메타버스에서 상호작용하는 방식'을 보자. 중심은 사용자라기보다 VR 하드웨어다.

"미래에는 단순히 전화 통화를 하는 대신, 당신이 홀로그램으로 내 소파에 앉아 있거나, 혹은 내가 홀로그램으로 당신의 소파에 앉아 있을 수 있을 것입니다. 우리는 서로 다른 주에 있거나 수백 킬로미터 떨어져 있어도 마치 같은 공간에 함께 있는 것처럼 느끼게 됩니다. 나는 이것이 정말 강력한 변화라고 생각합니다."[21]

와, 메타 퀘스트 헤드셋을 쓰고 가상 소파에 앉아 있는 모습을 상상해

보라. 그다지 흥분되는 장면은 아니다.

한계는 거기서 끝나지 않는다. 저커버그는 VR 기반의 가상 회의·업무를 자주 강조한다. 메타는 메타버스 경험을 '개인 가상 오피스', '마법 같은 공유 공간', '무한한 오피스' 같은 말로 마케팅해왔다.[22] 하지만 메타의 워크플레이스(Workplace) 블로그를 보면, 메타버스는 산업을 바꾸고 브랜드를 키우고 인간의 경험을 풍요롭게 하는 세계라기보다 생산성 소프트웨어처럼 들린다. 메타 퀘스트를 가상 환경에서 멀티태스킹을 돕는 도구로 포장하는데,[23] 이런 이야기 자체가 졸음을 부를 만하다.

그럼에도 겉으로 보면 이해는 된다. 메타 플랫폼스는 단기간에 수익을 창출할 방안을 모색하고 있다. 그래서 일부 사용자들의 불만에도 불구하고, 헤드셋 내부에 광고를 표시하는 방식까지 실험하려 한 적도 있다.[24] 이 회사는 초기 성공 모델로 다시 돌아가, 가능한 곳에서는 광고 수익을 활용하려 하는 것으로 보인다.

그리고 이것이 세 번째이자 마지막 문제로 이어진다. 메타 플랫폼스의 중앙집중 전략은 메타버스에서 사용자와 기업이 사회적·경제적 잠재력을 극대화하는 데 오히려 장애가 된다. 그리고 아마 이것이 메타의 시도가 실패하는 가장 큰 이유가 될 것이다.

메타는 VR 중심 전략뿐 아니라 메타버스에서의 인력 구조와 결제 시스템이라는 핵심 문제도 풀어야 한다. 중앙집중 플랫폼은 오늘날 전자상거래 세계에서 개발자, 아티스트 등이 겪는 '수익 배분 문제'를 그대로 반복한다. 저커버그는 주주 가치를 극대화해야 한다. 이 성향은 인력과 보상 문제에서 특히 노골적으로 드러난다.

왜 마크 저커버그는 메타버스를 완전히 잘못 봤나

메타는 자기 브랜드 아래 핵심 플랫폼을 중앙집중적으로 묶으려 하겠지만, 가장 중요한 경험과 가장 가치 있는 메타버스 자산, 즉 내가 '메타사이트(Metasites)'라고 부르는 것은 독립적으로 움직이는 사람들에 의해 만들어질 가능성이 크다. 그들은 스스로를 '자기 일을 하는 사람'이라고 생각하며, 실제로도 그렇게 일하려 한다. 메타버스가 독립 개발자와 협업자에게 더 큰 힘과 더 큰 이익을 만들어줄수록, 메타는 '수익 배분 모델'을 둘러싼 거대한 창작자 문제에 부딪힐 것이다.

저커버그는 주주 이익을 극대화하려 한다. 그러려면 직원과 창작자에게서 가능한 한 많은 가치를 뽑아내야 한다. 하지만 그들은 메타에서 일하고 싶어 하지 않는다. 스스로 프로젝트를 만들고 싶어 하고, 메타와 무관하게 독립적으로 돈을 벌고 싶어 한다.

과거에는 개발자들이 메타나 애플 같은 대형 기술기업 생태계에 맞춰야만 했다. 회사에 들어가 일하면 자신의 프로젝트가 회사의 지식재산이 되는 경우도 있었고, 아니면 중앙집중 앱스토어에 올려 판매해야 했다. 하지만 미래는 그렇지 않을 수 있다.

블록체인 기술과 탈중앙 결제 시스템은 메타 같은 기업의 시장 지배력을 무너뜨릴 수 있다. 이런 결제 시스템은 독립 개발자에게 더 큰 경제적 유인을 주고, 더 큰 지적·창작적 자유를 준다. 사람들은 데이터와 결제 정보를 블록체인에 두고, 매번 입력해야 하는 번거로움에서 벗어난다. 보안과 프라이버시도 강화된다. 그리고 메타나 경쟁사들은 가격 결정에 과도하게 개입하거나, 개발자의 관객(고객) 범위를 제한하거나, 독립 당사자들 간 협업과 거래를 방해하기가 훨씬 어려워진다.

내 생각에 메타 플랫폼스가 안고 있는 도전 과제들, 즉 고집스러움, 중앙집중화, 상명하달식 접근은 오히려 좋은 소식이다. 저커버그의 비전은 기업의 이해관계가 어떻게 메타버스 잠재력을 제한하는지 보여줄 뿐 아니라 개발자, 창작자, 이용자, 창업가에게 '메타버스가 무엇이 되어서는 안 되는지'도 보여주기 때문이다.

그리고 무엇이 아니어야 하는지 알게 되는 순간, 메타버스의 무한한 잠재력도 보이기 시작한다.

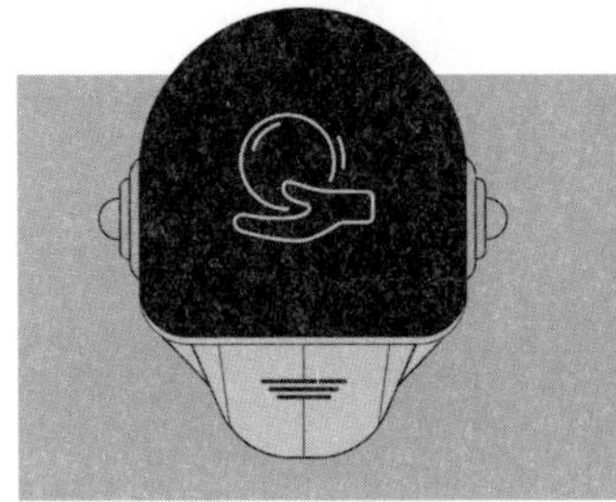

미래는 탈중앙화다

한때 '마크 저커버그, 페이스북, 메타 플랫폼스'라는 이름이 메타버스와 동의어가 되어버릴까 걱정했다. 메타는 브랜드를 메타버스에 붙이고, 메타 퀘스트를 입구로 세우려 하면서 엄청난 PR과 광고 공세를 펼쳤다. 1조 달러 규모 기업의 영향력에 독립 창작자와 소비자가 맞서기란 쉽지 않다. 게다가 메타의 영향력은 전자상거래를 넘어선다. 메타버스가 대중화될수록 메타, 마이크로소프트, 아마존 같은 대기업은 정치, 규제, 셀럽 문화 등 주변 생태계로까지 영향력을 확장하려 할 것이다.

오늘날 인터넷과 전자상거래의 '전통적 폐해'가 메타버스에도 스며들 것이라고 오래전부터 예상해왔다. 메타나 애플 같은 중앙집중 기업들은 메타버스에 필요한 인프라를 깔고, 그 주변에 '문'을 세우고 있다. 마이크로소프트는 윈도 운영체제(Windows OS), 애저 클라우드(Azure Cloud) 컴퓨팅, 팀즈(Teams) 협업 플랫폼, 링크드인(LinkedIn) 전문 인맥 네트워크, 그리고 엑스박스(Xbox) 게임 플랫폼 같은 기존 기술 묶음을 이미 메타의 퀘스트 헤드셋과 협력 구조로 연결해뒀다.[25] 이런 회사들은 VR 하드웨어나 구독 서비스 같은 '게이트'를 이용해 입장료를 받고 이용자를 붙잡아두려 할 것이다.

또한 이들은 최고의 개발자와 프로그래머를 독점 계약으로 묶어, 경영진이 원하는 중앙집중식 메타버스 비전을 만들게 하려 할 가능성이 크다. 앱스토어와 자체 표준을 만들어 창작자의 수익을 빨아들이는 과거의 방식도 반복하려 할 것이다. 의도하지 않았다고 해도, 창의성을 억누르고 지적 열정을 제한하는 틀을 계속 만들게 된다. 그들은 그런 유혹을 스스로 멈추기 어렵다.

하지만 AOL이 결국 사용자에게 외면받았듯, 이런 시도도 언젠가 비틀거리며 힘을 잃고, 더 탈중앙화된 미래에서 새로운 주도자들이 등장할 것이다.

메타버스에서 저커버그만 목소리를 내는 것은 아니다. 특히 에픽게임즈 CEO인 팀 스위니(Tim Sweeney)의 초기 비전을 높이 평가한다. 그는 2022년 12월 메타버스에 대한 큰 그림을 이렇게 말했다.

"앞으로 몇 년 동안 에픽이 할 일은 이 조각들을 하나로 모아, SF 속 메타버스에 점점 더 가까운 무언가를 만드는 것입니다. 디스토피아적인 메타버스가 아니라 친구들과 함께 실시간 3D 소셜 경험을 하고 전 세계를 탐험할 수 있는 정말 긍정적인 버전 말입니다."[26]

그는 성공적인 메타버스의 핵심이 '모든 분야에서 모인 인류 최고의 콘텐츠 창작자들이 만들어내는 것'이라고도 말했다.[27] 그렇다. 소수만 만들고 가능성을 결정하는 중앙집중적 세계가 아니다. 스위니의 말처럼 사람들이 도구를 얻고 성장하며, 자신을 흥분시키는 경험, 사람들을 하나로 묶는 브랜드, 마음에 불을 붙이는 아이디어를 창조할 수 있는 공간을 상상한다.

사실 오늘날 인터넷의 중앙집중식 '레거시 모델'을 반대한다. 너무 싫어서 우리 팀은 엑솔라(Xsolla)라는 회사를 만들었다. 우리 비즈니스 모델은 독립적이고 탈중앙화되어 있으며, 개발자와 창작자를 우선시한다. 우리의 미션은 떠오르는 게임 창작자들이 투자 자본에 접근하고, 개발 도구를 활용하고, 수익을 극대화하도록 돕는 것이다.

지금 우리는 비디오게임 분야에서 더 규모가 크고 더 중앙집중적인 경쟁자들을 상대로 승리를 거두고 있다. 이제 우리는 차세대 인터넷(메타버스), 비디오게임, 그리고 콘텐츠 창작 전반에 걸친 비즈니스 개발의 새로운 비전을 구축하고 있다. 그리고 분명히 말하건대, 메타버스를 둘러싼 중앙집중적 대기업들의 시도는 지배적인 위치를 차지하지도 못할 것이고, 앞으로도 그럴 수 없다.

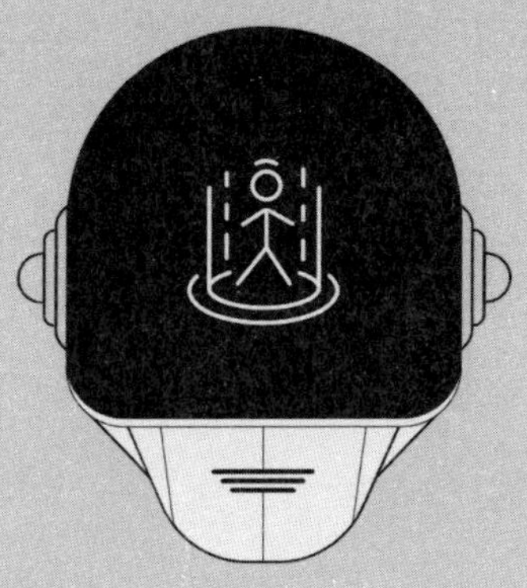

사람들이 도구를 얻고 성장하며,
자신을 흥분시키는 경험, 사람들을 하나로 묶는
브랜드, 마음에 불을 붙이는 아이디어를
창조할 수 있는 공간을 상상한다.

메타버스의 잠재력은 무한하다. 그래서 젊은 프로그래머, 예술가, 공상가, 소비자가 메타버스를 또 하나의 '기업 이윤 창구'로만 생각하길 원치 않는다. 창작자가 피땀 흘려 만든 콘텐츠는 헐값으로 가져가고, 플랫폼이 대부분의 돈과 시간을 빨아들이는 또 하나의 구조가 되길 원치 않는다.

또 창의적이고 에너지 넘치는 창업가와 콘텐츠 전문가가 메타 같은 회사에 취직해, 열정 프로젝트를 기업에 넘기는 삶에 안주하길 원치 않는다. 대기업에서 '용역'처럼 일하는 창의 혁신가들은 개인 아이디어나 프로젝트로 얻는 보상이 너무 작다. 나는 이런 고용주–창작자 관계가 건강한 창작 방식이라고 보지 않는다. 더 나은 모델이 있고, 우리는 매일 그 모델을 향해 나아가고 있다.

메타버스를 다시 상상하기

이 책에서 나는 전혀 다른 메타버스 비전을 공유하려 한다. TV에서 보거나 산업 콘퍼런스에서 체험하거나 다른 기술기업 CEO들이 말하는 것과 비교하면 내 비전은 더 변혁적이고 더 이상적이다.

특히 이 미래 생태계가 지닌 무한한 가능성을 보여줄 것이다. 이 생태계는 새로 떠오르는 브랜드와 기존 브랜드를 연결하고, 잊을 수 없는 소비자 경험을 펼쳐내며, 인류와 문화를 풍요롭게 하고, 전 세계의 기회를 평준화하고, 현재와 미래에 걸쳐 이용 가능한 가장 몰입적인 기술에 접근할 수 있게 해준다.

내가 그리는 메타버스는 전 세계의 콘텐츠 창작자를 힘 있게 만들고 그들에게 보상하는 것이다. 남미의 개발자, 유럽의 예술가, 그리고 남극에서 혼자 연구하며 전 세계 사람들과 (가상으로라도) 교류하고 싶은 외로운 과학자에게까지도 말이다. 또한 음악가, 독립 영화 제작자, 소상공인 등 누구에게나 새로운 채널을 열어 브랜드를 확장하고 고객을 넓힐 수 있게 해준다. 전 세계의 어린이와 성인 모두에게 교육을 통해 희망과 기회도 키워준다.

나는 메타버스의 미래에 매우 낙관적이다. 누구든 기업의 과잉 통제 없이, 자신이 사랑하는 제품과 경험을 만들어낼 수 있다고 믿는다. 누구든 이 디지털 지평선에서 자신만의 자리를 만들고, 원하는 방식으로 스스로를 풍요롭게 할 수 있다. 내가 앞으로 말할 '메타사이트'는 차세대 비즈니스 및 개인 웹사이트로 어디에나 있는 창작자들이 자기 이야기를 하고, 창업가로서의 동기를 발견하고, 열정을 탐색할 기회를 제공한다. 이곳은 경제적으로도, 사회적으로도, 창작적으로도 모두를 위한 공간이다. 인터넷이 이 세상의 거대한 '기회 평준화 장치(출발선의 격차를 줄여주고 기회 접근성을 평준화하는 역할)'가 되었고, 메타버스는 그 현상을 한층 더 확장하는 존재가 될 것이다.

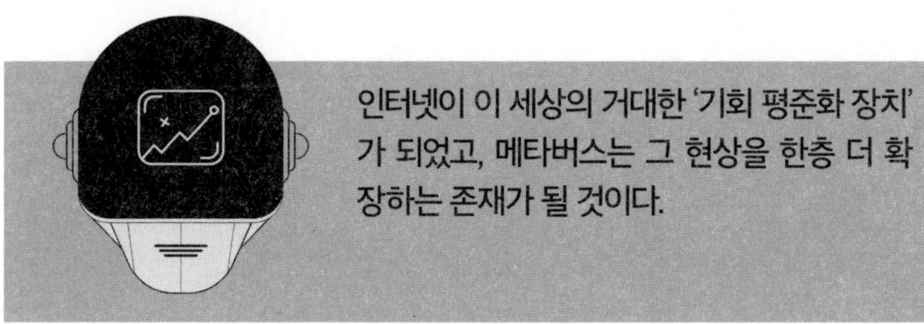

새로 등장하는 이런 플랫폼들이 얼마나 강력한 힘을 가질 수 있는지

누구보다도 잘 알고 있다. 나는 러시아 시베리아의 가난한 환경에서 자랐고, 기회를 평준화해 준 창의적인 사람들과 기술 커뮤니티에게 큰 빚을 지고 있다. 그런 환경 덕분에 결국 콘텐츠 창작자를 착취하는 대신 보상하는 차세대 플랫폼, 엑솔라(Xsolla)를 만들어낼 수 있었다. 나는 메타버스가 콘텐츠 창작자들에게 '디지털 골드러시'를 가져올 것이라 믿는다. 그리고 우리는 그들이 바로 일을 시작하고, 미래의 탈중앙화된 메타버스를 직접 만들어갈 수 있도록 삽과 곡괭이를 건네주는 역할을 하고자 한다.

어느 한 회사도 메타버스가 움직이는 모든 장치와 표준을 혼자 만들 수 없다. 메타버스는 실리콘밸리의 통제에서 벗어나, 경험과 이익 가능성과 자유를 창작 공동체의 손으로 옮기는 탈중앙화 흐름을 가속할 것이다.

앞으로 설명하겠지만, 지난 거의 20년 동안 유튜브(알파벳의 구글이 소유한), 애플뮤직, 스포티파이, 아마존 프라임 같은 플랫폼이 음악가, 영화인, 프로듀서에게 같은 양의 작업(혹은 더 많은 작업)을 시키면서도 로열티를 점점 덜 지급해온 현실을 지적해왔다. 창작자에게 정당하게 보상하는 현대적 로열티 시스템은 망가져 있다. 메타버스는 이런 역사적 실패를 바로잡고, 창작자의 수익 잠재력을 키울 수 있다.

메타버스 이용자에게도, 지금 상업 광고에서 보던 것과는 다른 기능과 기술이 펼쳐질 것이다. 메타버스는 패션, 헬스케어, 엔터테인먼트 같은 소비자 산업 대부분을 바꾸고, 소비재의 모든 요소를 재편할 것이다. B2B 산업도 바뀌고, 외과의, 치과의, 차세대 일자리를 위한 훈련도 강화된다. 교육 발전과 도시 계획에도 힘을 보탤 것이다. 나는 메타버스가 기부와 비영리 활동에서도 혁명적 동력이 되길 바란다. 모금과 성과 공개 방식이 달라지고, 더 나은 미래를 만드는 수많은 목표를 돕는 엔진이 되길 바란다.

무엇보다 메타의 2022년 혼란은 메타버스에 문지기나 기술적 제한이 있어선 안 된다는 사실을 보여줬다. 메타버스는 비싼 메타 퀘스트, 애플 비전 프로, 마이크로소프트 홀로렌즈, 구글 글래스 같은 '수천 달러짜리 장비'에 갇힐 수 없다.

메타버스의 뼈대는 어떤 화면에서든 돌아가는 게임 요소의 인터페이스를 통해 존재한다. 사용자는 휴대전화, 데스크톱, TV, 그리고 심지어 '디지털 동굴(digital caves)' 같은 새로운 환경을 통해 메타버스에 접속한다. 그들은 이 상호작용 우주에 들어가 감각을 깨우는 방식으로 메타사이트에서 메타사이트로 자연스럽게 이동하게 된다. 내가 책 뒤에서 더 자세히 설명할 '몰입형 디지털 동굴'은 메타 퀘스트 같은 VR 경험보다 더 자연스럽고 더 몰입적일 수 있다.

또 메타버스의 돈 버는 구조는 오늘날 인터넷과는 전혀 다를 수 있다. 과거 인터넷 세대에는 불가능했던 블록체인 기술이 창작자가 아이디어와 제품으로 더 많은 돈을 벌도록 돕고, 기업 중간상과 문지기를 잘라낼 수 있다. 블록체인 기반의 탈중앙화(거래, 결제, 토큰화, 아이템 이동, 커스터마이징 등)는 사용자, 예술가, 창업가가 생계를 꾸리고 소득을 키우는 데 도움을 준다.

그 이유는 소비자들 또한 콘텐츠 창작자, 브랜드, 기업과 전혀 새로운 방식으로 상호작용하게 될 것이기 때문이다. 사람들은 '실체가 있는 것처럼 느껴지는' 아이템을 구매해 직접 소유하고, 그것을 가지고 다니며 자신만의 디지털 인벤토리를 구축할 수 있게 된다. 또한 메타버스에서는 지금의 인터넷을 넘어서는 상호작용적이고 다층적인 세계를 경험하게 된다. 이 세계는 잊을 수 없는 사회적 교류, 개인 맞춤형 교육, 제품 시연, 전자상거래 경험을 가능하게 한다. 메타버스는 우리가 지금 알고 있는 세상과는 근본적으로 다른 세계를 설계하는 데 기여할 것이며, 소수의 디지털 과두 기업이 세운 중앙집중적 계획에 의해 제한되지도 않을 것이다.

이 책에서는 독자 스스로 '나는 메타버스에서 무엇을 원하는가'도 생각해보길 권한다. 소비자나 학생이라면, 마크 저커버그의 디지털 칸막이 사무실이나 가상 회의에 하루 종일 앉아 업무를 처리하고 싶은가? 아니면 슈퍼맨처럼 맨해튼 위를 가볍게 날고 싶은가? 진짜 메타버스는 이미 하늘을 가로질러 전 세계 어디든 데려갈 수 있다. 친구의 가상 아바타와 소파에 앉아 체커(장기 비슷한 보드게임)를 두고 싶은가? 아니면 집 거실에서, 메타 퀘스트 헤드셋 하나 없이도 시스티나 성당 안에 서서 천장을 올려다보고 '신의 손이 인간의 손에 닿는' 장면을 보고 싶은가? 그런 경험은 충분히 가능해질 것이다.

미래에는 구글이나 덕덕고 검색이 사진과 텍스트만 보여주지 않을 것이다. 내가 말할 '디지털 동굴'은 검색 자체에 사용자를 몰입시키고, 방 안에 3D 사자나 공룡을 나타나게 하거나, 요르단 페트라 대사원의 계단으로 데려다줄 수 있다. 한때 불가능했던 우주의 깊은 곳과 인간이 살기 힘든 바다의 심연까지 탐험할 수 있다. 보스턴의 펜웨이파크부터 뉴욕 타임스스퀘어까지, 어디든 몰입할 수 있다. 옥스퍼드대 강의를 듣고, 시드니 오페라하우스에서 공연을 본다. 역사를 목격하고 다시 체험한다. 오늘날 최고의 복싱 경기에서 링사이드 맨 앞줄에 '실시간'으로 앉을 수도 있고, 과거로 돌아가 무하마드 알리와 조지 포먼의 전설적 경기를 링 안에서 경험할 수도 있다.

또한 메타버스가 기술을 하나씩 쌓아가며 어떻게 진화할지도 보여줄 것이다. 이 미래를 만드는 데 필요한 기술 상당수는 이미 존재한다. 나머지는 새로운 프로그램과 프로토콜이 발전하면서 따라올 것이다. 한때 인스타그램과 스냅챗도 기술적 한계 때문에 불가능했던 시절이 있었다. 이후 아이폰과 스마트폰이 진화하면서 엔지니어들이 그런 플랫폼을 만들 수 있게 됐다. 나는 무한한 몰입형 애플리케이션과 생태계, 경험의 기반이 될 신기술들을 미리 보여줄 것이다. 인터넷 호스팅 제공자, 웹사이트 개발자, 클라우드 컴퓨팅과 인프라 엔지니어의 역할, 더 발전된 네트워크와 하드웨어의 필요성도 다룬다. 또한 메타사이트를 만들 메타버스 창업가들, 메타사이트가 모든 비즈니스에 가져올 긍정적 효과에 대해서도 이야기한다.

무엇보다 중요한 건 이 메타버스 혁명에 누구나 참여할 수 있다는 점이다. 2030년까지 10조~30조 달러 규모가 될 수 있는 기회가 열린다.[28] 누구든 만들고 공유하고 검색하고 탐험하고, 메타버스 성장과 함께 스스로를 풍요롭게 할 수 있다. 누구든 매일 돈을 벌 수 있는 비즈니스와 브랜드를 만들 수 있다. 이 책은 그 잠재력을 보여주는 데 그치지 않고, 메타버스에서 경제적·개인적 성공을 찾고 이루는 길잡이가 되려 한다.

이제 메타버스가 만들어낼 기회와 해결책을 본격적으로 이야기하기 전에, 기술과 인터넷이 내 삶을 얼마나 바꿔놓았는지부터 먼저 보여주고 싶다. 내가 가장 좋아하는 산업인 비디오게임 분야에서 콘텐츠 창작자의 손에 힘을 다시 쥐여주는 독특한 플랫폼을 왜 만들었는지 간단히 설명할 것이다.

이 이야기가 여러분에게 자신감을 줄 것으로 생각한다. 그리고 메타버스의 흥미로운 가능성을 바라보는 시야를 넓히는 동시에 브랜드를 키울 새로운 아이디어를 떠올리게 해주길 바란다.

제 2 장

나의 이야기: 시베리아에서 셔먼 오크스까지

내가 열네 살이던 해, 음악 전문 케이블 채널 MTV(Music Television)가 러시아에 들어왔다.

그 뒤 몇 년 동안 MTV는 내게 엄청난 영향을 줬다. 나는 머리를 금발로 염색했고, 그때 알게 된 음악 중 일부는 지금도 아이폰에 들어 있다. MTV는 말 그대로 '이상한 나라로 통하는 창문' 같은 존재였다. 어떤 사람에게 MTV는 그저 리얼리티 쇼 채널일지도 모른다. 하지만 러시아에는 그런 게 없었다. 내가 TV에서 보던 쇼와 뮤직비디오는 내 현실과는 너무나 달랐다.

캘리포니아 해변 파티를 보여주던 쇼 〈라구나 비치(Laguna Beach)〉부터 맨해튼과 여러 도시의 다양한 공동체를 보여주던 〈더 리얼 월드(The Real World)〉까지 나는 전부 좋아했다. 매일 학교 친구들과 함께 러시아의 춥고 답답한 지역에서 MTV를 보며 '다른 삶'을 꿈꿨다. 우리는 영화 〈아메리칸 파이(American Pie)〉나 〈캔트 하들리 웨이트(Can't Hardly Wait)〉 같은 작품에 나오는 등장인물처럼 크고 예쁜 수영장과 빨간 플라스틱 컵이 있는 미친 파티를 열어보고 싶다고 상상했다.

하지만 내 현실은 전혀 달랐다. 나는 학교를 오가느라 낡은 시내버스에서 하루에 거의 세 시간을 보냈다. 소니 워크맨은 꿈도 못 꿨다. 카세트테이프 버전은 말할 것도 없고 CD 버전은 더더욱 그랬다. 내가 가진 것 중 '괜찮은 물건'이라면 7달러짜리 휴대용 라디오가 전부였다. 그리고 2002년, 만 열여덟이 될 때까지 나는 컴퓨터도 없었고 인터넷도 못 썼다.

그 미국 드라마와 영화는 '더 나은 삶'에 대한 동기가 됐다. 시베리아의 한 젊은이가 캘리포니아를 꿈꾸게 만들었고, 영화, 음악, 게임을 단순한 아이디어에서 상을 받는 예술로 바꾸는 콘텐츠 창작자들과 함께 일하고 싶게 만들었다.

20년이 훌쩍 지난 지금, 내 삶은 그때는 상상도 못 했던 방식으로 바뀌었다. 나는 게임 개발자를 위한 글로벌 금융 플랫폼 엑솔라를 만들었다. 그리고 지금은 인터넷의 3번째 단계, 즉 메타버스에 집중하고 있다. 우리는 AOL이나 컴퓨서브(CompuServe) 같은 유료 다이얼업 웹 플랫폼의 1세대를 지나왔다. 이제는 아마존 같은 거대 전자상거래 기업이나 스포티파이, 애플 뮤직 같은 서비스에 의존해 우리가 원하는 제품과 서비스를 사는 '중앙집중적 디지털 경제'에서도 곧 벗어나게 될 것이다.

2022년 2월, 우리는 X.LA라는 커뮤니티 기반 조직을 발표했다. 목표는 메타버스에서 콘텐츠 창작자들이 자신의 작업으로 돈을 버는 방식을 최대한 끌어올리는 것이다. 우리는 블록체인과 차세대 수익 배분 기술을 활용해 전 세계 창작자들에게 힘을 실어주려 한다. 이런 이야기는 내 출발점과 너무 멀리 떨어져 있다. 마치 꿈 같다.

이 여정을 읽으며 '정말 뭐든 가능하다'는 사실을 믿게 되길 바란다. 실제로 그렇기 때문이다. 그리고 메타버스가 그 잠재력을 실현해 성장하면, 언젠가는 내가 자란 곳이 어디인지, 내가 왜 미국에 오게 됐는지를 가상으로 직접 볼 기회도 생길 것이다.

대부분의 미국인은 옛 소련이 어떤 곳이었는지, 그리고 1990년대 소련 붕괴 뒤에 만들어진 '과두 체제(소수 권력자·재벌 중심 구조)'가 어떤 방식으로 굴러가는지 잘 모른다. 지금 사람들은 보통 2000년에 집권한 블라디미르 푸틴(Vladimir Putin) 대통령을 통해 러시아를 바라본다. 그리고 최근 우크라이나 전쟁 소식이나, 러시아와 미국 사이의 수십 년짜리 정치적 긴장을 뉴스 헤드라인으로 접하는 정도일 수 있다. 하지만 그건 '지금'의 이야기다. 나는 그때로 돌아가고 싶다. 내가 태어난 때와 장소로 말이다. 그곳은 메타버스와 정반대다. 할리우드식 행복한 결말도 많지 않다.

메타버스가 시작되기 훨씬 전의 삶

사유재산이 사실상 금지된 곳을 상상해보라. 부동산으로 돈을 벌거나 사업을 해서 이윤을 남기면 긴 징역형을 받을 수도 있는 곳을 상상해보라. 사람들이 어릴 때부터 꿈을 접어버리는 곳, 기회라는 게 거의 없고 정부가 정치적·개인적 이유로(혹은 아무 이유 없이) 언제든 사업을 닫게 만들 수 있는 곳을 상상해보라. 그게 소련, 정확히는 소비에트사회주의공화국연방(USSR)에서의 삶이었다.

소련에서 보낸 어린 시절은 내 인생의 굴곡, 교훈, 실패에 결정적이었다.

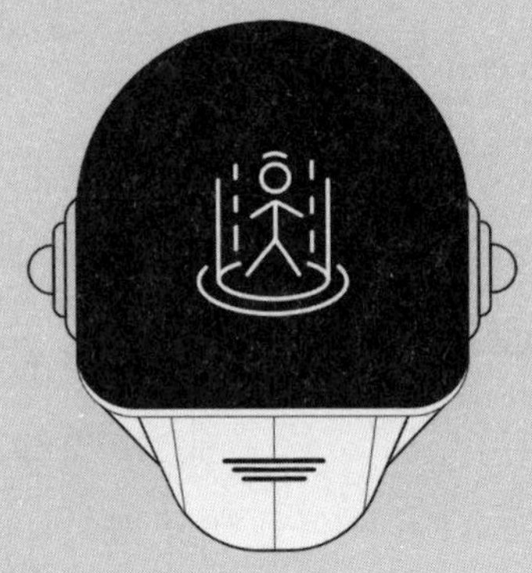

이 여정을 읽으며
'정말 뭐든 가능하다'는 사실을
믿게 되길 바란다.
실제로 그렇기 때문이다.

그리고 내가 미국으로 오게 만든 사고방식과 비전의 뿌리이기도 했다. 나는 로스앤젤레스, 뉴욕, 샌프란시스코를 정말 사랑한다. 미국 곳곳에는 창의적인 '악착같음'이 만들어내는 전기 같은 에너지가 있다. 하지만 내가 자란 곳의 가족과 사람들에게 '기업가 정신'은 너무 낯선 것이었다. 이 책을 썼지만, 자유경제와 21세기 기술이 얼마나 소중한지, 그리고 미국이 창업가에게 얼마나 열려 있는지에 대한 내 감사를 말로 다 표현하기는 어렵다.

내 고향은 러시아 페름(Perm)이다. 인구가 약 100만 명인 이 도시는 수도 모스크바에서 동쪽으로 약 720마일(약 1,160km) 떨어져 있다. 페름은 우랄산맥 근처, 유럽과 아시아의 경계에 놓여 있다. 끝없이 이어지는 눈 덮인 시베리아 숲의 가장자리라서 정말 외딴 곳이다.

옛 소련 지도를 펼치면 페름이 나오지 않았을 것이다. 정부가 고향을 세계에서 숨겼기 때문이다. 제2차 세계대전 때 군수 기업과 핵심 국영기업이 페름 주변으로 옮겨왔고, 그 지역에는 20개가 넘는 국영기업이 있었다. 그 목록에는 포탄·탄약 생산업체, 대전차 미사일·무기 제조업체, 소총과 화약 생산업체 같은 회사들이 들어 있었다.

어렸을 때 페름에는 스타벅스도, 맥도날드도, 서구 음악이나 엔터테인먼트에 대한 접근경로도 없었다. 페름은 국가 기밀과 정부 영향력이 가득한 도시였다. 소련 지도자들이 세계에 보여주고 싶지 않은 곳이었다. 그리고 그 사실은 젊은 사람들이 정체성, 추진력, 삶의 열정을 찾기 더욱 어렵게 만들었다.

정말로 정부는 우리가 보이길 원치 않았다. 제2차 세계대전 당시 독일

군이 페름까지 진격할 계획이 없었는데도, 러시아 정부는 도시의 공군기지를 위장했다. 국가 기밀이 너무 많아서 페름은 전쟁 중과 이후 사실상 '폐쇄 도시'가 됐다. 외국인은 수십 년 동안 방문할 수 없었다. 국가는 페름을 소련 지도에서 아예 지웠다. 지금도 페름의 위치나 산업적 중요성을 아는 사람은 많지 않다.

내 할머니 알레브티나(Alevtina)와 어머니 알라(Alla)는 위험한 페름 화약 공장에서 평생 일했다. 회사는 1934년 광산용 폭약 제조로 시작했고, 지금은 러시아군의 그라드(Grad)·스메르치(Smerch) 로켓 발사 시스템을 생산한다.[29] 정부가 수십 년간 지역에 돈을 쏟아부었지만, 페름은 20세기 내내 경제적 기회나 창업 기회가 넘치는 곳은 아니었다.

제2차 세계대전 이후 미국은 마셜 플랜으로 유럽을 재건하며 자본주의를 확산시켰고, 그 과정은 냉전으로 이어졌다. 미국 중심 자본주의와 소련식 사회주의·공산주의가 전 세계에서 수십 년간 맞서는 시대였다.

나는 후자의 시스템에서 자랐다. 소련 경제에는 가난이 널리 퍼져 있었다. 경제는 국가 지출에 기대었고, 대부분의 사람은 쥐꼬리만 한 임금을 받으며 비좁은 주거 환경 속에서 살았다. 정부는 아이가 있는 모든 가족에게 무료 아파트를 제공했다. 아이가 많을수록 더 큰 아파트를 받을 수 있었다. 문제는 주택 공급이 적어서 아파트를 받기까지 대기 기간이 길었다는 점이다. 몇 년을 기다리는 경우도 흔했다. 부모님은 젊은 나이에 나를 낳았고, 어머니는 스무 살에 페름 화약 공장에 들어갔다. 아버지는 우리 삶에 간헐적으로만 나타났기 때문에, 어머니가 첫 국가 제공 아파트를 받기까지 4년이 걸렸다.

우리 첫 아파트가 얼마나 작았는지 감이 오게 설명해보겠다. 2015년 《USA 투데이》는 미국 호텔 객실 평균 크기가 330제곱피트(약 30.7m², 즉 9.3평)라고 보도했다.[30] 로스앤젤레스의 5성급 호텔 객실은 600~800제곱피트(약 55.7~74.3m², 즉 16.9~22.5평)가 될 수도 있다. 보통의 힐튼이나 메리어트 3성급 호텔 객실은 300제곱피트(약 27.9m², 즉 8.4평) 정도다.

우리 첫 아파트는 182제곱피트(약 16.9m², 즉 5.1평)였고, 주방은 64제곱피트(약 5.9m², 즉 1.8평)가 추가로 있었다. 부모님과 나 셋이 살기에도 빡빡했는데, 우리가 이사 온 뒤 곧 여동생이 태어나면서 더 비좁아졌다. 우리는 그 집에서 7년을 더 살았다.

세 칸짜리 옷장이 우리 집의 메인 공간을 '아이들 방'과 '거실'로 나눴다. 아이들 방에는 여동생과 내가 쓰는 2층 침대가 있었다. 부모님은 거실 소파에서 잤다. 책상, 다리미판, TV 두 대도 있었다. 큰 TV는 고장 나서, 작은 흑백 TV를 올려놓는 받침대로 썼다. 이 좁은 공간은 내 음악 꿈도 밀어냈다. 나는 피아노를 치고 싶었지만, 피아노를 둘 공간도 돈도 없었다. 대신 아코디언을 해야 했다. 나는 아코디언이 싫었다.

가난한 아이였던 나는 가진 게 별로 없었다. 가끔 공사장이나 쓰레기 더미를 뒤지기도 했다. 부서진 장난감, 향수, 핸드크림을 발견할 때도 있었고, 감자 껍질을 주울 때도 있었다. 한 번은 구리선을 찾아서 팔았고, 그 돈으로 『닌자 거북이』 만화책을 샀다. 그건 내 보물이었다.

러시아에서 가난하다는 건 기본 생필품이 사치품이 된다는 뜻이다. 우리 집에는 화장지가 없었다. 신문과 잡지 페이지를 썼다. 구독도 못 했으니, 버려진 신문과 잡지를 아파트 건물에서 찾아오는 게 내 일이었다. 그리고 쓰기 전에 나는 그 기사들을 읽었다. 소련의 아프가니스탄 점령, 1988년 아르메니아 지진, 그리고 소련 붕괴 이후 1990년대 '민영화(사유화)'라고 불린 경제 시기에 관한 기사들을 읽었던 기억이 또렷하다.

나의 성장기

소련에서 가난이 흔했던 만큼, 알코올 중독도 흔했다. 이 병은 결국 2004년 아버지의 목숨을 앗아갔다. 아버지는 제대로 된 직업을 오래 유지하지 못했고, 임시 일자리를 전전했다. 중독은 길고 반복됐다. 나는 아버지의 삶을 '초콜릿 상자 같은데, 두 개 중 하나는 술이 들어 있는 상자'라고 표현한 적이 있다. 아버지가 바닥에서 쓰러져 자던 밤을 기억한다. 어머니가 그를 깨우려고 애쓰다가, 심지어 주먹으로 치던 장면도 기억한다.

아버지는 내가 태어났을 때 겨우 스물두 살이었다. 아버지는 의무 군복무를 2년 했다. 가끔은 술을 꽤 오래 끊기도 해서, 우리와 2년 정도 함께 지내다가 어느 순간 또 한동안 사라지곤 했다. 할머니는 그렇게 마시다간 결국 죽는다고 아버지를 설득하곤 했다. 아버지는 18개월쯤 술을 끊었다가도, 다시 예전처럼 통제 불가능한 악순환에 빠졌다.

아버지의 음주와 관련해, 내 어린 시절을 결정적으로 바꾼 비극적인 일이 두 번 있었다. 어느 날, 친구 집에서 돌아온 나는 아버지에게 연필을 깎아달라고 했다. 나는 부엌에서 칼 하나를 가져와 아버지에게 건넸다. 잠시 후 부모님이 다투더니, 아버지는 그 칼로 어머니를 때렸다. 아버지는 그 일로 징역 3년형을 받았다. 소련의 감옥은 사람을 바로잡는 곳이라기보다 출소 후의 직업적·사회적 희망을 거의 끊어버리는 곳에 가까웠다.

그 시기의 기억은 거의 없지만, 두 번 정도 아버지를 면회하러 감옥에 갔던 것은 기억한다. 아버지는 감옥에서 문신을 만들어 팔았고, 나는 다른 수감자에게서 체스를 배웠다.

두 번째 사건은 1998년에 일어났다. 감옥을 다녀온 뒤 아버지는 몇 년간 술을 끊었다. 어머니는 여전히 화약 공장에서 일하고 있었는데, 회사에서 우리 가족에게 2주짜리 강 크루즈 휴가를 제공했다. 크루즈 마지막 날, 몇몇 선상 공연자들이 수상 스포츠 경기 중에 장난으로 보드카를 몰래 섞어 넣었다. 아버지는 그 사실을 모른 채 술을 맛봤고, 그게 재발의 스위치가 됐다. 아버지는 2004년 죽을 때까지 다시 술을 끊지 못했다.

그 결과 아버지는 내 삶에서 믿을 만한 존재가 될 수 없었다. 물론 가끔은 좋은 기억도 있다. 하지만 그의 음주는 소련 붕괴 이후 가장 중요한 역사적 시기 중 하나에서 우리 가족의 경제까지 흔들었다. 아버지가 내렸던, 가슴 아픈 재정적 선택은 1990년대 초 페름과 러시아 여러 지역의 많은 사람처럼 큰 대가를 남겼다. 그리고 그 대가는 내 10대 시절의 중요한 기억과 교훈이 됐다.

1991년, 소련은 붕괴했다. 사람들은 흔히 독일 베를린 장벽 붕괴 장면을 떠올리지만, 페름 같은 외딴 러시아 지역에서는 경제 자유화, 즉 민영화(사유화)가 진행되고 있었다. 당시에는 사회 분위기도 들떴다. 러시아인의 60% 이상이 민영화를 지지했다.[31] 비효율적인 국영기업에서 벗어나 사기업과 '모두의 기회'로 가는 길처럼 보였다.

하지만 대다수 사람이 실제로 경험한 것은 그런 모습이 아니었다. 공산주의 체제에서 수십 년을 살았고 교육 수준도 높지 않은 사람들에게 그 시기는 대단히 혼란스러웠다. 1992~1994년 사이 러시아 정부는 모든 시민에게(이 프로그램이 시작될 때 여덟 살이었던 나 같은 아이에게도) 1인당 1만 루블짜리 바우처(교환권)를 지급했다. 그 돈으로 부동산이나 자산을 사거나, 심지어 창업도 할 수 있다는 취지였다. 액면가만 보면 1만 루블은 자동차 두 대를 살 수도 있는 금액이었다.

하지만 정부는 그걸 사람들에게 제대로 설명하지 않았다. "바우처를 어떻게 쓰나?", "민영화가 뭔가?" 같은 더 단순한 질문에도 답이 없었다. 대부분의 사람은 사유재산 개념 자체를 몰랐다. 불과 몇 년 전만 해도 자산을 사고팔아 작은 이익을 남기면 '투기(speculation)'로 감옥에 갈 수도 있었다. 그런데 이제는 갑자기 사업과 시장경제를 이해하라고 했다.

그 뒤 벌어진 일들은 오늘날까지 이어지는 러시아 올리가르히(과두 재벌) 계층을 만들었다. 전국적으로 엘리트 교육을 받은 집단이 있었고, 그들은 유럽·미국의 경영대학원에서 공부하기도 했다. 경제를 아는 사람들이었다. 그들은 대다수 시민의 무지를 이용할 수 있었다.

이런 '사업가'들은 실제 가치가 1만 루블보다 훨씬 낮은 물건을 바우처와 바꿔치기했다. 예를 들어 어떤 사업가들은 보드카를 가득 실은 트럭 두 대를 몰고 와서 시장을 돌며 보드카 두 병과 1만 루블 바우처 한 장을 바꾸자고 했다. 그렇게 바우처를 모은 뒤, 그들은 비공개 경매에서 석유 생산시설이나 정유시설을 민영화하는 데 쓸 수 있었다.

우리 가족도 바우처 4만 루블어치를 받았지만, 민영화에서 경제적 성공은 없었다. 아버지가 자기 바우처를 보드카 한 병과 바꾼 건 놀랄 일도 아니다. 그는 내 바우처도 바꿨다. 그 대가로 자전거 한 대가 들어왔고, 그건 내게 줬다. 그리고 아버지는 보드카를 더 챙겼다. 한편 금융 교육이 없던 어머니는 바우처 두 장을 폰지 사기(새로 들어온 투자자의 돈으로 기존 투자자에게 수익을 지급하는 사기)에 넣었다가 전부 잃었다.

이런 일을 두고 분노하기는 쉽다. 하지만 나는 다른 방식으로 받아들였다. 나는 스스로에게 물었다.

"수많은 사람이 같은 시민을 착취하던 이 민영화 시기에서, 내가 배울 교훈은 무엇인가?"

답은 단순했다. 교육이 내 미래와 성공에 결정적이라는 것이었다.

어머니는 성실했지만, 교육이 부족해 커리어에서 크게 올라가지 못했다. 그는 최대한 빨리 연금을 받기 위해 힘든 일을 택했고, 마흔다섯에 매달 150달러 연금을 받았다.

어머니의 삶은 쉽지 않았다. 어머니와 할머니는 매일 내게 두 가지를 말했다.

첫째, 자신들이 하던 화약 공장에서 하던 일과 같은 '비숙련 노동'은 정말 힘들다는 것이었고, 둘째, 나는 반드시 교육을 받고 대학 졸업장을 따야 한다는 것이었다.

나는 그걸 어떤 대가를 치르더라도 해내려고 했다. 심지어 인생을 바꿀 거짓말을 해야 한다 해도 말이다.

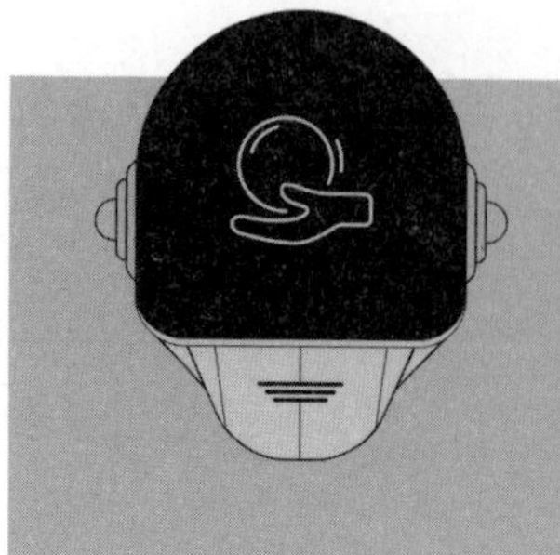

힘을 주는 교육

중학교 1학년(러시아 기준 7학년) 때 나는 마침내 내 방을 갖게 됐다. 우리 가족은 훨씬 큰 집으로 이사했지만, 동네는 훨씬 나빠졌다. 타이가 숲 근처였다. 새 학교는 마음에 들지 않았다. 열네 살 학생들이 대낮에 담배를 피우고, 밤에는 디스코장에서 싸우는 모습을 기억한다. 그 동네 분위기를 보여주는 예로 이런 일이 있었다. 한 반 친구의 아버지가 수돗물과 공업용 알코올로 만든 가짜 보드카를 내게 팔려고 했다. 나는 그 학교를 떠나 군사 교육을 하는 기숙학교에 들어가기로 마음먹었다. 하지만 러시아 군인이 되고 싶은 마음은 금방 사라졌다.

그럼에도 그 경험은 내 인생의 큰 전환점이었다. 그 학교에서 한 선생님이 내가 수학을 좋아하고 잘한다는 걸 알아봤다. 그는 나를 개인 지도했고, 시 단위 수학 경시대회에 데려갔다. 군사학교 학생이 대회에 나가는 것도 드물었고, 거기서 상을 타는 건 더 드물었다. 나는 몇 번 우승했고, 선생님은 그 덕에 상과 보너스를 받았다. 솔직히 나는 '열정적인 선생님을 만났고, 그에게 배울 수 있었다'는 사실이 더 기뻤다.

이 무렵, 나는 더 나은 교육이 가능하다는 사실도 알게 되었다. 도시에서 가장 좋은 학교로 알려진 '리체움(Lyceum)'이라는 학교에 대해 들었기 때문이다. 나는 그 학교에 가고 싶었다. 하지만 문제가 하나 있었다. 나는 이미 10학년이었다. 러시아의 학교는 총 11학년제인데, 리체움은 10학년과 11학년 신입생만 받았다. 그래서 나는 10학년을 다시 다니는 방식으로 지원할 수 있는지 문의했지만, 담당자는 "우리나라는 너를 두 번 가르칠 만큼 부유하지 않다"라고 말했다.

나는 포기하지 않았다. 위험을 감수해야 했다. 나는 지원서를 손봤고, 실제보다 더 어리다고 적었다. 다행히 아무도 사실 확인을 하지 않았다. 입학시험에 붙었을 때 나는 20명 넘는 학생을 제치고 자리를 얻었다. 그 경험은 내 삶을 다시 정의했고, 이전에는 한 번도 접한 적 없던 기회와 경험의 세계를 열어줬다.

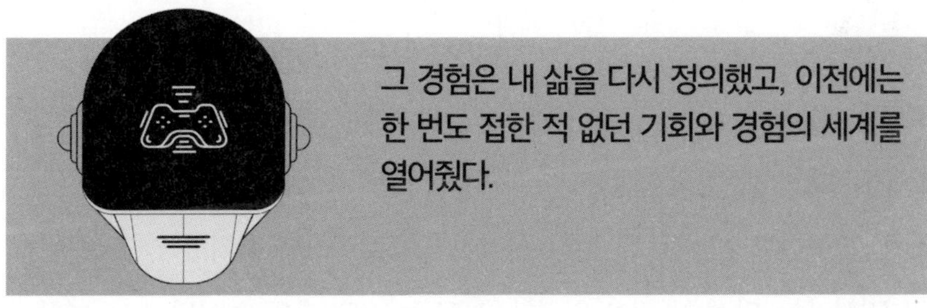

리체움에 등교한 첫날 교실에 들어갔을 때, 나는 제일 옷을 못 입은 학생이었고, 아마 가장 가난했을 것이다. 그런데도 나는 신이 났다. 아무도 담배를 피우지 않았다. 아무도 싸우지 않았다. 학교는 건물이 여러 채였고 교실이 22개나 되는 큰 곳이었다. TV에서 보던 쇼 〈베벌리힐스 90210〉의 학교 같은 느낌도 있었다.

그곳에서는 시장의 아들과 닭 공장 주인의 딸이 함께 공부하고 친구가 됐다. 우리 반에는 교환학생으로 미국에서 1년을 보낸 학생도 몇 명 있었다. 나는 미국 대학을 졸업한 선배들도 만났다. 그 순간 미국 교육 시스템에 관심이 확 생겼다(그때는 내가 결국 그곳에서 공부하게 될 줄 몰랐다).

그리고 내 생애 첫 멘토도 만났다. 교육에서 내가 이룬 궁극적인 성공에 가장 큰 빚을 진 사람을 딱 한 명만 꼽으라면, 나의 수학 선생님 아나톨리 프로코포비치 이바노프(Anatoly Prokopovich Ivanov)다. 리체움에서는 매일 수학을 4시간씩 배웠고, 이바노프 선생님은 전국 시험 시스템을 만든 사람이었다. 그는 60분 안에 풀기 거의 불가능한 30문제로 구성된 시험을 만들었다. 우리는 그 어려운 문제를 끝까지 풀어내려고 훈련했다.

나는 짧은 시간에 푸는 수학 경시대회도 좋아했지만, 몇 시간씩 이어져 마치 스포츠 경기처럼 느껴지는 수학 경시대회에는 더 깊이 빠져들었다. 이바노프 선생님과 함께 공부하면서 나는 수학에서 내 잠재력을 최대한 끌어올릴 수 있었다. 그 결과 도시 전체에서 상위 5명 안에 드는 성적을 거두었고, 페름 국립대학교로부터 장학금도 받았다.

이 고등학교 시기는 내 성장에 결정적으로 중요한 시기였다. 2002년 무렵 러시아는 많이 바뀌어 있었다. MTV는 1998년에 들어왔지만, 영향력이 정점에 오른 건 4년 뒤였다. 주말이면 나는 '볼리드 댄스 플래닛(Bolid Dance Planet)'이라는 클럽에 자주 갔다. 뉴욕의 스튜디오 54에서 영감을 받은 댄스홀이었다. 나는 대부분의 밤을 새벽 6시까지 춤추며 보냈다. 첫 버스가 6시 30분에 출발했기 때문이다. 그 클럽에서 친구를 많이 만들지는 못했지만, 테크노 음악과 분위기를 사랑했다. 그곳에는 순수한 기쁨이 있었다.

　대학을 준비하던 시기에 부모님은 이혼했다. 두 사람은 첫 아파트를 팔아 얻은 돈을 나눴다. 내가 페름으로 돌아왔을 때, 나는 인터넷이라는 새 기술로 돈을 벌 수 있지 않을까 생각하기 시작했다. 그해 우리는 내 첫 개인용 컴퓨터, 내 첫 차, 그리고 어머니를 위한 양가죽 코트를 샀다. 하지만 늘 그렇듯, 삶은 금방 더 격렬하게 변했다.

새로운 가능성에 주목하다

　페름 국립대학교에 들어가자마자, 나는 이곳이 결코 쉽지 않다는 사실을 깨달았다. 처음에는 수업 속도를 따라가지 못했고, 학생들은 극심한 압박 속에서 공부해야 했다. 시험에 떨어지면 학교에 다시 지원할 수는 있었지만, 그 경우 등록금을 내야 했다. 돈이 없거나 시험을 통과하지 못한 학생들은 러시아군 의무복무를 해야 했다. 그 시기 러시아는 체첸 전쟁을 치르고 있었다. 나는 군복무를 하고 싶지 않았다. 실제로 전쟁 때문에 몸과 마음이 모두 망가진 어린 시절 친구들도 있었다.

　나는 돈을 확보해야 했다. 그 무렵, 모스크바와 상트페테르부르크 같은 대도시를 넘어 지방까지 들어오기 시작한 '인터넷'이라는 새 기술의 가능성에 끌렸다. 2002년 인터넷이 마침내 내 도시에도 들어왔다. 시간당 50센트를 내고 러시아 다이얼업 인터넷을 쓸 수 있었다. 하지만 미국의 AOL이나, 2000년대 초 미국 대학들이 갖추던 디지털 로컬 네트워크(LAN) 같은 건 아니었다. 느리고 불편했고, 자주 끊기거나 아예 작동하지 않기도 했다.

많은 사람이 러시아의 비즈니스 환경에서 기회가 부족하다고 불평했지만, 나는 인터넷을 '전 세계 누구와도 나를 같은 출발선에 세워주는 도구'로 봤다. 나는 강한 동기를 품고 있었고, 동시에 기회도 손에 쥐고 있었다. 인터넷은 내게 새로운 세계를 열어줬다. 나는 러시아의 전통적인 노동시장에서 일하는 것보다 인터넷에서 더 많은 돈을 벌 수 있다는 걸 금방 알아챘다. 나는 뉴스를 보거나 냅스터 같은 곳에서 음악을 내려받거나 스포츠 소식을 보려고 인터넷에 들어간 게 아니었다. 난 인터넷으로 돈을 벌고 성공적인 비즈니스를 만들고 싶었다.

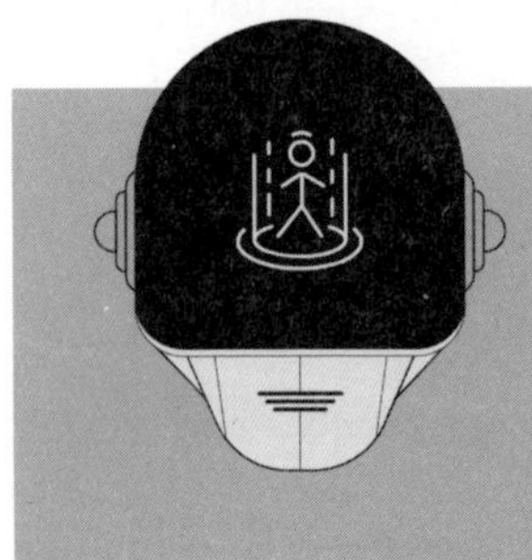

시간당 50센트는 더 나은 미래를 위한 '고정비'라고 생각했다. 그리고 곧 온라인 거래 결제 처리에서 기회가 있다는 걸 알게 됐다. 2002년 무렵 러시아에는 핀테크 붐이 일어나면서 작은 전자지갑(e-wallet) 회사들이 늘었다. 전자지갑은 안전한 금융 앱 또는 온라인 플랫폼으로, 쇼핑 결제, 자금 이체, 타인 송금, 그리고 환전(외화든 디지털 통화든)을 가능하게 한다.

당시에는 신용카드가 있는 소비자가 많지 않았고, 결제 산업에 규제도 약했다. 내가 처음 한 일은 '가능한 한 모든 전자지갑'에 가입해서, 사업

자금을 넣고 빼는 통로를 전부 확보하는 것이었다.

두 개의 급성장한 온라인 분야가 그걸 가능하게 했다. 하나는 스포츠 도박이었고, 다른 하나는 환전이었다. 나는 스포츠 경기를 보고 베팅하는 데 관심이 거의 없었다. 대신 대부분이 생각하지 못한 일을 하려 했다. 온라인에서 북메이커(도박사)마다 경기 배당률이 달랐다. 나는 인터넷 포럼을 통해 여러 사이트의 배당률 차이를 이용해 '차익거래(arbitrage)'를 하는 방법을 배웠다. 제대로 하면 베팅에서 '순손실 없이' 돈을 벌 수 있었다.

방법은 이랬다. 러시아의 큰 북메이커 마라폰(Marafon)과 런던의 대표 스포츠 베팅 거래소 베트페어(betfair.com)의 배당률을 비교했다. 배당률이 서로 다를 때, 경기 결과의 양쪽에 동시에 베팅을 걸어도 위험 없이 이익이 남는 구간이 생겼다. 나는 학교의 개발자 한 명과 함께 스포츠 차익거래 프로그램을 만들었다. 난 그걸 '돈을 찍어내는 기계'라고 불렀다.

나는 또 다른 '돈 찍는 기계'도 만들었다. 러시아 결제 시스템 웹머니(WebMoney)의 전자화폐를 사고, 그것을 e-골드(e-gold)라는 디지털 상품 플랫폼의 '금(그램 단위) 기반 화폐'로 바꾸는 거래였다. 반대로 e-골드에서 웹머니로 돌아오는 교환에서도 수익을 낼 수 있었다.

물론 이런 '돈 찍는 기계'에는 자본이 필요했다. 그리고 내 인생의 다음 축복도 자본이 필요했다. 2년 뒤, 파티에서 지금의 아내 야나(Yana)를 만났다. 나는 그녀를 보자마자 사랑에 빠졌다. 처음에는 실제보다 더 부자인 척도 했다. 하지만 다행히도 이 관계가 오래갈 거라는 걸 곧 알게 됐다.

야나는 두 시간 버스를 타고 어머니의 허름한 아파트까지 와서 인사했고, 나중에는 아버지도 만나 자기소개를 했다. 우리는 아주 어릴 때 결혼해 함께 살기 시작했다. 나는 21세, 야나는 19세였다.

야나의 아버지는 우리 첫 아파트를 고쳐주는 데 도움을 줬다. 그 집은 솔직히 '쓰레기 구덩이' 같았다. 나는 사업 자금을 위해 70만 루블(약 2만 달러)을 빌렸다. 이자는 한 달에 3.5%나 됐고, 아파트를 담보로 잡았다. 그 돈으로 나는 '돈 기계'를 굴리고 새 프로젝트를 밀어붙일 수 있었다. 엑솔라의 기반도 그때 만들어졌다.

오늘날 엑솔라는 게임 개발자들이 자본, 창작 도구, 자원을 얻도록 돕는 회사다. 우리는 개발자가 이용자를 모으고, 게임 내 결제를 만들고, 디지털 거래를 위한 다양한 결제 수단에 접근하도록 돕는다.

하지만 그게 엑솔라의 진짜 시작은 아니었다. 나는 엑솔라의 공식 생일을 2005년 7월 15일로 본다. 그날 나는 2pay.ru라는 도메인을 등록하고, 엑솔라의 전신인 2페이(2pay)를 만들었다. 2페이의 첫 서비스는 디지털 통화를 서로 바꿔주는 것이었고 수수료는 1%였다. 새로운 전자지갑을 붙이면서, 우리는 여러 게임의 가상 화폐도 추가하기 시작했다. 그 시기는 정말 바빴다. 우리는 6개월 만에 러시아의 브라우저 게임 20개와 함께 사업을 출시했다. 그때는 정말 큰돈을 벌거나 미국 투자자들 표현을 빌리면 '달로 날아가듯(to the moon)' 대박이 날 것처럼 느껴졌다.

하지만 그 과정에서 겸손해질 수밖에 없는 교훈도 많이 겪었다. 처음에는 개발자들에게 크게 의존했는데, 내 최고의 개발자 중 한 명이 교육에 집중하고 싶다고 했다. 그는 밤에 대신 거래를 계속해줄지 물었다. 그런데 그의 거래 프로그램이 고장 났을 때, 그는 고치지 않았다. 그 실패로 중요한 수익원이 곧바로 사라졌다. 우리는 파트너십을 끝냈다. 또 다른 개발자는 내 허락 없이 '사업 지갑'에서 돈을 빼갔다. 그 사건으로 또 하나의 관계가 끝났고, 나는 고객뿐 아니라 '파트너'도 제대로 알아야 한다는 사실을 뼈저리게 배웠다.

마지막으로, 나는 여동생에게 테니스 경기 거래 관리를 맡겼다. 그런데 프로그램 설정을 잘못 건드리는 바람에, 나는 모든 자금을 날렸다. 상황도 황당했다. 비 때문에 테니스 경기가 중단됐고, 내가 두 사이트에 나눠 걸어둔 '안전한 차익거래 베팅'이 망가졌다. 한 사이트는 경기를 취소로 처리했고, 다른 사이트는 비로 중단된 시점의 스코어를 유효로 처리해버렸다. 그때 돈을 잃는 건 정말 고통스러웠다.

그런데 더 충격적인 건 6개월 만에 내 돈이 완전히 바닥났다는 사실이다. 그 시기는 정말 힘들었다. 난 차를 팔았고, 학교도 그만뒀다. 그리고 매달 2만 4,500루블(당시 약 1,000달러)의 이자를 내야 했다. 해결책을 못 찾으면, 장인이 고쳐준 그 아파트까지 잃을 수 있었다.

나는 패닉에 빠지지 않았다. 처음에는 아내와 함께 주당 4,000루블(당시 163달러)로 살아보기로 했다. 할머니를 찾아가 야나를 소개했고, 내 어려움을 숨기지 않았다. 할머니는 내게 이렇게 말했다. "주당 4,000루블을 쓰면 빚을 절대 못 갚는다. 너는 얼마를 벌 수 있을 것 같니?"

그 대화는 의미가 깊었다. 할머니가 세상을 떠나기 전까지 우리가 나눴던 수많은 대화들처럼. 할머니는 자신의 시간과 집을 아낌없이 내줬다. 학창 시절 나는 자주 할머니 집에서 지냈다. 학교까지 45분이면 가는 거리였지만, 어머니 집에서는 90분이 걸렸기 때문이다. 할머니는 늘 내 편이었다.

70만 루블 대출금과 이자를 모두 갚는 데는 2년이 넘는 시간과 혹독한 자기 절제가 필요했다. 그 기간 동안 나는 사업을 재정비했고, 다시 세우는 방법을 배우는 데 더 많은 시간을 썼다. 난 개발자나 외주에 기대고 싶지 않았다. 혼자서 사업을 운영할 수 있어야 했다. 그때의 시간이 지금의 엑솔라를 만들었다. 오늘날 엑솔라는 전 세계에 사무실을 두고 있다.

할머니와의 대화 이후, 독학으로 코딩을 배워 결제 시스템을 처음부터 다시 만들었다. 내가 배운 모든 것은 온라인에서 무료로 구할 수 있었다. 인터넷이 가진 방대한 교육 자원은 내게도 기회를 평준화해주었다. 나는 2pay.ru를 혼자 힘으로 법인 등록했고, 게이머들과의 첫 계약서도 직접 썼다. 회계를 맡고, 전화 시스템과 800 번호를 만들고, 가상 서버도 전부 혼자 관리했다. 그 시기는 불안정하긴 했지만, 분명 '창업가로서의 내 이야기'였다. 수많은 창업가가 겪는 것처럼 극심한 오르내림이 이어지는 롤러코스터 같은 시간이었다.

그리고 2006~2008년 사이에 큰 기회가 나타났다. 러시아 소비자들이 은행카드를 쓰기 시작한 것이다. 여기서 러시아와 미국의 중요한 차이 하나가 드러난다. 그 차이는 내 사업을 키우는 데도 결정적이었다.

미국에서는 계약법이 기업과 소비자 사이의 신뢰를 만들고 지킨다. 사람들은 은행에 돈을 맡기고, 통신회사가 데이터와 프라이버시를 제대로 관리할 거라고 믿는다. 오늘날 미국 소비자들이 물건을 살 때 갖는 신뢰가 얼마나 큰지 생각해보라. 어떤 사람은 그걸 당연하게 여길지도 모른다. 미국 소비자는 판매자가 거짓말하지 않을 거라고 믿고, 은행 같은 서비스가 자기 이익을 지켜줄 거라고 믿는다. 게다가 러시아에는 없는 수준의 소비자 보호 제도와 소비자 권익 시스템도 촘촘하다.

러시아에서는 그런 신뢰가 거의 없다. 사람들은 미국처럼 은행을 믿지 않는다. 그래서 러시아 소비자들은 은행카드를 한 달에 한두 번, 급여를 인출하는 용도로만 쓰는 경우가 흔했다. 휴대전화가 널리 퍼진 뒤에도, 미국에서 흔한 것처럼 휴대전화 요금을 은행 계좌와 연결하지 않았다. 대신 사람들은 선불 충전 방식에 의존했다. 이건 러시아의 대표적인 결제 기업인 키위(QIWI) 같은 회사들에 엄청난 기회를 주었다. 현금을 받을 수 있는 결제 키오스크들이 곳곳에 설치되기 시작한 것이다. 사람들은 은행 카드로 현금을 뽑은 뒤, 그 돈을 키오스크에 넣어 휴대전화 요금과 인터넷 요금을 냈다.

2008년 말까지 내 회사 2페이는 페름에서 게임 200개와 키오스크 네트워크 150개를 모아 연결했다. 이 키오스크는 ATM처럼 거의 모든 식료품점에 있었고, 보통은 휴대전화 잔액을 채우거나 공과금을 내는 데 썼다. 나는 이 키오스크를 활용해 사람들이 무료 게임(Free-to-Play)의 게임 계정에 돈을 넣을 수 있게 했다. 러시아는 불법복제가 너무 흔했기 때문에, 사람들이 돈을 낼 마음이 있었던 게임은 거의 '무료로 시작해서 게임 내에서 결제하는' 형태뿐이었다.

이 게임들은 서버에서 돌아가 치트가 어렵거나 불가능했고, 그래서 플레이어는 게임 내 이점을 위해 큰돈을 쓰기도 했다. 어쩌면 이것이 러시아가 미국보다 한발 앞서 있었던 요소 중 하나였고, 엑솔라에 유리한 출발선을 만들어준 요인이었는지도 모른다.

내 회사는 성공했지만, 나는 여전히 캘리포니아와 지구 반대편에 펼쳐진 가능성을 꿈꾸고 있었다.

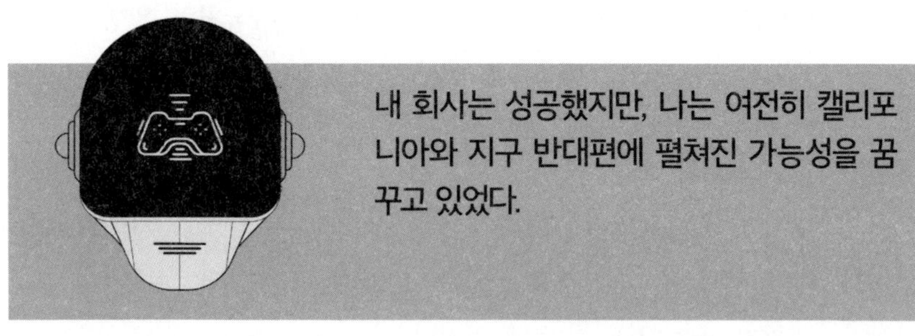

미국으로 이주

엑솔라를 시작하기 훨씬 전부터, 나는 창의적 콘텐츠와 미국 문화를 진심으로 좋아했다. 앞에서 말했듯, 러시아 민영화 이후 아버지는 내 1만 루블 바우처를 보드카와 자전거로 바꿨다. 아버지가 마지막으로 술을 끊었던 2년 동안, 그 자전거 구입은 정말 좋은 투자였다. 우리는 차가 없었고, 자전거 덕분에 가까운 호수로 가서 함께 낚시할 수 있었다. 아버지와 단둘이 보내던 그 시간은 좋은 기억이다.

아버지는 직업을 오래 유지하지는 못했지만, 1997년에 내게 할리우드에 대한 깊은 애정을 심어줬다. MTV가 러시아에 들어오기 1년 전이다. 당시

아버지는 불법 VHS 비디오를 파는 가게에서 일했다. CD나 DVD 이전에는 크고 투박한 비디오테이프가 있었다. 아버지는 VHS 플레이어 두 대와 라벨 타자기를 샀다. 우리는 그걸로 인기 있는 미국 영화의 불법 복제본을 만들었다. 미국에서는 불법이고 좋게 볼 일이 아니지만, 나는 그 일이 아버지가 해본 일 중 가장 '멋있던 일'이었다고 생각한다. 다시 말하지만, 우리는 가진 게 별로 없었다.

이 경험에서 놀라운 점은 영화 해적질이 꽤 '고압적인 일'이었다는 사실이다. 라벨 타자기는 한 번만 제대로 찍을 기회를 줬다. 아버지가 테이프를 팔기 전에 나는 가능한 한 많은 영화를 봤다. 그리고 그 영화들은 현실 같지 않았다. 존재할 수 없는 판타지 세계처럼 보였다. 그러니 내가 처음 미국에 갔을 때 얼마나 기뻤겠는지 상상할 수 있을 것이다.

아내와 나는 2009년에 관광객으로 처음 미국을 방문했다. 샌프란시스코의 한 전시회에서 미국 게임 산업과 그 가능성을 접하며, 미국이 놀라울 정도로 열려 있다는 걸 느꼈다. 나는 다음 해에도 같은 전시회에 엑솔라 부스를 들고 갔고, 그 이후로 매년 그 행사에 참석해왔다.

사업이 커지면서 미국에서도 점점 주목을 받기 시작했다. 그래서 결단을 내렸고 가족과 함께 미국으로 이주하기로 했다. 우리는 첫해 샌프란시스코에서 방 한 칸짜리 아파트를 빌려 살았다. 2010년에는 캘리포니아주 로스앤젤레스의 한 지역인 셔먼 오크스(Sherman Oaks)에 엑솔라 본사를 세웠다. 덕분에 우리는 글로벌 운영을 빠르게 확장할 수 있었다.

물론 쉽지는 않았다. 러시아에서 미국으로 옮기는 것은 모험이었다.

새로운 문화에 적응하기

처음에 캘리포니아는 달나라처럼 느껴졌다. 나는 영어를 몰랐고, 정식으로 배운 적도 없었다.

미국은 미터법을 쓰지 않는 나라 세 곳 중 하나이기도 하다. 그래서 마일을 킬로미터로 바꾸고, 킬로그램과 파운드의 계산을 익혀야 했다. 5피트, 5야드, 5미터의 차이도 이해해야 했다. 평생 미터법으로만 살던 사람에게는 큰 변화였다.

미묘한 차이도 있었다. 나는 건물마다 주소가 적혀 있는 나라를 처음 봤다. 표현의 자유가 있는 곳도 처음이었고, 코카콜라가 어디에나 있는 곳도 처음이었다.

처음 미국에 오면, 마트 선반이 단순히 '가득 차 있는' 정도가 아니라 같은 상품이 선반 안쪽으로 60cm(2피트) 이상 깊게 쌓여 있는 풍경을 이해하기 어렵다. 이 주제는 몇 시간이고 말할 수 있지만, 그건 아마 다른 책 이야기가 될 것이다.

가끔은 영화 속에 들어온 느낌이었다. 영화에서만 보던 주황색 약병을 실제로 봤다. 피지(FIJI) 워터도 있었고, 스타벅스도 있었는데, 그게 꽤 '고급'처럼 느껴졌다. 심지어 갈색 종이봉투 하나도 사치품처럼 느껴졌다. 미국에 오면 제품의 풍요를 목격한다. 마트에 음식이 넘쳐나고, 많은 자동차가 다니고, 휴대전화를 쉽게 구할 수 있다는 사실까지. 그런데 이렇게 물건이 넘쳐나는 곳에서도 미국에서는 '물건보다 사람이 더 귀하다'는 게 분명해 보였다.

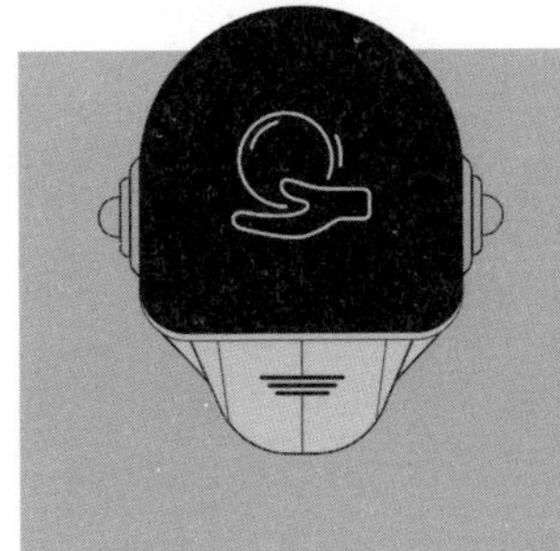

나는 또한 '공공 안전'이 미국인에게 얼마나 중요한지도 금방 알게 됐고, 그 점 때문에 미국이라는 나라가 더 고마워졌다. 사람들은 러시아에서 온 사람이 캘리포니아로 가는 이유가 날씨나 실리콘밸리의 벤처캐피털 때문이라고 생각할지도 모른다. 적어도 내 경우는 아니다. 난 그런 돈을 단 한 푼도 받은 적이 없다.

내가 미국으로 옮긴 이유는 크게 두 가지다. 첫째는 타협 없는 공공 안전 규정과 응급 서비스의 수준이다. 2009년 12월, 러시아 페름의 한 나이트클럽에서 큰 화재가 일어났고, 그 사건은 공공 안전에 대한 내 시각을 완전히 바꿨다. 이 비극은 '레임 호스(Lame Horse) 화재'로 알려져 있다. 도시의 소방·건축 검사 부서의 부패 때문에 벌어진 일이었다.

그날 밤, 레임 호스 클럽 8주년을 축하하러 282명이 왔다. 다음 날 아침 156명이 죽었다. 한 목격자 증언에 따르면 현장에 도착한 구급차는 단 두 대뿐이었다.[32] 한때 '응급차가 부족한 곳'에서 살아본 사람은 다른 나라에서 사이렌 소리를 들을 때 안전을 다르게 느낀다.

둘째 이유는 분명히 창업가 공동체 때문이다. 나는 로스앤젤레스에 자리 잡았다. 2016년에는 UCLA 앤더슨 스쿨을 졸업했고, 그때 배운 것을 곧바로 실행하기 시작했다. 2020년에는 하버드도 졸업했다.

그 과정 내내, 나는 내 사업이 성장해온 짧은 시간 동안 새로 등장한 기업들과 만나 협력해 왔다. 엑솔라를 통해 나는 비디오게임 산업을 극적으로 재편해 왔고 이미 메타버스의 기반 인프라를 구축해 온 기술들을 만들어낸 기업들과 깊은 관계를 쌓아 왔다.

그리고 이것은 앞으로 펼쳐질 가능성의 맛보기일 뿐이다.

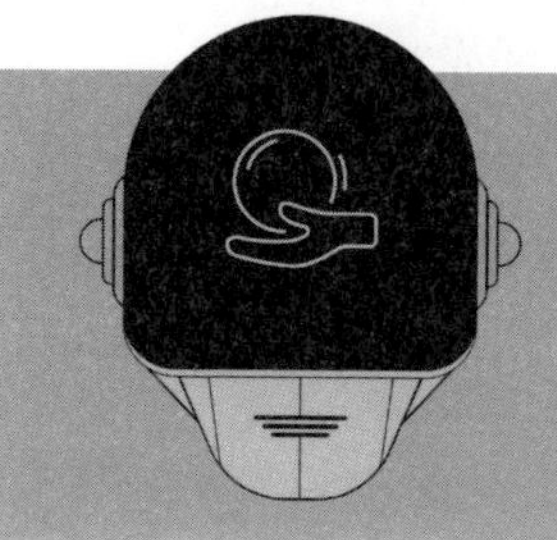

엑솔라를 통해 나는 비디오게임 산업을 극적으로 재편해 왔고 이미 메타버스의 기반 인프라를 구축해 온 기술들을 만들어낸 기업들과 깊은 관계를 쌓아 왔다.

제 3 장
수조 달러 규모의 이야기

시베리아에서 가난한 학생으로 살던 나는 2005년에 나 자신을 위해 신발과 청바지를 사는 것을 목표로 사업을 시작했다. 그리고 거의 20년이 지난 지금, 엑솔라는 빠르게 변화하는 비디오게임 산업에서 개발자들이 수익을 올릴 수 있도록 돕는 독립적인 기술 기업으로 성장했다.

'그랜드 뷰 리서치(Grand View Research)'에 따르면, 전 세계 비디오게임 산업은 2022년에 약 2,210억 달러의 매출을 기록했다. 또한 이 조사 기관은 비디오게임 산업이 2030년까지 연평균 성장률(CAGR) 12.9%로 성장해, 총 시장 가치가 5,840억 달러에 이를 것으로 추정하고 있다.[33]

나는 어떤 브랜드든 메타버스로 영역을 확장하도록 돕고자 한다. 메타버스는 비디오게임 산업의 규모를 훨씬 뛰어넘는 시장이 될 것이다. 이 모든 흐름은 계속 확장되고 있는 '어텐션 이코노미(Attention Economy, 관심 경제 또는 주목 경제)'와 맞물려 있다. 오늘날의 인터넷 환경에서 기업들은 고객의 관심을 끌고, 그것을 붙잡는 것을 목표로 힌다. 그렇게 확보한 관심(attention)은 구독, 광고, 그리고 다양한 참여 방식으로 수익화된다.

앞서 언급했듯 웹 2.0은 플랫폼과 영향력, 도달 범위를 가진 거대 기술 기업들이 지배하고 있다. 수십억 명의 사람들이 유튜브, 트위터, 페이스북, 스포티파이를 방문한다. 이 기업들은 각 사용자의 데이터를 수집하고, 사회적 상호작용과 개인적 선호 등을 분석해 수익을 창출한다. 하지만 내가 보여주려는 메타버스의 비전은 이러한 중앙집중 구조를 깨고, 누구나 제3자 플랫폼에 의존하지 않고도 자신의 관객을 찾을 수 있게 만드는 것이다. 어텐션 이코노미는 계속될 것이다. 다만, 전혀 다른 형태로 말이다.

미래 메타버스의 초기 모습은 〈포트나이트(Fortnite)〉, 〈에이펙스 레전드(Apex Legends)〉, 〈마인크래프트(Minecraft)〉, 〈콜 오브 듀티(Call of Duty)〉 등과 같은 비디오게임에서 찾아볼 수 있다. 이 게임들은 몰입적이고, 차원을 넘나드는 세계를 제공한다. 예를 들어 〈포트나이트〉는 에픽게임즈(Epic Games)가 2017년에 출시한 게임이다. 본질적으로는 최후의 생존자가 되는 것을 목표로 하는 배틀 로얄 게임이지만, 동시에 무한한 가능성을 지닌 거대한 디지털 세계이기도 하다.

이러한 게임 안에서 플레이어들은 자신의 디지털 아바타를 강화하고, 캐릭터의 능력과 잠재력을 높이기 위해 아이템을 구매하며, 각 맵 세계의 한계를 탐험한다. 플레이어들은 〈포트나이트〉 캐릭터를 강화할 뿐 아니라, 명품 패션 브랜드 발렌시아가(Balenciaga)의 옷을 입힐 수도 있다. 2021년에는 캐릭터용 맞춤 후드티에 725달러 이상을 쓰거나, '발렌시아가: 포트나이트(Balenciaga: Fortnite)'라는 문구가 적힌 흰색 티셔츠 하나에 425달러를 지불하는 것도 가능했다.[34] 분명히 말하지만, 이는 현실 세계에서 입는 발렌시아가 옷이 아니라 게임 속 아바타를 위한 디지털 의류다.

게임 산업을 넘어 디지털 세계와 물리적 세계를 모든 영역에서 연결하기 시작하면, 그 가능성은 무한해진다. 개별 게임 개발사들이 만든 독립적인 세계에서 벗어나게 되면, 사용자가 디지털 세계와 현실 세계를 자유롭게 오갈 수 있는, 더 정교하고 연결된 디지털 네트워크 시스템을 경험하게 될 것이다. 그리고 그 과정에서 이야기를 만들고 제품을 구축하는 데 열정을 가진 똑똑하고 창의적인 사람들에게는 역사상 가장 수익성 높은 시기 중 하나가 펼쳐질 것이다.

나는 애플과 아마존의 인앱 스토어를 장악한 탐욕적인 중개자들과는 전혀 다른 메타버스 비전을 갖고 있다. 나는 메타버스가 사람들이 더 많은 돈을 벌고 자신의 열정을 탐색하는 공간이 돼야 한다고 생각한다. 그래서 나는 메타버스가 브랜드와 고객, 그리고 창작자들에게 무엇을 의미하는지 설명하고자 한다. 또한 여러분이 어떻게 이 새로운 영역에서 자신의 자리를 차지할 수 있는지도 보여주고 싶다.

앞으로 10년 동안 메타버스를 구축하는 참여자들에게는 막대한 자금이 열릴 것이다. 이 가능성을 무시하거나 일시적인 유행으로 치부하는 사람들은 과거 인터넷 초기, 전자상거래, 모바일 애플리케이션 혁명을 받아들이지 못했던 이들과 같은 처지에 놓이게 될 것이다. 앞서 언급했듯, 에필리온 CEO 매튜 볼은 메타버스의 가치를 30조 달러로 본다.[35] 이는 세계 최대 경제국인 미국의 GDP를 뛰어넘는 규모다.[36]

여기서 잠깐, 왜 우리가 일부 광고·컨설팅 업체들이 주장하는 8,000억~1조 달러가 아니라, 앞서 언급한 훨씬 더 큰 수치에 가까워질 가능성이

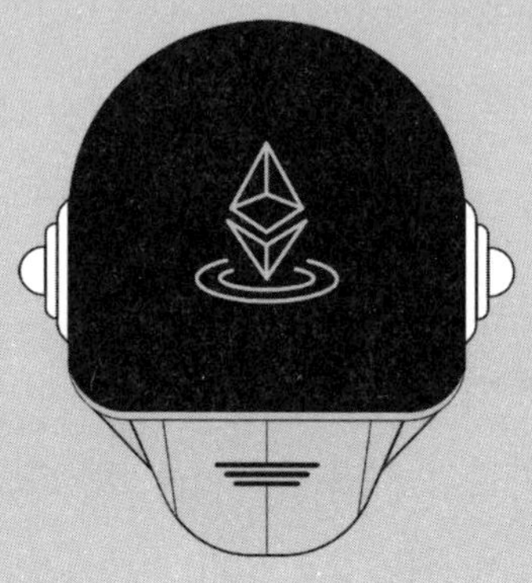

나는 메타버스가
사람들이 더 많은 돈을 벌고 자신의 열정을
탐색하는 공간이 돼야 한다고 생각한다.

높은지를 보여주는 분명한 근거를 제시하고자 한다.[37] 많은 사람이 1장에서 말한 '게이트' 기준으로 메타버스를 계산한다. 예를 들어 씨티에 따르면, AR·VR 헤드셋의 전체 시장은 약 10억 명 사용자 규모이며, 이 경우 시장 가치는 1조~2조 달러 수준으로 제한된다.[38] 하지만 이것은 지나치게 좁은 정의다. 하드웨어만 보더라도 PC, 콘솔, 스마트폰, 스마트워치, TV, 각종 스크린이 모두 포함된다. 씨티에 따르면, 이 확장된 생태계에서 하드웨어 부문만 해도 8조~13조 달러 규모다.[39]

하지만 이는 하드웨어 생태계에 대해서만 말해 줄 뿐이다. 메타버스를 포함한 멀티채널 활동과 연결된 수조 달러 규모의 광고 시장은 어떻게 될까? 게임 내 구매, 가상 콘서트 티켓 판매, 메타사이트 개발, 그리고 소셜 커머스는 또 어떻게 될까?

엑솔라에서도 그렇고, 메타버스와 그 잠재력을 믿는 사람들로서 우리는 개발자와 창작자 경제가 만들어낼 영향, 교육 분야의 획기적인 혁신, 의사와 환자를 연결하는 미래 의료 생태계, 그리고 지능형 제조가 미국 경제에서 맡게 될 역할을 측정하고자 한다. 그리고 결국 수치로 입증하게 될 것이다. 시간이 지나면 이 생태계 안에서 이루어지는 경제 활동은 빠르게 하드웨어 시장의 규모를 넘어설 것이다. 이런 관점에서 보면, 메타버스가 결국 미국 경제의 가치와 규모를 뛰어넘는 거대한 경제권으로 성장하는 모습을 상상할 수 있다.

물론 모든 것을 달러와 센트로 환산할 수는 없다. 메타버스의 금전적 잠재력, 즉 정량적으로 계산 가능한 가치 외에도 기업, 소비자, 그 밖의 참여자들에게 제공될 막대한 무형의 가치가 존재한다. 그 중심에는 우리 생활 방식이 어떻게 개선되는가가 자리할 것이다. 5~10년 뒤를 떠올려 보라. 당신은 전 세계 어디든 순식간에 가상 공간으로 이동할 기회를 갖게 될 것이다. 메타버스는 물리적 현실에서 벗어나거나 그 현실을 확장하는 데 사용할 수 있는 '비밀의 문'을 제공하게 된다.

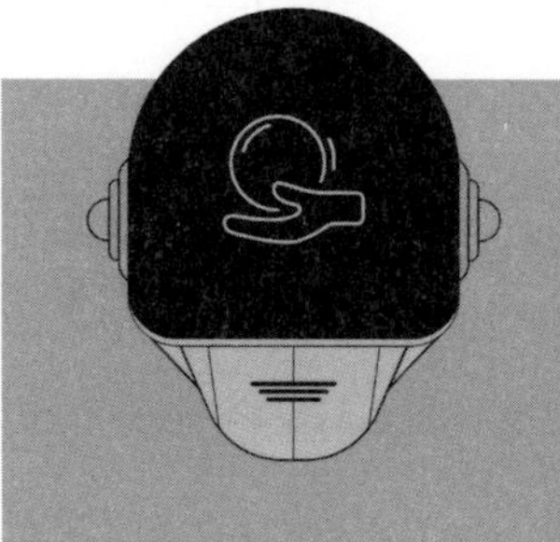

회사에서 힘든 하루를 보냈다면? 좋아하는 아티스트의 메타사이트로 들어가 그들의 음악을 듣거나, 실시간 디지털 갤러리에서 작품을 감상해 보자. 또는 쇼핑몰까지 차를 몰고 가서 주차 자리를 찾고, 사람들 사이를 비집고 다니며, 사이즈가 다른 옷들을 이것저것 입어보고, 계산대에서 줄을 서는 대신 가상 매장을 방문할 수도 있다. 그곳에서 디지털 어시스턴트를 만나고, 가상 아바타에 옷을 입혀 보며, 원하는 사이즈의 상품을 즉시 결제한다. 이틀 안에 물건은 집으로 배송된다. 이것은 메타버스가 우리의 삶에 가져다줄 실질적인 무형 가치의 두 가지 예에 불과하다. 메타버스는 당신의 시간을 절약해주고, 돈도 아껴줄 것이다.

나는 교육 분야에서 메타버스가 지닌 잠재력에 엄청난 기대를 걸고 있다. 한때 학생들은 도서관에 가서 자료를 찾고, 논문과 책을 직접 뒤져 참고문헌을 손으로 정리했으며, 맞춤법 검사도 없는 타자기로 긴 연구 보고서를 작성해야 했다. 하지만 오늘날에는 인터넷과 소프트웨어의 발전 덕분에, 어디에 있든 훨씬 짧은 시간 안에 연구 보고서를 쓸 수 있다.

미래의 메타버스에서는 학생들이 역사적 장소와 사건을 가상으로 직접 방문하게 될 것이다. 인공지능을 활용해 보고서를 더 잘 다듬고, 지식과 스토리텔링 능력을 확장하게 될 것이다. 이런 기술적 진보는 우리의 삶에 분명한 효용을 제공하며, 그것이 삶의 방식을 얼마나 향상시킬지는 금액으로 환산할 수조차 없다.

메타버스의 잠재력을 제대로 이해하려면, 먼저 지난 수십 년 동안 어떤 기술적 변화가 일어났는지를 돌아볼 필요가 있다. 기술의 발전은 오늘날 메타버스의 가능성을 넓히는 데 그치지 않고, 우리가 아직 상상조차 하지 못한 것들을 가능하게 만드는 경제적·기술적 성장의 시기를 만들어낼 것이다.

우리는 이미 디지털 상거래, 네트워크 시스템, 원격 근무 환경, 광섬유 네트워크, 그리고 초고속 인터넷의 등장으로 삶이 어떻게 바뀌는지를 오랫동안 지켜봐 왔다. 메타버스는 그 잠재력을 실현하기 위해 더 빠른 네트워크, 강력한 사이버 보안 체계, 더욱 강력한 그래픽 카드, 그리고 다양한 기술적 개선에 의존하게 될 것이다. 그중 일부 기술은 이미 존재하지만, 다른 요소들은 앞으로 더 발전해야 한다.

이 기술들이 상업적·산업적 수준에 도달하면, 우리의 삶은 빠르게 재편될 것이다. 비용은 낮아지고, 사람들은 더 긴밀하게 연결될 것이다. 앞으로 수년간 이런 기술적 도약이 이어지는 과정에서 소비자와 기업 모두는 '초기 수용자(early adopter)'로서 자신들의 역할을 이해해야 한다.

상호운용성이 핵심이다

내가 회사를 시작했을 당시, 온라인과 모바일 비디오게임은 사실상 무료였다. 소비자들은 게임을 플레이했고, 그중 10% 정도만이 게임 안에서 업그레이드나 보너스를 구매했다. 나는 결제를 가능하게 하는 시스템을 개선하면, 이러한 구매에 참여하는 사람들의 비율을 높일 수 있다는 사실을 빠르게 깨달았다.

소비자가 인앱 구매를 더 쉽게 할 수 있도록 만드는 것만으로도 이 10%라는 기준선을 20%까지 끌어올릴 수 있었고, 이는 개발자들의 수익성을 엄청나게 높여주었다. 그 결과 개발자들은 게임을 더 발전시키고, 새로운 버전을 만들며, 잠재력을 더 빠르게 확장할 수 있는 기회를 얻게 되었다. 서로 다른 네트워크 전반에서 결제를 지원하는 도구를 제공함으로써, 게임 개발자들은 게임 자체를 개선하는 데서 그치지 않고, 추가 기능을 극대화할 새로운 방법과 소비자가 게임을 계속 플레이하고 계속 구매하도록 만드는 구조를 설계할 동기를 갖게 된다.

지난 10년간 가장 성공한 게임들을 살펴보자. 대부분의 미국인들은 〈캔디 크러시 사가〉, 〈팜빌〉, 그리고 〈킴 카다시안: 할리우드〉 같은 게임들을 알고 있을 것이다. 이 게임들은 매우 충성도 높은 이용자층을 보유하고 있으며, 막대한 수익을 창출하는 동시에 많은 소비자들이 기꺼이 비용을 지불하고 넘어가고 싶어 하는 독특한 장벽들을 만들어낸다. 레벨을 건너뛰고 싶은가? 이제 게임은 추가 비용을 지불하면 그렇게 할 수 있도록 해

준다. 레벨 건너뛰기나 보너스 도구 같은 기능들은 이런 선택지를 가능하게 만드는 기반 결제 시스템이 존재하기 때문에 구현될 수 있다. 이런 형태의 인게임 구매는 비(非)게이머들이 모바일 게임 소비를 떠올릴 때 흔히 그리는 전형적인 모습이기도 하며, 일부 사람들은 이런 결제 방식이 미래 메타버스로 들어가는 관문이 될 것이라고 생각할지도 모른다.

나는 메타버스에서의 소비가 〈젤리 스플래시〉 같은 모바일 게임에서 레벨 38을 건너뛰는 것과 비슷할 것이라는 생각이 잘못된 것임을 분명히 하고 싶다. 메타버스에서 소비자 지출과 그 지출의 동기는 완전히 새로운 의미를 갖게 된다. 소비자들은 더 이상 레벨을 건너뛰기 위해 돈을 쓰지 않을 것이다. 대신, 그들의 지출은 현실 세계와 가상 세계 사이를 오가는 경험을 강화하는 데 집중될 것이며, 이는 메타버스에서의 소비자 경험을 정의하는 하나의 핵심 단어로 귀결된다. 바로 '상호운용성'이다.

상호운용성은 매우 구체적인 기술적 능력의 집합을 의미한다. 물론 영화 〈테이큰〉에서 리암 니슨이 말한 '아주 특별한 기술' 같은 것을 말하는 게 아니다. 내가 말하는 것은 VR이나 AR 플랫폼이 갖추어야 할 구체적인 기술적 능력이다. 즉 사용자가 물리적 세계와 가상 세계를 오가는 것을 가능하게 해주는 능력이다. 이 이동 과정에서 사용자는 어떤 중단도 경험하지 않아야 한다. 결제 수단과 디지털 아이템 등을 포함한 디지털 지갑을 가져가는 데도 어떤 장애물도 있어서는 안 된다. 사용자는 어떤 디지털 세계에서는 특정 결제 시스템을 쓰고, 다른 세계에서는 또 다른 결제 시스템을 써야 하는 상황에 놓여서는 안 된다. 식당에서 결제할 때, 신용카드 종류 때문에 제약을 받지 않는 상황을 떠올려보라. 기본적으로 상호운용성은 거대 브랜드들이 특정 기술이나 플랫폼을 독점하지 못하도록 막아 준다. 이는 디지털 세계들 사이에 물리적인 해자(장애물)가 존재하지 않도록 보장하는 역할을 한다.

특히 상호운용성은 사용자 경험에서 결정적으로 중요하다. 그것은 반드시 매끄러워야 한다. 그래야만 인간이 이 30조 달러 규모의 거대한 흐름의 중심에 있는 가상 콘텐츠 및 경험과 자연스럽게 상호작용할 수 있다. 상호운용성이란 사용자가 메타버스에서 구매한 가상 상품을 하나의 시스템이나 세계에서 다른 시스템이나 세계로 가져갈 수 있다는 것을 의미한다. 또한 VR 헤드셋, 데스크톱 컴퓨터 채팅, 또는 어떤 하드웨어를 사용하든 상관없이, 현실 세계와 가상 세계 전반에서 다른 사용자들과 중단 없이 소통할 수 있다는 뜻이기도 하다. 중단 없이 말이다.

이렇게 생각해보자. 메타버스에는 진정한 물리적 자산이 존재하지 않는다. 메타버스 속의 구찌 스웨터나 아디다스 운동화는 물리적인 의미에서 실재하는 것이 아니다. 그것들은 대규모 컴퓨팅 네트워크 안에 저장된 코드의 집합일 뿐이며, 스웨터나 농구화의 이미지를 만들어내는 코드일 뿐이다. 이 코드들은 네트워크 및 시스템과 소통해야 한다. 이러한 소통이 있어야 사용자는 자신의 디지털 자산을 메타버스 전반으로 가져갈 수 있고, 그 결과 자산의 가치는 높아지고 사용 범위도 확장된다.

소비자들은 한 번의 구매로 그 제품과 스타일을 어디서든 사용하고 싶어 한다. 이런 아이템들은 구매만 가능해야 하는 것이 아니라, 거래 또한 가능해야 한다. 이를 가능케 하는 기술들은 소통에 있어 핵심적인 역할을 하며, 사용자가 자신을 어떻게 드러내는지, 어떤 가치를 지니고 있는지, 어떤 목표와 관심사를 지니고 있는지를 표현하는 방식에도 필수적이다. 이런 표현은 현실 세계에서 중요하듯, 가상 세계에서도 중요할 것이다. 이는 우리가 어디에 있든, 어떤 방식으로 다른 사람들과 상호작용하든, 우리가 누구인지와 무엇이 우리에게 중요한지를 다른 이들에게 알려준다.

다음의 다섯 가지 요소는 미래의 사용자 경험을 정의하게 될 것이며, 사람들이 메타버스에서 브랜드, 제품, 서비스에 어떻게 돈을 쓰는지를 크게 반영하게 될 것이다. 특히 나는 다음 다섯 가지를 강조하고 싶다.

1. 개인적 표현
2. 사회적 상호작용
3. 접근하기 쉬운 커뮤니티
4. 몰입형 교육
5. 개인화된 엔터테인먼트

첫 번째는 개인적 표현이다. 메타버스의 핵심에는 이전과는 비교할 수 없는 방식으로 사용자가 자신을 표현할 수 있는 수단이 있다. 사용자가 선택한 이미지와 브랜드로 디지털 정체성을 만들어낼 수 있는 능력은 이전의 사회적 상호작용과 비교할 수 없을 만큼 의미 있고 독보적이다. 사용자는 경제적, 정치적, 사회적 요인으로 인해 현실 세계에서는 불가능할 수도 있는 방식으로 자신의 정체성의 다양한 측면을 표현할 수 있게 될 것이다. 소비자들은 아바타, 의상, 그리고 기타 가상 자산을 만들고 개인화(자신만의 방식으로 꾸미고 조정함)하는 기회를 자기표현의 한 형태로 가치 있게 여길 것이다.

두 번째로, 개인적 표현은 사회적 상호작용을 더욱 강화하게 될 것이다. 메타버스에서 소비자는 브랜드 선택에서 전례 없이 다양한 선택지를 갖게 되며, 구매 행위와 자신이 탐험하는 세계, 그리고 맺는 관계를 통해 자신의 가치관을 표현할 수 있기 때문이다. 이런 환경에서의 자기표현 능력은 다른 사용자들과 의미 있는 연결을 가능하게 하며, 새로운 친구를 사귀고 자신의 관심사와 스타일을 공유하는 사람들을 찾을 수 있는 가능성을 확장시킨다.

세 번째로, 접근하기 쉬운 커뮤니티는 사용자들이 자신이 속할 수 있는 곳을 찾도록 해 줄 것이다. 메타버스는 개인들이 현실 세계에서는 경제적·정치적·사회적 이유로 접하기 어려웠던 사이트와 제품, 아이디어, 그리고 다양한 커뮤니티에 접근할 수 있게 해 줄 것이다. 사람들에게 공유된 가치 체계를 제공하고, 비슷한 생각을 지닌 사람들과 함께 활동할 수 있게 해준다.

커뮤니티는 내가 제시한 메타버스 소비자 경험의 마지막 두 핵심축을 형성하고 강화하는 역할을 할 수 있다. 사람들은 이 남은 영역들에서 독립성과 흥미를 찾고자 할 수도 있다. 메타버스의 매력은 바로 여기에 있다. 사람들은 커뮤니티와 협력할 수도 있고, 네 번째와 다섯 번째 요소인 몰입형 교육과 개인화된 엔터테인먼트 영역에서 독립적인 기회를 찾을 수도 있기 때문이다.

앞서 언급했듯, 인터넷은 개인적으로 내게 있어 위대한 평준화 장치였다. 나는 온라인에 존재하는 수많은 자료를 통해 무료로 비즈니스와 창업 교육을 받을 수 있었다. 유튜브 영상, 디지털 도서관, 각종 사용법 블로그, 그리고 내가 디지털 네트워크를 구축하는 데 필요한 기술에 초점을 맞춘 콘텐츠들이 있었다. 메타버스는 교육을 한 단계 더 끌어올릴 것이다. 누구나 새로운 기술을 개발하고, 가상 훈련에 참여하며, 교육 프로그램에 등록하고, 전 세계 어디에서든(혹은 우주 깊은 곳에서조차) 강의를 듣고, 자신에게 낯선 개념들을 탐험할 수 있는 놀라운 몰입형 도구를 제공하게 될 것이다.

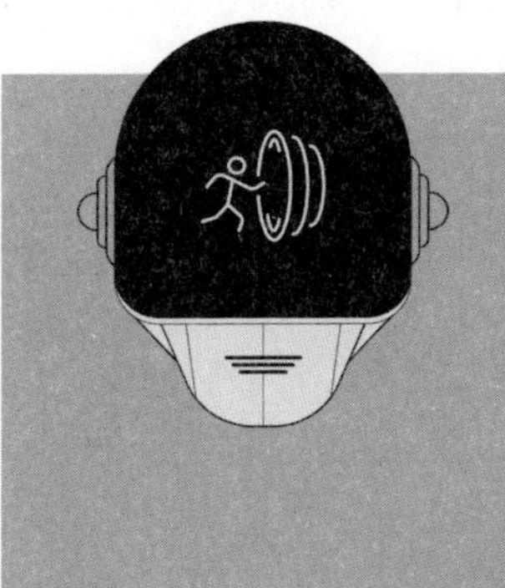

메타버스는 교육을 한 단계 더 끌어올릴 것이다. 누구나 새로운 기술을 개발하고, 가상 훈련에 참여하며, 교육 프로그램에 등록하고, 전 세계 어디에서든(혹은 우주 깊은 곳에서조차) 강의를 듣고, 자신에게 낯선 개념들을 탐험할 수 있는 놀라운 몰입형 도구를 제공하게 될 것이다.

물론 모든 것이 일만일 수는 없다. 엔터테인먼트는 내가 마지막으로 다룰 기둥이다. 메타버스는 기술 역사상 가장 거대한 엔터테인먼트의 원천을 제공하게 될 것이다. 개인에게는 디지털 세계와 물리적 세계를 탐험하고, 창작자들과 교류하며, 게임을 하고, 스포츠 경기와 라이브 콘서트에 참여하거나, 지구 반대편에 있는 친구들과 대결을 벌일 수 있는 수많은 기회를 제공할 것이다. 내가 한계가 존재하지 않는다고 말하는 이유는 실제로 한계가 없기 때문이다.

만약 당신이 체스 그랜드마스터 보리스 스파스키(Boris Spassky)나 바비 피셔(Bobby Fischer)의 디지털 버전과 뉴욕 맨해튼의 워싱턴 스퀘어 파크에서 한 판 붙을 실력이 있다고 생각한다면, 그 기회를 가질 수 있을 것이다. 백으로 할지 흑으로 할지는 당신이 결정하면 된다.

가상 세계와 물리적 세계 사이의 전환은 처음에는 많은 브랜드 관리자들에게 낯설게 느껴질 것이다. 브랜딩이라는 개념 자체를 연구하고 실행하는 방식에도 근본적인 변화가 일어날 것이다. 가상 세계는 사람들이 브랜드를 바라보고 인식하는 방식을 바꾸며, 소비자 간의 상호작용을 통해 제품과 서비스의 사회적 중요성을 더욱 강화하게 될 것이다. 여러 면에서 브랜드 관리자들은 다시 학교로 돌아가거나 이 새로운 맥락 속에서 브랜딩을 다시 상상해야 할 것이다.

만약 당신이 브랜드 관리자라면, 기업의 브랜드가 고객에게 반드시 제공해야 할 두 가지 핵심 요소를 알고 있어야 한다. 그것은 신뢰와 자기표현이다. 이는 모든 경영대학원에서 가르치는 내용이다.

브랜드와 소비자 사이의 관계의 핵심에는 신뢰를 기반으로 한 관계가 있다. 신뢰는 브랜드의 신뢰성, 품질, 그리고 개인적 의미에 대해 고객이 갖는 믿음을 형성하는 무형의 가치다. 제품의 평판이 뛰어나다면, 소비자는 기업이 제품을 보증하고, 결함이 있는 제품을 교환해 주며, 훌륭한 고객 서비스를 제공하고, 브랜드의 명성과 제품 품질을 유지할 것이라 기대한다.

하지만 디지털 세계에서는 이를 뒷받침하는 컴퓨터 코드에 근본적인 문제가 없는 한 제품에 결함이 생길 일이 없다. 아바타가 입는 셔츠에 구멍

이 날 일도 없고, 디지털 운동화가 발에 맞지 않는다며 고객센터에 전화할 일도 없다. 따라서 브랜드의 두 번째 무형 가치이자 품질 요소인 자기표현은 더욱 강하게 시험대에 오르게 될 것이다. 사람들은 그 브랜드가 자신에게 무엇을 의미하는지를 다른 사람들에게 알리고 싶어 한다. 이는 그 제품이 훌륭하다는 것을 시사하고, 그것을 사용하는 사람이 부유하거나 근육질이거나 멋지거나 운동 능력이 뛰어나거나 하는 식으로 소비자가 그 브랜드와 연관 짓는 다양한 이미지를 나타낸다. 여러 측면에서 보면 브랜드의 가치는 결국 소비자들이 규정하게 될 것이다.

어떤 브랜드들은 핵심 고객층을 넘어서는 경우도 있다. 예를 들어 슈프림(Supreme), 팰리스(Palace), 어 베이싱 에이프(A BATHING APE) 같은 스케이트보드 브랜드들은 수십 년에 걸쳐 열성적인 팬층을 형성해 왔다. 이들은 핵심 고객층뿐 아니라 한 번도 스케이트보드를 타본 적이 없는 사람들 사이에서도 엄청난 인기를 얻었다. 이 사람들이 왜 이런 브랜드의 제품을 구매할까? 아마도 스케이트 보더나 스케이트 문화와 자신을 연결하고 싶어서이거나, 세상에 자신이 '멋지다'고 보여주고 싶기 때문일 것이다.

자기표현, 그리고 이후에 브랜드의 가치를 자신의 정체성 일부로 표현하는 고객들은 메타버스에서 매우 중요한 요소가 될 것이다. 이러한 자기표현 중심의 포지셔닝은 브랜드의 의미에 있어 급진적인 변화다. 앞으로 몇 년 동안 기업들은 **"오늘날 우리 브랜드는 무엇을 의미하는가?"**, **"미래에는 무엇을 의미하게 될 것인가?"**라는 근본적인 질문을 던지게 될 것이다. 동시에 브랜드 관리자들은 고객들이 브랜드를 어떻게 이해하고 있는지, 그리고 어떤 가치를 담고 있다고 믿는지도 물어야 한다.

이는 메타버스에서 브랜드가 진화하게 되기 때문에 중요하다. 기업의 브랜드는 고객 개개인의 핵심 가치, 경제적 지위, 심지어 사회적 관점까지 반영하게 될 것이다. 메타버스의 도래는 이미 버버리, 나이키, 티파니앤코(Tiffany & Co.) 같은 브랜드들의 진정성을 시험하고 있다. 이들은 모두 메타버스의 초기 수용자들이다. 우리는 지금 브랜드의 정의와 브랜드 경험이 기업과 고객의 관계를 어떻게 바꾸는지에 있어 극적인 변화를 목격하려 하고 있다.

그렇다면 브랜드를 강화하고 고객의 인식을 발견할 수 있는 기회는 무엇일까?

먼저 가상 브랜드 경험에 집중해 보자. 이는 기업이 새로운 고객을 발견하고, 이전에는 현실 세계에서 불가능했던 새로운 접점들을 만들어낼 수 있도록 도와줄 것이다. 예를 들어 사진작가나 화가는 샌프란시스코의 미술관에서 금문교가 보이는 가상 전시회를 열 수 있을 것이다. 타임셰어 회사(여러 사람이 일정 기간씩 나누어 사용하는 소유·이용방식인 타임셰어 방식으로 리조트나 휴양시설 이용권을 판매하는 회사)는 산을 내려다보는 부동산을 가상 투어로 보여줄 수 있을 것이다. 여행사는 잠재 고객을 여러 대륙의 여행지로 안내할 수 있을 것이다. 자동차 판매점은 신차나 중고차의 가상 시승을 제공할 수 있을 것이다. 인테리어 디자이너와 건설팀은 단 한 장의 벽돌도 쌓지 않고 못 하나도 박기 전에, 가상 공간 안에서 레스토랑 주인에게 바(bar)의 다양한 디자인을 보여줄 수 있을 것이다. 이러한 가상 브랜드 경험은 기업이 메타버스에서 브랜드 테스트를 시작하고, 건설적인 피드백을 얻으며, 물론 구매 의사가 있는 고객에게 판매할 수 있도록 도와줄 것이다.

시간이 지나면서 이러한 경험들은 브랜드가 고객에게 무엇을 의미하는지, 고객이 무엇을 가치 있게 여기는지, 그리고 가상 경험이 현실 세계에서 제품 인식에 어떤 영향을 미치는지를 이해하는 데 도움을 줄 것이다. 예를 들어 가상 경험은 새로운 제품군으로 확장하거나, 물리적 제품의 품질에 대한 평판을 개선하려는 기업에 결정적인 역할을 할 수 있다. 이러한 가상 브랜드 경험은 고객을 확보하는 데 있어 성패를 가르는 순간이 될 수도 있고, 새로운 세대의 고객을 끌어들이는 돌파구가 될 수도 있다.

두 번째로, 지금 가상 매장을 구축하지 않는 기업은 미래에 인프라 비용이 훨씬 비싸졌을 때 막대한 대가를 치르게 될 것이다. 메타사이트는 고객이 새로운 제품을 탐색하고 구매할 수 있도록 해준다. 고객을 기업의 문 앞까지 직접 데려오는, 훨씬 더 몰입적인 판매 경험을 상상해 보라. 메타사이트의 가치는 뒤의 장에서 더 자세히 설명하겠다. 지금은 이것을 맨해튼 5번가에 매장을 여는 것과 같은 기회로 생각하면 된다. 다만 물리적 매장의 비용은 들지 않는다. 이러한 메타사이트는 완전히 맞춤화가 가능해, 브랜드의 가치와 스타일을 고객에게 직접 반영할 수 있다. 또한 비교할 수 없는 수익 창출의 중심지가 될 수 있다.

세 번째로, 지난 10년간 인스타그램 인플루언서가 엄청난 재정적 성공을 거두었다고 생각했다면, 조금만 기다려라. 메타버스는 인플루언서 마케팅을 한 단계 더 끌어올릴 것이다. 브랜드들은 메타버스 안에서 가상 인플루언서와 협력해 제품과 서비스에 대한 관심을 끌게 될 것이다. 가상 이벤트는 독점적인 제품과 경험을 제공할 기회를 만들어낼 것이다.

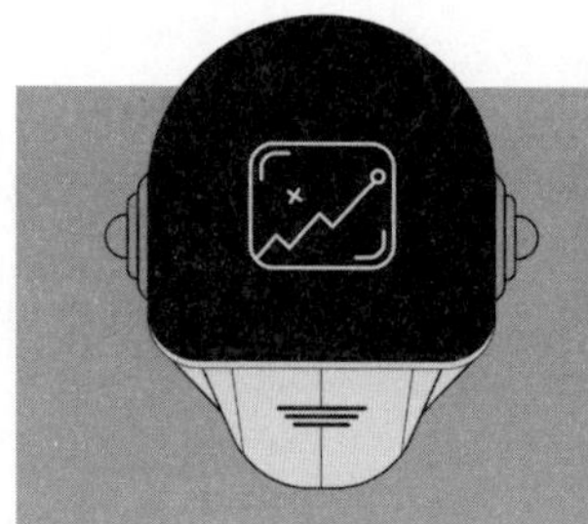

오늘날 전체 소비자의 61%는 소셜미디어와 기타 플랫폼에서의 인플루언서 마케팅을 신뢰한다고 캐나다 전자상거래 플랫폼 쇼피파이(Shopify)는 말한다.[40] 2022년 기준으로 인플루언서 마케팅 시장의 가치는 164억 달러에 불과했지만, 내 추산으로는 메타버스가 지닌, 광고 경제에서 아직 활용되지 않은 잠재력을 고려할 때, 이 시장은 쉽게 1,000억 달러를 넘어설 수 있다.[41] 인플루언서 마케팅 산업은 아직 초기 단계에 있으며, 메타사이트의 등장은 강연자, 유명 인사, 그리고 다양한 사람들이 제품을 홍보할 수 있는 놀라운 기회를 만들어낼 것이다.

마지막으로, 메타버스에서는 스폰서십 기회 역시 폭발적으로 늘어날 것이다. 브랜드들은 콘서트 같은 가상 이벤트에서, 게임 속 광고 공간과 유사한 자리를 차지하기 위해 경쟁하게 될 것이다. 앞서 언급했던 샌프란시스코의 가상 미술 전시회를 떠올려 보라. 이러한 라이브 이벤트와 함께 펼쳐질 광고와 마케팅의 가능성, 그리고 다른 브랜드와 제품을 묶어 판매할 수 있는 기회를 상상해 보라.

이런 기회들은 브랜드 인지도를 높이고, 기업의 메타사이트로 직접적인 트래픽을 유도하는 데 도움을 줄 것이다. 가상 이벤트가 진행되는 동안 고객은 다른 회사의 메타사이트로 빠르게 이동해 제품이나 서비스를 살펴본 뒤, 아무런 끊김 없이 다시 원래의 경험으로 돌아올 수 있다. 심지어 그 이벤트가 슈퍼볼이라 하더라도 말이다. 이것이 바로 향후 10년 동안 메타버스의 기술과 범위가 제공하게 될 모습이다.

메타버스는 브랜드가 소비자와 연결되고, 이전에는 없던 방식으로 브랜드 인지도를 구축할 수 있는 기회를 제공할 것이다. 메타버스가 진화함에 따라 더 많은 기회가 등장할 것이며, 이는 개발자, 스토리텔러, 브랜드 관리자, 그리고 독립적인 창작자에게 창의성을 확장할 수 있는 엄청난 잠재력을 제공할 것이다.

메타버스에 특히 큰 기대를 거는 이유는 콘텐츠 창작자들에게 열릴 기회 때문이다. 기존 기술 위에서 새로운 브랜드를 만들고, 자신의 이야기를 전개해 나가는 독립 창작자들이 무엇을 해낼지 생각하면 가슴이 뛴다. 이는 창의적 표현의 가능성과 실제로 돈을 벌 수 있는 기회에 관한 이야기다. 구글 플레이, 아마존 뮤직, 애플 뮤직 같은 전통적이고 중앙화된 플랫폼처럼 수백만 조회 수가 아주 미미한 수익으로 이어지는 곳에서 벗어나게 되면서, 창작자들은 로열티, 전략적 파트너십, 그리고 다양한 프로젝트를 통해 더 많은 수익을 올릴 수 있게 될 것이다. 콘텐츠 창작자들은 여러 방식으로 자신의 작업을 직접 수익화할 수 있다.

이제 주요 기회들을 살펴보자. 그 중심에는 메타사이트가 있다. 이 부분은 6장에서 다시 자세히 다루겠지만, 이 디지털 부동산은 창작자들이 소비자가 소유하거나 상호작용할 수 있는 가상 경험과 아이템을 판매할 수 있게 해주는 핵심 자산이다. 디지털 콘서트를 열고 싶은가? 물리적 공간의 벽에 자신의 예술 작품을 걸고 싶은가? 대형 이벤트가 열리는 동안 디지털 테마파크나 경기장에 부스를 열고 싶은가? 이러한 가상 메타버스 공간은 실제 매출을 만들어내고, 로열티를 늘리며, 전 세계 소비자와 소통할 수 있도록 도와줄 것이다. 메타사이트는 작가, 배우, 극작가, 영화 제작자, 예술가, 소셜 인플루언서, 유튜브 크리에이터, 그리고 이야기를 가진 모든 사람에게 매우 큰 가치를 지닐 것이다. 메타사이트는 소규모 비즈니스 브랜드의 중심축이 되어 전 세계의 관심을 끌게 될 것이다.

앞으로 실제로 돈을 벌 수 있게 해줄 두 번째 중요한 기회는 대체 불가능 토큰, 즉 NFT의 판매다. NFT는 가상 아이템이나 경험에 대한 독점적 소유권을 보장하는 고유한 디지털 자산이다. NFT는 즉각적인 희소성과 강력한 브랜드 판매 잠재력을 만들어낸다. 블록체인에 기록되기 때문에 도난되거나 해킹되거나 훼손될 수 없다(블록체인은 7장에서 다룰 것이다). 또한 블록체인의 엄격한 인증 절차 덕분에 위조도 불가능하다. 어떤 것이 단 하나만 존재한다면, 그 희소성의 가치는 크게 상승할 수 있으며, 상호 운용성은 소유자가 그 독점적인 제품을 디지털 세계와 현실 세계 전반에서 보여줄 수 있게 해준다. 이런 진정성과 독창성을 보장하는 도구로는 역 이미지 검색(이미지를 업로드하거나 URL을 붙여넣어 웹에서 유사한 이미지를 찾는 방법), 블록체인 탐색기, 디지털 진위 인증서 등이 있다.

NFT에 대해 사람들이 가장 자주 문의하는 질문은 보안에 관한 것이다. "NFT는 위조될 수 있는가?"라고. 간단한 답은 '아니오'다. NFT는 블록체인 기술로 추적되는 고유한 자산이다. 블록체인은 소유자와 자산의 진정성(authenticity) 또는 독점성을 검증할 수 있게 해준다. 즉 블록체인을 통한 진품 인증과 출처 검증이 가능하다는 뜻이다. 블록체인에 저장되면,

고유한 식별 인증을 확인할 수 있다. 블록체인에는 공식적인 소유 기록과 이전 이력이 남아 있으며, 이는 변경할 수 없다. NFT가 블록체인에 한번 생성되면, 그 진정성은 도전받을 수 없다. NFT를 위조하려면 블록체인상의 인증 기록 자체를 조작해야 한다. 누군가 NFT를 복제하려 한다면, 그 복제품에는 인증 식별 정보가 존재하지 않게 된다.

물론 예술 작품이나 수집품은 기술적으로 복사하거나 모방할 수는 있다. 하지만 NFT의 가치는 그 고유성, 그리고 블록체인에서 진정성(진품임)을 검증할 수 있다는 점에서 나온다. 여기서 짚고 넘어갈 점은 2020년부터 2021년 사이 NFT와 기타 디지털 자산에 실제로 가치 거품이 존재했다는 사실이다. 금융의 역사에서 새로운 기술이나 부동산이 등장할 때 투기적 파동이 반복되는 것은 전통적인 현상이다. 메타버스 역시 예외는 아니다. 다행스러운 점은 이 과정이 미래 기술에 대한 인식을 높이고, 콘텐츠 창작자들 사이에서 초기 개발 경로를 구축했다는 것이다. NFT는 전자상거래의 미래와 메타버스 생태계의 성공에 있어 핵심적인 요소가 될 것이다.

이미 미식축구 리그(NFL), 메이저리그 베이스볼(MLB) 같은 스포츠 단체와 나이키, 룰루레몬 같은 스포츠웨어 기업을 포함해 수많은 대형 브랜드들이 NFT 시장에 진입하고 있다. 그랜드 뷰 리서치(Grand View Research)에 따르면, 글로벌 NFT 시장 규모는 2030년까지 최소 2,117억 2,000만 달러에 이를 것으로 전망된다.[42] 반면 이머전 리서치(Emergen Research)는 2022년 6월, 경제 상황에 따라 글로벌 시장이 2030년까지 3조 5,000억 달러에 이를 수 있다고 밝혔다.[43]

끝으로 자기 홍보처럼 들릴 수 있겠지만 이야기할 것은 콘텐츠 창작자에게 가장 큰 수익 기회가 메타사이트와 소비자 대상 거래에 있다는 사실이다. 이는 매우 단순하다. 소비자들이 메타버스에서 경험을 확장하고자 할 때, 인앱 구매와 마이크로트랜잭션(온라인 소액 결제)을 통해 수익을 창출할 수 있다.

이런 구매는 가상 세계와 현실 세계를 넘나들 수 있는 가상 아이템을 대상으로 이루어진다. 아바타와 개인화 영역에서는 초개인화에 특화된 하나의 하위 산업이 형성될 것이다. 소비자가 구매할 수 있는 목록에는 가상 아바타를 위한 의류, 스킨, 스티커, 기타 액세서리가 포함된다. 메타버스 안에서 열리는 가상 콘서트나 독점 이벤트를 위한 추가 콘텐츠도 포함된다. 이런 인앱 거래는 콘텐츠 창작자와 브랜드 모두에게 안정적인 로열티 수익원을 제공할 것이다.

이 세 가지 결제 범주(X, Y, Z)는 이미 오늘날 존재하며, 전통적인 금융 시스템을 기반으로 작동하고 있다. 앞으로 메타버스는 진화하고 확장될 것이며, 이는 광고, 브랜드 구축, 창의적 파트너십, 심지어 컨설팅에 이르기까지 새로운 기회를 만들어낼 가능성이 크다.

이 가상 세계가 성장할수록, 초기 참여자들이 차지할 몫은 더 커질 것이다. 그리고 이는 앞으로 이 세상을 이끌 사람들은 창작자들이지, 수 세기 동안 현실 세계를 지배해 온 전통적인 금융가들이 아니라는 사실을 상기시켜 준다.

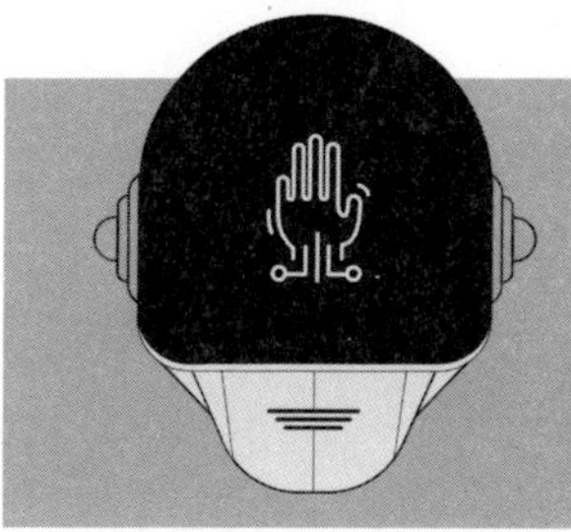

월스트리트, 은행, 그리고 실리콘밸리에 보내는 메시지

현실 세계가 그랬던 것처럼, 메타버스 역시 골드만삭스나 JP모건 같은 월스트리트의 금융기관, 연방준비제도나 영란은행 같은 중앙은행, 혹은 메타 플랫폼스나 애플 같은 중앙집중형 기업들에 의해 만들어지지는 않을 것이다. 이 모든 주체가 메타버스에 영향력을 행사하려 하겠지만, 실제로 이를 밑바닥부터 만들어 갈 주체는 콘텐츠 창작자와 기업이다.

미국에서 세계 최대의 경제가 형성된 방식도 이와 같았다. 하나의 작은 사업체, 그리고 한 명의 소비자에서 시작해 성장해 왔다. 간단히 말해, 미국의 소기업들은 전체 노동자의 절반 이상을 고용하고 있으며, 소비자들은 국내총생산(GDP) 지출의 70% 이상을 차지하고 있다.[44] 메타버스 역시 이러한 지표를 따라 진화하고 재현할 것이라고 본다. 이것이 바로 인간의 본성과 자본주의가 작동하는 방식이다. 그리고 그 과정을 지켜보는 일은 놀라운 경험이 될 것이다.

한편, 현재 인터넷과 전자상거래의 중심에 있는 아마존, 애플 앱스토어, 알파벳 같은 기업들은 대체로 자기 제품으로 돈을 버는 것이 아니라 다른 사람들이 만든 제품을 모아 판매함으로써 수익을 낸다. 예를 들어 2022년 3분기 기준으로 아마존 전자상거래 플랫폼에서 판매된 제품의 58%는 제

3의 판매자가 판매한 것이었다.[45] 이러한 플랫폼들은 거대한 경제 엔진이다.

자연스럽게 이들 기업은 매출 잠재력뿐 아니라 미래 경제에서의 영향력 측면에서도 잃을 것이 많다. 메타버스에서는 구글이나 애플처럼 금융 거래의 중개자 역할을 해 온 기업들이 더 이상 필요하지 않게 될 것이다. 블록체인과 암호화폐는 사용자에게 있어 봉건적인 인터넷 구조를 끝내는, 매끄러운 결제 시스템을 가능하게 할 것이다. 구글과 애플이 앱스토어에서 돈을 빨아들이는 대신에 그 돈은 기업과 창작자에게 직접 돌아갈 수 있다. 시간이 지나면서 메타버스에서 창출되는 수천억 달러, 나아가 수조 달러의 자금은 새로운 사용자 확보, 광고, 그리고 브랜드의 생명 주기를 확장하는 새로운 프로젝트에 재투자될 수 있다.

뒤처지지 마라

난 메타버스, 탈중앙화 플랫폼, 그리고 웹3에서 엄청난 기회를 보고 있다. 나의 회사 엑솔라는 B2C 산업(개인 소비자를 대상으로 하는 비즈니스)에서 활동하고 있다. 우리는 〈포트나이트〉를 비롯한 다양한 비디오게임 생태계 안에서 일하고 있다. 우리 고객에는 대형 개발사도 있고, 이제 막 시작한 독립 제작자들도 있다. 우리는 게임과 결제 수단을 하나로 묶는 비즈니스 모델을 구축해 왔고, 이는 장기적으로 성공할 수 있는 구조다. 이제는 메타버스가 앞으로 어디로 향하는지, 그 잠재력을 모두에게 보여주고자 한다. 우리는 여러 산업에서 콘텐츠 제작자들을 쥐어짜는 중앙집중형 플랫폼들로부터 벗어날 수 있다.

사람들이 주요 게임 전용 디지털 스토어 밖에서 결제 서비스를 이용할 때마다, 그들은 소액 결제(microtransaction)를 통해 소비자와 연결되기 위해 우리를 찾는다. 이는 인게임 개발자들이 더 많은 수익을 올릴 수 있게 하고, 소비자들이 원하는 게임을 자유롭게 이용할 수 있게 하며, 동시에 결제 과정에 끼어 있는 중개자들을 시스템에서 제거한다.

엑솔라를 콘텐츠 창작의 미래를 바꾸는 비즈니스 엔진으로 만드는 것이 내 목표다. 즉 나처럼 아주 소박한 출발을 한 사람도 전 세계 고객에게 접근할 수 있도록 돕는 것이다. 우리는 점점 더 많은 창의적 브랜드, 콘텐츠 제작자, 그리고 메타버스에서 자신의 자리를 확보하려는 이들과 협력하고 있다.

콘텐츠 창작자들이 마침내 자신들의 몫을 되찾게 되면서 수조 달러 규모의 새로운 기회가 열릴 것이다. 그리고 그것은 충분히 그럴 만한 일이다. 유튜브나 다른 거대 플랫폼에서 수백만 조회 수를 올리고도 푼돈만 받는 시대는 끝나가고 있다. 그래서 그 플랫폼들이 가상 세계에서조차 벌벌 떨고 있는 것이다. 내 생각에는 그래야 마땅하다.

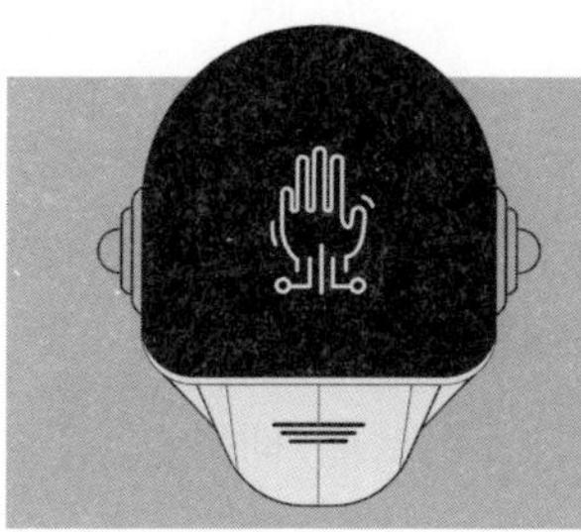

제 4 장

영화·음악·출판 산업의 붕괴, 그리고 비디오게임의 부상

나는 평생 콘텐츠 창작자들을 경외하는 마음으로 바라봐왔다. 비디오게임 뒤에 있는 스토리텔러부터 영화 뒤에 있는 제작자와 감독(물론 배우도 포함해서)까지. 노래와 작곡에 마음을 쏟는 음악가, 놀라운 소설과 논픽션을 써내는 작가까지. 러시아에서 십 대였을 때부터 나는 창작 콘텐츠를 더 나은 세계로 통하는 창문처럼 여겨왔다.

창작 산업의 '보상 격차'

창작 정신은 여전히 풍성하다. 영화와 음악에는 스트리밍 채널이 셀 수 없을 만큼 늘어, 선택지도 매출 가능성도 커졌다. 그 결과 소비자들은 예전보다 책을 더 많이 사고, 음악을 더 많이 듣고, TV와 영화도 더 많이 본다. 그리고 이제는 더 많은 기기에서 그렇게 한다. 스마트폰, 태블릿, 컴퓨터, 심지어 손목시계로까지.

그런데도 왜 가끔은 이런 산업들이 무너지고 있는 듯 느껴질까? 왜 창작자들이 정당한 보상을 받는 일은 여전히 이렇게 어려울까? 뒤에서 더 자세히 설명하겠지만, 지금의 저작권료(로열티) 구조는 거대 제작사와 엔터테인먼트 플랫폼에 유리하게 짜여 있다. 반면 예술가들은 전통적으로 전체 수익에서 아주 작은 몫만 받는 경우가 많다.

그런데 왜 이렇게 소수의 거대 기업들만 엄청난 경제적·법적 권력을 쥐고 있는 걸까? 오늘날 창작자들은 노력에 비해 보상이 낮고, 가장 열성적인 팬들로부터 매출을 극대화할 수 있는 협업 도구도 부족하다. 음악가, 영화 제작자, 작가 등은 새로운 프로젝트를 장려하지 못하는 구식 로열티 지급 시스템에 묶여 있다. 게다가 지금의 콘텐츠 모델은 매출 극대화보다 사용자 수(성장)에 초점이 맞춰져 있다. 이 결제 시스템은 창작자가 새 프로젝트를 제대로 기획·실행하거나, 최고 고객과의 상호작용을 극대화하는 데도 도움이 되지 않는다.

좋은 소식이 있다. 메타버스가 잠재력을 제대로 펼치게 되면 상황은 바뀔 것이다. 창작자들에게 매출을 늘리는 방법, 개인 데이터에 대한 소유권, 그리고 관객(이용자) 참여를 높이는 방법을 교육하는 것은 매우 중요하다. 지금 이 순간부터도 수조 달러의 기회가 걸려 있기 때문이다.

오늘날 보상이 실망스러운 가장 큰 이유를 말하기 전에, 먼저 지난 20년 동안 창작 보상이 왜 무너졌는지 그 뿌리를 보자. 우리는 과거·현재·미래의 창작 보상을 훑어볼 것이다. 그리고 왜 비디오게임 산업의 매출이 영화·음악·출판 산업을 전부 합친 것보다도 훨씬 큰지 살펴볼 것이다. 메타버스가 확장되면서 창작자를 위한 디지털 도구와 제품이 전면에 나오면, 이 세 산업은 '모범 사례'를 끌어낼 수 있고, 언젠가는 바라건대 '배고픈 예술가(starving artist)'라는 말을 은퇴시킬 수도 있다.

지금 창작자들은 어떻게 돈을 받나

오늘날 콘텐츠 창작자들이 돈을 받는 방식은 대체로 저작권료(로열티)다. 로열티는 보통 일정 기간 동안 작품(영화·음악·책 등)의 총 판매액에서 일정 비율로 지급된다. 계약에 따라서는 작품이 사용될 때마다 정액을 받기도 한다. 이 돈을 실제로 지급하는 쪽은 작품을 사용하는 조직들이다. 음반사, 출판사, 영화 스튜디오 등이 여기에 해당한다. 또 로열티 수금 기관(로열티 컬렉션 에이전시)을 통해서도 돈이 전달되는데, 이 기관들은 창작자와 고객(이용자) 사이에서 중개 역할을 한다. 또한 아티스트를 대신해 로열티 조건을 협상하기도 하는데, 지난 20년 동안 이 구조는 더 복잡해졌다. 문제의 뿌리는 훨씬 더 오래전부터 있었고, 저작권 기간의 계산 방식을 바꾼 '1978년 저작권법(Copyright Act of 1978)'보다도 이전으로 거슬러 올라간다.

음악 분야에는 로열티 종류가 여러 가지다. 아티스트와 작곡가는 음악 판매 이후 로열티를 받을 수 있다. 예를 들어 앨범 1장 판매당 비율, 디지털 유통에서의 다운로드 1건당 비율, 스트리밍에서 1,000회 재생당 지급액 같은 방식이다. 음악가들은 자신의 작품이 다른 채널에서 사용될 경우에도 로열티를 받을 수 있다. 예를 들어 노래가 영화나 TV 프로그램에 쓰이거나, 풋볼이나 야구 경기 같은 라이브 이벤트에서 재생될 때마다 로열티를 받는다.

이 시스템은 복잡하다. 자비출판 작가는 아마존 킨들 같은 디지털 유

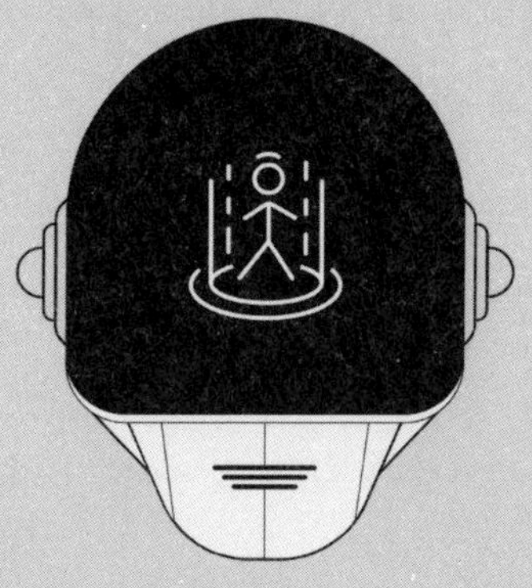

창작자들에게 매출을 늘리는 방법,
개인 데이터에 대한 소유권,
그리고 관객(이용자) 참여를 높이는 방법을
교육하는 것은 매우 중요하다.

통을 통해 판매된 책의 일정 비율, 또는 다운로드당 수익을 받는다. 전통 출판에서는 작가가 먼저 선인세(advance)를 받는다. 출간 이후에는 출판사가 로열티에서 선인세를 먼저 회수하고, 판매가 선인세를 넘어서는 순간부터 그제야 추가 로열티가 생긴다. 그러나 대부분의 경우 작가는 그 책으로 추가 돈을 한 푼도 못 받는다.

한편 기자들은 보도의 중앙집중적 구조를 없애고 필자들의 관점에 대해 시장 평균보다 높은 보수를 지급하는 독립 출판 플랫폼 '서브스택(Substack)'으로 빠르게 몰려가고 있다. 서브스택에서는 필자가 자신의 독자층을 직접 만들고, 독자들은 보통 월 5~10달러의 구독료를 내고 독점 콘텐츠를 이용한다.

영화 로열티도 원리는 간단하다. 배우와 각본가는 DVD나 디지털 버전이 팔릴 때마다, 또는 극장에서 상영될 때 로열티를 받을 수 있다. 네트워크 케이블에서 방영될 때도 로열티가 지급되기도 한다.

로열티 시스템 개론

이 결제 시스템이 낯설다면 잠시 한 걸음 물러나 보자. 음악 산업의 로열티는 20세기 초로 거슬러 올라간다. 사실 지금의 현대적 로열티 시스템을 '구식 관행'이라고 부를 수 있다. 당시 미국 정부는 지식재산권 개념과 그것이 음악 산업에 어떻게 적용되는지 논의하기 시작했다. 로열티 시스템이 등장하기 전, 음악가와 작곡가는 작품을 만들고 한 번만 돈을 받았다. 그 후 다른 회사나 이용자들이 그 작품을 어떻게 쓰는지 통제할 수도 없었고, 상업적 사용에서 추가 보상도 받지 못했다.

이 판을 바꾼 것이 '공연권 단체(PRO, Performing Rights Organizations)'의 등장이다. 이들은 작곡가와 작사가의 경제적 이익을 위해 로비를 시작했다. 오늘날 주요 PRO는 미국 작곡가·작사가·출판인협회(ASCAP), 브로드캐스트 뮤직(BMI), 유럽 무대 작가·작곡가협회(SESAC)이다.

이 단체들은 음악을 공공장소에서 사용하는 주체들로부터 로열티를 걷는다. 유튜브나 FM 라디오 같은 방송에서의 사용, 라이브 콘서트나 공연에서의 사용 등이 포함된다. 그리고 PRO는 그 돈을 음악가와 작곡가에게 분배한다.

음악 저작권에는 크게 두 가지가 있다. 마스터(master) 권리와 퍼블리싱(publishing) 권리다. 마스터 권리는 음원 자체의 '소유자'에게 주어지는 권리다. 이 소유자는 해당 음악가 본인일 수도 있고, 카피라이터(여기서는 권리자, 제작 관련 인물), 스튜디오, 녹음 비용을 댄 투자자일 수도 있다. 퍼블리싱 권리는 곡을 만든 사람의 권리로, 가사, 멜로디, 곡 구성 등을 포함한다.

왜 이 구분이 중요할까?

계약과 역할에 따라, 노래가 재생될 때 두 번 돈을 받을 수도 있기 때문이다. 그리고 다른 음악가가 자신의 곡을 연주하거나 공연해도 돈을 벌 수 있다. 수십 년 동안 음악가들은 레코드(LP), CD, 테이프 같은 물리적 음반 판매로 로열티를 받았다. 하지만 1990년대 말 인터넷이 발전하면서 산업은 크게 흔들렸다.

냅스터(Napster)라는 디지털 파일 공유 사이트는 인터넷에서 음악을 쉽게 퍼뜨릴 수 있게 만들었고, 이로 인해 '무단 공유(freebooting)'가 폭발했다. 이는 저작권이 있는 작품을 허락 없이 사용·배포하는 것을 뜻한다. 이용자들은 냅스터에서 음악을 내려받아 CD로 굽거나 MP3 기기에 넣었다. 창작자와 스튜디오는 돈을 받지 못했다. 소비자 입장에서는 무료로(대개 처벌 걱정도 별로 없이) 음악을 얻을 수 있었기에 인기였다. 하지만 음악가와 스튜디오에는 엄청난 매출 손실이었고, 대형 소송과 로열티 관행 변화로 이어졌다.

음악 산업 관계자들과 아티스트들은 스트리밍이 부상하면서 CD나 비닐 레코드(LP 음반) 같은 물리적 음반 판매에 의존하던 기존 비즈니스 모델을 완전히 갈아엎을 것이란 점을 알아차렸다. 그리고 그 예상은 맞았다. 매출은 급락했다.

스트리밍 시대가 오자 업계는 음악을 어떻게 더 잘 수익화할지, 디지털 다운로드와 공유에 대해 아티스트에게 어떻게 보상할지 고민해야 했다. 이 과정은 애플 뮤직, 스포티파이, 아마존 뮤직 같은 음악 스트리밍 서비스를 키웠고, 이들은 콘텐츠 유통의 중앙 허브가 됐다.

정부가 무단 스트리밍을 불법화하려는 조치를 취하는 한편, 음악 유통을 중앙화하려는 움직임은 아티스트와 콘텐츠 창작자를 새로운 재정적 압박으로 몰아넣었다. 스트리밍으로 소비는 늘었지만, 대다수 아티스트가 받는 로열티는 전체적으로 감소했다. 오늘날 음악가들은 곡이 재생되거나 스트리밍되거나 다운로드된 횟수에 따라 보상을 받으며, 과거처럼 물리적 음반 판매에서 얻던 수익은 훨씬 줄었다.

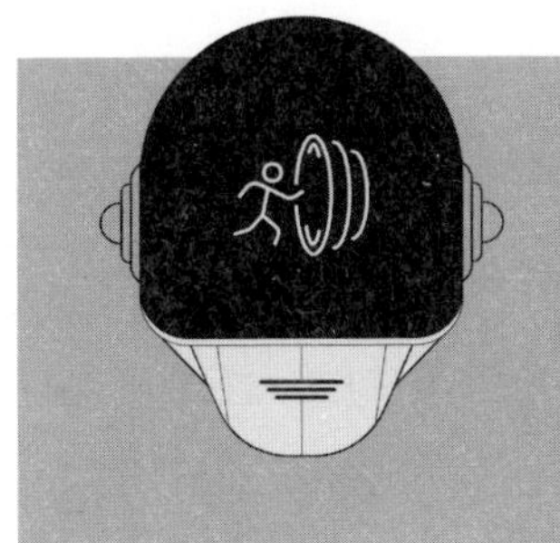

디지털 스트리밍으로의 대전환은 음악가의 수익 방식을 바꾸었고, 앞에 말한 디지털 서비스 제공자(DSP, Digital Service Providers)를 통해 음악 유통이 커졌다. DSP는 권리자에게 로열티를 분배하고, PRO는 더 나은 조건을 위해 계속 싸운다.

하지만 현 시스템에는 결함이 많다. 물리적 음반 판매와 스트리밍 수치 모두 투명성이 부족해 창작자가 자신의 작품이 얼마나 쓰였는지 추적·확인하기 어렵다. 그 결과, 얼마를 받아야 하는지 알기 힘들고, 음악가와 매니지먼트 사이 소송도 늘었다. 예를 들어 2018년, 가수이자 작곡가인 멀리사 에더리지(Melissa Etheridge)는 로열티를 적게 지급했다며 매니지먼트를 고소했다. 이 사건은 지난 세기의 복잡하고 구식인 결제 시스템이 낳은 혼란을 보여주는 사례다.

디지털 음악과 영화로의 전환은 로열티 단가 하락을 더욱 가속화했고, 지급 지연도 점점 더 흔해졌다. 이는 아티스트들에게 매우 큰 좌절감을 안겨준다. 자신들에게 지급되어야 할 돈이 얼마인지 제대로 추적하기 어렵다고 느낄 뿐만 아니라, 디지털 전환이 지식재산의 가치 자체를 낮춰버렸다는 사실도 분명히 인식하고 있기 때문이다.

마지막으로, 애플 뮤직 같은 강력한 DSP 중심으로의 전환은 아티스트들의 시장 지배력을 급격히 약화시켰다. 이 분야에 존재하는 기존 계약들은 대체로 이런 거대 사업자들에게 매우 유리하게 짜여 있다. 애플은 더 많은 이용자를 확보하기 위해 마케팅 경쟁을 벌일 수 있고, 그 과정에서 아티스트들이 자신의 정당한 몫이라고 여기는 수익을 더욱 적은 수준으로 설계해낼 수 있는 위치에 서게 되었다.

오늘날 로열티 비율을 협상하는 일은 시간이 많이 들고, 업계에 막 발을 들인 창작자들에게는 사실상 거의 불가능하다. 대부분의 창작자들은 매출을 극대화할 만한 자원이나 협상력을 갖추지 못했고, 결국 이런 DSP들이 제시하는 서비스 계약 조건을 그대로 받아들일 수밖에 없다고 느낀다.

이 디지털 전환에서 놀라운 점은 그것이 영화·음악·출판 산업 전체의 매출 구조에 얼마나 큰 재정적 충격을 주었는가이다. 통계 사이트 스태티스타(Statista)에 따르면, 물가를 반영한 기준으로 음악 판매는 1999년에 237억 달러로 정점을 찍었다. 그러나 음반 산업의 녹음 음악 매출은 2014년에 77억 달러까지 급락했고, 이후 점진적으로 회복되어 2021년에는 149억 달러에 이르렀다.[46]

미국음반산업협회(RIAA)에 따르면, 2021년 기준으로 광고 기반 스트리밍과 구독형 스트리밍을 합친 매출이 음악 산업 전체 매출의 83%를 차지했다.[47] 다시 말해, 이는 소비자에게는 긍정적인 변화였지만, 콘텐츠 창작자들에게는 매우 불리한 결과였다.

한편 영화 산업을 보면, 영화 흥행 통계 사이트 '더 넘버스(The Numbers)'

에 따르면 물가를 반영한 기준에서 극장 매출은 2002년에 145억 달러로 정점을 찍었는데, 당시 영화표 평균 가격은 5.81달러였다.[48] 미국 영화 산업에 코로나19가 닥치기 전인 2019년에도 물가 조정 기준 박스오피스 매출은 128억 달러에 그쳤다. 그해 평균 영화표 가격은 9.16달러로, 세기 초에 비해 약 57.6%나 상승했다.[49]

오늘날 영화관들은 그 어느 때보다도 소수의 초대형 흥행작(블록버스터)이나 할리우드 리부트 작품들에 의존해 운영을 이어가고 있다. 공포 영화처럼 특정 장르에 특화된 스튜디오들에 기대는 경우도 있지만, 대부분의 공포 영화는 제작비가 적고 쉽게 잊히는 작품이라는 점도 사실이다. 그럼에도 기억해야 할 점은 영화관 수익의 상당 부분이 매점(팝콘·음료 판매대)에서 나온다는 것이다.

극장 관객 수는 크게 붕괴되었고, 그 결과 영화 제작자들은 스트리밍 중심의 디지털 전환을 받아들여야 한다는 압박을 더욱 강하게 받고 있다. 그러나 이 산업은 여전히 기존 기술과 소비자 지출 패턴을 활용해 어떻게 큰 매출을 올릴 수 있는지 완전히 이해하지 못하고 있다.

이것이 현재 엔터테인먼트 산업의 '판세(state of play)'다. 그렇다면 왜 '플레이 자체를 산업의 중심에 둔(state of playing)' 비디오게임 산업은 오늘날 약 2,000억 달러의 가치를 지니는 것일까?[50]

그렇다. 비디오게임 산업은 영화, 음악, 출판 산업을 모두 합친 것보다 더 큰 시장이다. 컨설팅 기업 PwC와 세계경제포럼(World Economic Forum)이 수집한 자료에 따르면, 2026년까지 비디오게임 산업의 매출은 3,210억 달러에 이를 수 있다.[51]

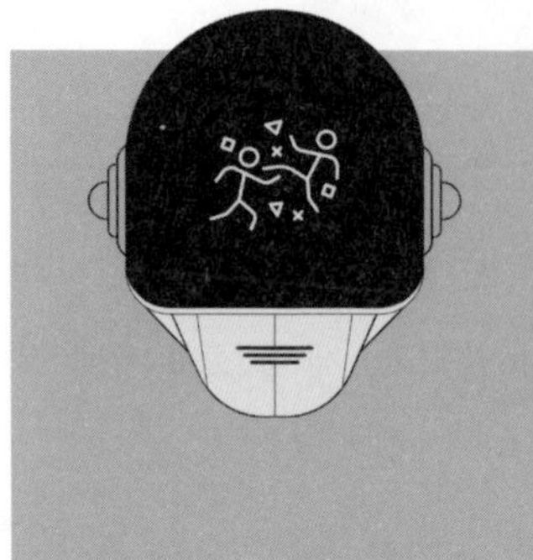

극장 관객 수는 크게 붕괴되었고, 그 결과 영화 제작자들은 스트리밍 중심의 디지털 전환을 받아들여야 한다는 압박을 더욱 강하게 받고 있다. 그러나 이 산업은 여전히 기존 기술과 소비자 지출 패턴을 활용해 어떻게 큰 매출을 올릴 수 있는지 완전히 이해하지 못하고 있다.

그렇다면 왜 이렇게 많은 사람이 대수롭지 않게 여기거나 재무 구조를 제대로 들여다보지도 않는 이 산업이 이처럼 빠른 속도로 성장하고 있으며 앞으로도 기존 엔터테인먼트 산업들이 만들어내는 매출을 계속해서 압도하게 될까?

비디오게임이 돈 버는 방식은 어떻게 다를까

비디오게임 회사가 다른 산업에 없는 '마법의 기술'이나 '추가 매출원'을 가진 건 아니다. 비디오게임 회사도 광고 매출, 스폰서 콘텐츠, 브랜드 파트너십으로 돈을 번다.

트위치 같은 구독 기반 플랫폼에서 수익을 내고, 제품에 대한 로열티도 받는다. 브랜드가 박힌 티셔츠나 모자 같은 굿즈도 판다. 킥스타터 같은 후원 플랫폼에서 자본을 모으기도 하고, 애플 앱스토어 같은 디지털 플랫폼에서 게임을 판매하기도 한다. 음악 스튜디오, 영화 스튜디오, 아티스트도 이런 일은 다 한다.

하지만 산업의 기반을 이루는 매출 흐름과 디지털 플랫폼의 성장 외에도, 비디오게임 산업은 세계에서 가장 중요한 경제 원리 중 하나인 '80/20 법칙'을 적극적으로 받아들이고 있다.

비디오게임 개발자들은 전체 매출의 핵심 원천이 소수의 이용자 집단에서 나온다는 사실을 잘 알고 있다. 뉴주(Newzoo)에 따르면, 전 세계 비디오게임 이용자는 약 32억 명에 이른다.[52] 나는 전체 매출의 약 80%가 전체 이용자의 20%에게서 나온다고 추정한다. 그리고 이 매출의 가장 큰 몫은 내가 '고래(whales, 슈퍼유저)'라고 부르는 플레이어 집단에서 발생한다.

라스베이거스의 카지노와 마찬가지로 이 고래들(고래급 이용자들)이 콘텐츠 창작자들에게 가장 많은 돈을 벌어다 준다. 예를 들어 게임 플랫폼 이용자들 가운데에는 아무 돈도 쓰지 않거나 거의 쓰지 않는 사람들도 있고, 디지털 상품을 '진짜 구매'로 여기지 않아 전혀 돈을 쓰지 않으려는 사람들도 있다. 또 어떤 이용자들은 인게임 구매나 디지털 강화 요소에 한 달에 100달러에서 200달러 정도를 지출하기도 한다. 하지만 극단적인 경우, 즉 고래급 수준에 이르면, 일부 이용자들은 한 달에 1만 달러 이상을 쓰기도 한다.

음악 산업을 살펴봐도 비슷하다. 2023년 8월 기준으로 음악 스트리밍 플랫폼 스포티파이는 월간 이용자 수가 5억 5,100만 명이었고, 이 가운데 2억 2,000만 명이 유료 구독자였다. 즉 약 3억 3,100만 명, 다시 말해 전체의 약 60%는 광고 기반 무료 음악을 듣고 있었고, 약 39%만이 구독료를 내고 있었다.[53] 이것이 현재의 비즈니스 모델이며, 이용자들은 구독 플랫폼에서 듣고 싶은 만큼 음악을 자유롭게 들을 수 있다. 하지만 스트리밍 회사들이 음악 분야의 슈퍼유저를 적극적으로 공략해 매출을 극대화하려는 시도는 거의 하지 않고 있다.

소비자 관점에서 보면, 이런 플랫폼들은 선택의 폭도 넓고 비용 부담도 적어 매우 훌륭하다. 하지만 애플 뮤직과 스포티파이는 보통 장기간 무료 체험이나 공격적인 가격 경쟁을 통해 서로 경쟁하고 있고, 그 결과 음악의 가치는 점점 더 낮아지고 있다. 상황이 너무 어려워지자, 세계적인 슈퍼스타 테일러 스위프트(Taylor Swift)는 이러한 가격 경쟁이 플랫폼에서 음악을 판매하거나 스트리밍하는 아티스트들에게 어떤 압박을 주는지를 애플 CEO 팀 쿡(Tim Cook)이 인정한 점을 공개적으로 문제 삼기도 했다.[54] 이들 스트리밍 플랫폼은 매출 창출을 더욱 어렵게 만드는 무료 체험 기간을 운영했을 뿐 아니라 '가족 요금제 묶음 판매' 같은 마케팅 방식도 도입했다. 이런 관행들은 결과적으로 산업 전체의 매출을 더 끌어내리는 역할을 한다.

내 생각에 이 서비스들이 충분히 매출을 올리지 못하고, 창작자에게도 크게 도움이 되지 않는 이유는 단순하다. 월 10달러 이상을 낼 의사가 있는 슈퍼유저에게서 아직 충분히 큰 매출을 끌어내지 못하고 있기 때문이다. 몇몇 회사들이 이 개념을 이해하려 시도하긴 했지만, 그것도 아주 제한적인 수준에 머물러 있다. 예를 들어 스트리밍 서비스 타이달(TIDAL)은 아티스트와 음악가에게 직접 수익이 돌아가도록 설계된 월 20달러짜리 별도 구독 요금제를 제공하고 있다. 하지만 나는 이 산업이 훨씬 더 잘할 수 있다고 생각한다.

적절한 인센티브, 파트너십, 그리고 제품 개발이 뒷받침된다면, 슈퍼유저들은 한 달에 100달러 이상을 지불할 수도 있고, 이는 음악가와 다른 창작자들이 수익을 극대화하는 데 큰 도움이 될 것이다.

이 문제는 음악 산업에만 국한된 것이 아니다. 내가 음악 이야기를 영화보다 더 많이 한 이유는 최근 몇 년간 로열티 문제를 둘러싼 논란이 음악 산업에서 특히 컸기 때문이다. 하지만 넷플릭스나 훌루 같은 디지털 스트리밍 서비스의 구독자가 폭발적으로 늘어나면서, 영화와 TV 콘텐츠 제작자들 역시 비슷한 가격 압박에 직면하고 있다.

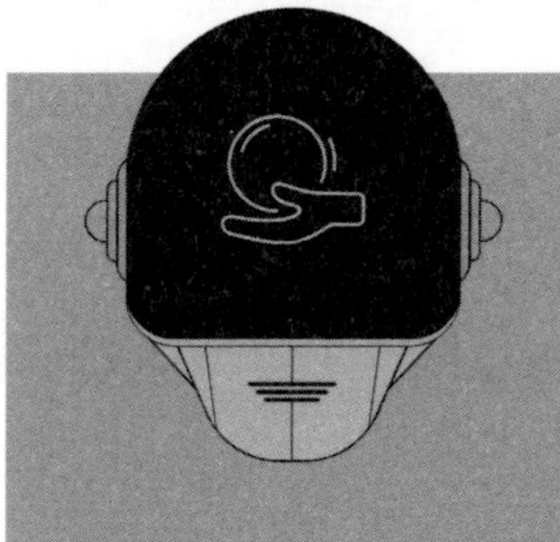

수십 년 동안 소비자들은 케이블 TV에 매달 65달러에서 200달러까지 지불해 왔다. 그러나 이른바 '케이블 해지(cord-cutting)' 현상과 광섬유 네트워크의 확산으로 스트리밍 서비스의 시대가 열렸다. 이 전환은 비용을 낮추는 압력을 만들어냈지만, 동시에 영화와 TV 산업의 로열티 지급 구조를 더 복잡하게 만들었다. 또한 스트리밍은 가정 내 엔터테인먼트에 대한 사람들의 평균 지출을 줄였고, 이는 광고 산업에도 부정적인 영향을 미쳤다. 이런 서비스들이 소비자에게 이익이 되는 것은 사실이지만, 스트리밍으로의 이동은 창작자들에게는 좋지 않은 변화다.

오늘날의 스트리밍 전쟁에서 기업들은 여전히 장기간 무료 체험 경쟁을 벌이고, 창작자들에게 독점 계약을 강요하려 하며, 매출을 극대화하는 데 실패하고 있다. 예를 들어 넷플릭스는 전 세계적으로 약 2억 3,800만 명의 유료 구독자를 보유하고 있는데, 이들은 스트리밍 화질, 사용 가능한 화면 수, 국가별 시장 등 여러 요소에 따라 서로 다른 월 구독료를 내고 있다.[55]

이러한 구독 모델은 본질적으로 창작자들을 '저작권 귀속형 용역 계약(work-for-hire)' 구조로 몰아넣었다. 즉, 창작자들은 프로젝트에 대해 고정된 금액을 받고, 콘텐츠가 소비될 때마다 아주 적은 로열티만을 받게 된다. 여기에 경쟁이 더욱 치열해지면서, 콘텐츠 전쟁은 앞으로 더 가속화될 가능성이 크다.

그럼에도 넷플릭스는 80/20 원칙, 즉 소수의 참여자(이른바 '고래')로부터 훨씬 더 많은 수익을 창출할 수 있다는 개념을 받아들이지 않았다. 이 고래들은 프로그램의 특별 기능, 확장 콘텐츠나 보너스 콘텐츠, 또는 선공개 접근 같은 것에 더 많은 돈을 기꺼이 지불할 수 있는데도 말이다.

디즈니플러스와 다른 서비스들도 극장 개봉 영화 관람 비용과 비슷한 가격으로 개봉 전 유료 공개를 통해 수익을 얻으려고 시도하긴 했다. 하지만 여전히, 비디오게임 산업에서의 경험과 지식을 바탕으로 볼 때, 슈퍼유저들이 훨씬 더 많은 수익을 만들어낼 수 있다고 본다.

오래전부터 왜 영화 스튜디오들이 특정 프랜차이즈의 슈퍼유저를 대상으로 한 특별 극장 이벤트나 보너스 콘텐츠를 통해 관객 가치를 극대화하려 하지 않는지 의문을 가져왔다. 오늘날 음악가들은 콘서트 한 번에 수백 달러를 받을 수 있지만, 영화 스튜디오는 여전히 전체 대중에만 의존해 수익을 내고 있다. 만약 〈스타워즈〉, 〈스타트렉〉, 마블 시네마틱 유니버스처럼 충성도 높고 명확한 팬층을 가진 영화 프랜차이즈가 일반 개봉보다 한 달 앞서 특별 관람이나 보너스 콘텐츠 접근권을 제공한다면 어떨까? 비디오게임 산업의 슈퍼유저 사례를 보면, 이런 고래들은 콘텐츠 제작자들에게 엄청난 수익 증대를 가져다줄 수 있다. 콘서트나 스포츠 경기처럼 특별 상영 파티 티켓 하나만으로도 수백 달러의 매출을 얻어낼 수 있다.

이런 방식들은 산업 전반의 매출 규모를 키울 수 있는 비교적 간단한 방법들이다. 엔터테인먼트 콘텐츠가 모든 영역에서 더 많이 쏟아져 나오고 있음에도 사용자들의 지출은 점점 줄어들고 있다. 기업들은 아직도 슈퍼유저로부터 수익을 극대화하는 방법의 '겉만 핥고' 있는 수준에 불과하다.

2013년 다프트 펑크(Daft Punk)는 내가 가장 좋아하는 앨범이자 그들의 최고작인 〈랜덤 액세스 메모리즈(Random Access Memories)〉를 발표했다. 정식 발매 전에 그들은 애플 뮤직을 통해 앨범의 초기 버전을 판매했다. 다프트 펑크의 열렬한 팬이었던 나는 다른 사람들보다 2주 먼저 이 앨범을 들을 수 있었고, 이를 위해 20달러도 채 되지 않는 금액을 지불했다.

하지만 그 앨범이 스트리밍 플랫폼에서 널리 공개되기 전의 그 2주 동안 나 같은 다프트 펑크 팬에게서 더 많은 지출을 끌어낼 여지는 충분히 있었다. 그 기간 동안 무엇을 제공했더라도 난 기꺼이 돈을 냈을 것이다. 그리고 수백만 명의 다른 다프트 펑크 팬들도 마찬가지였을 것이다. 이런 기회들은 기꺼이 비용을 지불하려는 열성 팬들에게도 좋을 뿐 아니라 아티스트의 수익을 극대화하는 데에도 큰 도움이 된다.

참여가 곧 왕이다

지금의 기술 덕분에 콘텐츠 산업에서 훨씬 더 많은 일이 가능하다. 내가 생각하는 '고래급 사용자(슈퍼유저)'로부터 수익을 극대화하는 방식은 아주 단순하다. 예를 들어 우리가 HBO의 인기 드라마 〈왕좌의 게임(Game of Thrones)〉을 함께 보고 있다고 하자. 그중 누군가 팝콘을 만들러 일어난 사이에 우리가 드라마를 잠시 멈추면 화면에 QR코드가 뜬다. 그 코드를 스캔하면, 즉시 상점으로 연결되고, 그곳에서 티셔츠 같은 실물 상품, 인스타그램용 스티커 페이지 같은 디지털 아이템, 또는 메타버스에서 아바타가 착용할 수 있는 상호운용 가능한 아이템을 살 수 있다. 이런 상품들은 2.99달러처럼 아주 낮은 가격에 판매될 수도 있다. 그렇게 팝콘이 다 만들어지기도 전에 새로운 매출원이 탄생하는 것이다.

콘텐츠 창작자들은 사용자에게 추가 콘텐츠를 제공함으로써 브랜드 가치를 극대화할 수도 있다. 예를 들어 페이스북 같은 소셜 미디어에 올릴 수 있는 디지털 엽서에서부터 어디서든 시청하고 공유할 수 있는 영상까지 다양하다. 어떤 프로그램은 작품과 연동된 팟캐스트를 만들고 여러 스트리밍 플랫폼에서 교차 홍보하며, 브랜드 수익화를 더 강화하기도 한다.

이런 전체적인 모델은 '트랜스미디어(transmedia)'라고 불리는데, 이미 오래전부터 비디오게임 생태계의 일부였다. 메타버스가 확장되면서, 이것은 창작자들이 슈퍼유저(고래급 사용자)를 붙잡을 수 있는 게임 체인저, 즉 '판을 바꾸는 기회'가 될 것이다. 이 생태계는 넷플릭스에서 월 20달러 쓰던 소비를 월 200달러로 바꿀 수도 있다. 그 결과 창작자는 더 높은 로열티 수익과 채널 간 홍보의 혜택을 누릴 수 있다.

누가 더 많이 벌고 싶지 않겠는가?

기업은 전체 소비자의 20%가 콘텐츠에 10배 더 많은 돈을 쓰게 만들면 (그리고 그들은 실제로 그런 소비 패턴을 보이는 경향이 있다), 매출 총액을 3배로 크게 늘릴 수 있다. 예를 들어 한 회사에 100명의 사용자가 있고 각자 어떤 프로그램에 20달러씩 쓴다면 총매출은 2,000달러가 된다. 그런데 그중 20%가 추가로 200달러를 쓸 의향이 있다면 거기서만 4,000달러의 추가 매출이 발생한다. 이는 기존 플랫폼의 수익 모델만으로도 매출이 3배로 늘어나는 결과다.

이 모든 것은 결국 고객을 제대로 아는 문제다. 하지만 현재의 플랫폼들은 슈퍼유저를 이해하는 것보다 전체 사용자 수에 더 큰 관심을 가져왔다. 이는 여러 가지 이유 때문일 수 있는데, 그중에는 월가와 벤처캐피털 애널리스트들이 기업의 수익원에 가치를 매기기 위해 전통적으로 수행해 온 재무 모델링 분석도 포함된다. 상위 20% 고객의 소비 행동을 깊이 파고드는 것보다 사용자 한 명당 가치를 계산하는 편이 훨씬 쉽기 때문이다.

메타버스는 콘텐츠 창작자들이 이런 사용자들, 특히 보완적인 디지털 경험과 디지털 아이템을 받아들이는 사용자들을 더 잘 이해하도록 이끌 가능성이 크다. 나는 메타버스가 완전히 성숙한 이후에도 음악과 영화 스튜디오는 계속 존재할 것이라고 본다. 그러나 콘텐츠 창작자들은 이미 상당 부분 갖춰진 기술 덕분에 이들 제3자와의 기존 계약 위에서 활동 범위를 확장하고, 고래급 고객들과 직접 소통하며, 매출 잠재력을 대폭 키울 수 있다.

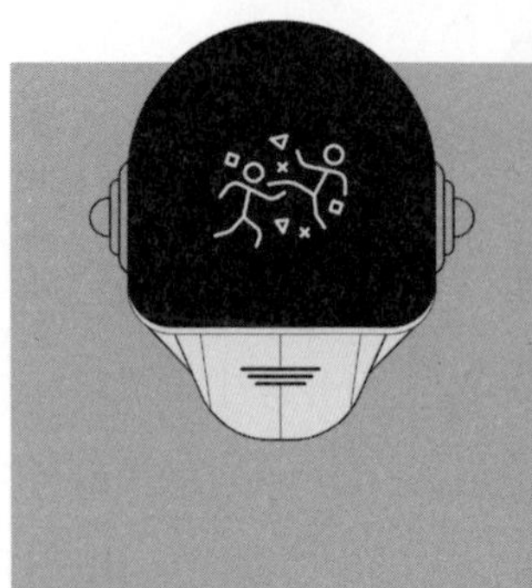

오늘날 비디오게임 산업에서는 전체 수익의 80%가 상위 20%의 소비자에게서 나온다. 하지만 넷플릭스, 애플, 마이크로소프트는 이 원칙을 받아들이지 않는다. 현재 이들은 모든 사용자에게 매달 동일한 금액을 부과하는 방식의 다양한 비디오게임 스트리밍 서비스를 만들려 하고 있다. 일부 슈퍼유저는 한 달에 120달러를 지불할 의향이 있을지도 모르지만, 이런 스트리밍 서비스의 요금은 월 15달러 수준에 그칠 수 있다. 다시 말해 이는 평균 소비자에게는 좋을 수 있지만, 비디오게임 산업을 단순한 범용 상품으로 만들어 버리고, 개발자들을 다시 '용역 계약(work-for-hire)' 상황으로 몰아넣을 뿐이다.

게다가 이 모델은 특정 게임에 대해서 마이크로소프트와 애플에도 지속 가능하지 않다. 그리고 비디오게임 산업이 이미 거둔 성공을 고려하면, 개발자들이 음악가들이 수십 년간 겪어온 것과 같은 상황에 스스로를 밀어 넣고 싶어 할 것이라고는 생각하기 어렵다.

80/20 원칙은 음악, 영화, 출판 산업이 그동안 충분히 수익화하지 못했던 구매자들을 본격적으로 끌어안기 시작할 때 메타버스 경제에서 핵심

적인 힘이 될 것이다. 이것이 바로 미래다. 그리고 모든 분야의 아티스트들에게 이는 삶을 바꿀 만한 소식이다.

제 5 장

비디오게임이 어떻게 세상을 구했는가

정예 네이비 실(Navy SEALs) 팀이 숲속에 서 있다고 상상해보자. 이들은 외딴 산악 지대에 있는, 경계가 삼엄한 시설에서 100야드 떨어져 있다. 미국 해군사관학교가 있는 메릴랜드주 애너폴리스(Annapolis)에서는 7,000마일도 더 떨어진 곳이다.

어둡다. 기온은 얼어붙을 만큼 낮다. 부엉이가 운다. 실(SEAL) 대원들은 자신들이 내뿜는 입김을 볼 수 있다. 땅은 눈으로 덮여 있고, 전나무에는 얼음이 층층이 내려앉아 있다. 한 대원이 눈을 손으로 건드리자, 눈은 마치 모래시계의 모래처럼 손가락 사이로 사르르 떨어진다. 그 옆에서 다른 대원은 야간투시 장비로 시설을 순찰하는 적 전투원을 살핀다. 그 시설 안에는 동료 실 대원이 인질로 잡혀 있다. 대원은 정문 옆에 무장한 두 명의 실루엣을 본다. 지붕 위에는 담배를 피우는 한 명, 현관 앞 벤치에는 잠든 두 명이 있다. 개 한 마리가 시설 밖으로 뛰쳐나와 토끼를 쫓아 그루터기 쪽으로 달려간다.

"안에 몇 명이지?" 선두 장교가 묻는다.

한 대원이 시설 위에 떠 있는 드론을 조종하는 화면에 시선을 내린다. 드론은 건물 내부가 내려다보이는 위치에서 열화상(heat map)을 포착한다. 네 사람의 열 신호가 잡히고, 그중 한 명은 구석에서 자고 있는데, 붙잡힌 실 대원일 가능성이 크다.

"넷." 그가 속삭인다. "적 셋. 목표 확인. 왼쪽 두 번째 방."

"내 신호에 따라." 장교가 말한다. 그는 팔을 들어 올렸다가 내린다. 실 대원들이 시설로 몰려든다. 바깥의 무장대원을 조용히 제압한다. 벽을 돌파해 들어가고, 손 신호로 말없이 소통한다. 창문을 찾아 침투한 뒤, 동료가 있을 거라 생각되는 곳으로 이동한다.

실 대원들은 건물에 진입할 때 늘 하듯, 방에서 방으로 이동하면서 모든 방향을 커버하며 수색·제압 동작을 수행한다. 그런데 마지막 방에 들어가기 직전, 경보가 울리고 총성이 난다. 불행하게도 드론이 건물 안의 다섯 번째 인물을 잡아내지 못했던 것이다. 소총을 든 무장대원이 주방에 숨어 있었다.

그 순간, 방과 그 안의 모든 것, 즉 실 대원과 적 전투원까지 멈춰 선다.

이 모든 것은 매우 몰입감 있는 가상현실(VR)·증강현실(AR) 시뮬레이션이었다. 이 훈련은 군 관계자와 실 대원이 통제된 환경에서 기술과 전술을 연습할 수 있도록 해주는 비디오게임 기술로 전부 수행됐다. 목적은 하나다. 이런 장면 같은 현실 상황에 대비시키는 것이다.

실 대원들은 넓은 훈련 시설에서 헤드셋을 쓰고 있었다. 단 한 명도 다치지 않았다. 자존심이 조금 상했을지도 모른다. 하지만 중요한 교훈을 언었다. '머리 위의 드론 하나만 믿지 마라. 드론도 실수할 수 있다.' 생사가 걸린 상황에서는 가능한 모든 시나리오를 대비해 연습하고, 거기서 얻을 수 있는 모든 교훈을 배우는 것이 필수적이다.

이런 가상 시뮬레이션은 20년 전은 물론, 10년 전에도 불가능했다. 하지만 곧 아주 흔해질 것이다. 실제로 오늘날 군은 비슷한 시뮬레이션을 이용해 실 대원을 모집하거나, 장교들에게 함정 위에서 증강 표적을 향해 사격하는 훈련을 시키고 있다.[56] 비디오게임과 그와 맞물린 기술이 이 세계에 끼친 영향이 얼마나 큰지 보여주는 사례다.

어떤 사람들은 비디오게임의 힘을 얕보거나, 그저 젊은 남자들이 전쟁 게임을 하는 것쯤으로만 생각할지도 모른다. 하지만 나는 강조하고 싶다. 그건 커지는 산업의 아주 작은 한 조각일 뿐이라는 것을.

비디오게임은 세상을 바꿔놓았다. 나는 여기서 한발 더 나아가 이제 비디오게임은 세상을 구하고 있다고 말할 수 있다.

재미있지 않은가?

비디오게임은 어떻게 세상을 구했나? 지난 30년 동안 눈에 띄는 변화가 있었다. 먼저 엔터테인먼트 산업의 성장을 보자. 앞장에서 말했듯, 비디오게임의 수익 모델은 영화·출판·음악 산업 규모를 압도한다. 비디오게임 산업은 약 2,000억 달러 규모로 문화를 만들고, 성공적인 프랜차이즈 모델을 낳았으며, 전 세계 커뮤니티를 하나로 묶었다.

다음은 교육이다. 비디오게임은 교육의 미래도 크게 바꿨다. 학생들은 자기 학습 스타일에 맞게 조정 가능한 수업을 받을 수 있게 됐다. 게임은

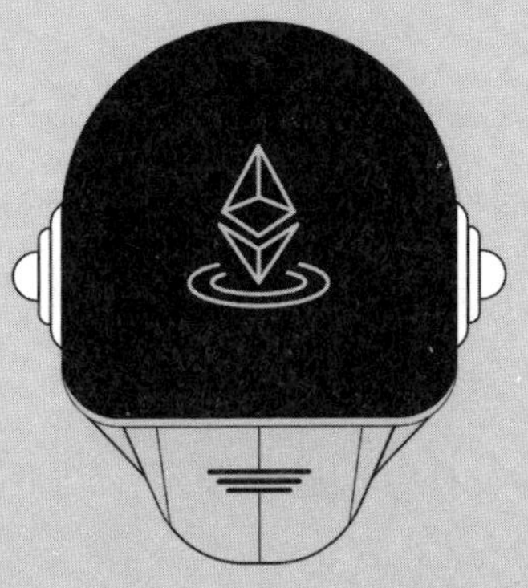

비디오게임은 세상을 바꿔놓았다.
나는 여기서 한발 더 나아가 이제 비디오게임은
세상을 구하고 있다고 말할 수 있다.

유아·초등 교육에서 수학, 읽기, 과학, 언어 능력 등 기초를 배우는 데 유용한 도구다. 그리고 이제는 유치원생부터 대학원·박사 과정에서 세계적 난제를 연구하는 연구자에 이르기까지 모든 사람을 교육하는 도구로 진화해 왔다.

공학부터 보자. 비디오게임 엔진은 건축 설계와 시각화 교육을 돕고, 도시 계획의 3D 모델과 시뮬레이션을 가능하게 한다. 토지 이용과 자원 관리를 더 잘 이해해야 하는 도시들에는 이런 비디오게임과 교육적 시뮬레이션은 중요하다.

개발자들은 외과의사 같은 의료 전문가를 위한 고급 응용프로그램도 만든다. 비디오게임 소프트웨어와 기술을 바탕으로 한 새로운 교육 프로그램은 수술 절차를 시뮬레이션 환경에서 수백 시간 연습하게 만들 수도 있다. 미래에는 당신의 외과의사가 당신의 수술을 디지털 공간에서 수백 번 연습한 뒤 집도할지도 모른다. 그러면 결과는 더 좋아질 가능성이 크다. 이런 기술은 생명을 구하고, 수술을 개선하며, 의학의 기존 훈련 방식과 교육 기준을 빠르게 대체할 것이다. 즉 이 기술이 생명을 구하고 수술을 개선할 것이다.

교육의 기회는 전통적인 노동시장 안에만 머무르지 않고, 사회적으로 중요한 여러 영역으로까지 확장되고 있다. 예를 들어 환경 인식을 보자. 오늘날 비디오게임은 환경 문제에 대해 플레이어를 교육하고, 자연 보전 활동을 장려한다. 게임은 중요한 환경 이슈에 대한 인식을 높이고, 플레이어가 실제 행동에 나서도록 영감을 줄 수도 있다. 또한 비디오게임 기반의 응용 프로그램은 홍수, 지진, 허리케인 같은 위기나 재난 상황에서 공무원들이 시나리오 훈련을 하는 데도 활용된다. 이렇게 필수적인 훈련 시뮬레이션은 긴급 대응 인력이 자원을 어디에 배치해야 하는지, 어떤 위험 지역을 피해야 하는지, 그리고 피해자에게 어떻게 신속하게 대응해야 하는지를 익히는 데 도움을 준다.

그러니 내가 "비디오게임이 세상을 구한다"고 말해도 과장이 아니다. 다음 장(메타사이트 장)에서는 어떻게 메타버스가 우리를 더 멀리 데려가, 인간이 지구에 끼치는 영향을 더 잘 이해하게 하고, 환경·사회적 인식을 높이며, 진짜 변화를 만드는 기부 기회를 확대하는지를 설명하겠다.

건강은 어떨까? 요즘 많은 비디오게임은 사람들이 신체·정신 건강을 개선하는 방법도 가르친다. 예를 들어 게임이 우울과 불안을 다루는 데 도움이 된다는 연구 결과가 있다.[57] 뇌졸중 환자들은 팔다리의 움직임을 다시 익히는 데 게임을 활용하기도 했다. 오늘날 건강 분야에서 비디오게임의 활용 사례는 셀 수 없이 많다. 나는 아직도 초연결 사회에서 게임이 갖는 인지·사회적 이점에 대해 제대로 말도 꺼내지 못했다.

물론 이 모든 긍정적인 효과는 지난 수십 년 동안 비디오게임 산업이 스스로 만들어오고 축적해온 기술이 있었기에 가능한 것이다.

비디오게임이 만든 '당신의 디지털 세상'

비디오게임 산업은 현재 약 2,000억 달러 규모로 평가되지만, 최초의 게임이 만들어졌던 시절과 비교하면 정말 먼 길을 걸어왔다.[58] 1958년으로 거슬러 올라가 보면, 물리학자 윌리엄 히긴보텀(William Higinbotham)이 자신의 연구소에 새로 도입된 컴퓨터의 성능을 보여주기 위해 오실로

스코프를 이용해 〈테니스 포 투(Tennis for Two)〉라는 게임을 만들었다. 브루크헤이븐 국립연구소(Brookhaven National Laboratory)에서 일하던 히긴보텀은 세탁기 정도 크기의 메인프레임 시스템인 IBM 704를 사용했다. 이 게임에는 2차원 테니스 코트가 등장하는데, 가운데를 가로지르는 하나의 수평선이 네트 역할을 했고, 코트의 양쪽 경계를 나타내는 두 개의 선이 더 있었다. 참가자들은 다이얼(노브)을 돌려, 화면 속의 두 개의 '테니스 라켓'으로 하나의 점을 네트 너머로 주고받았다. 〈테니스 포 투〉는 이후 1962년 스티브 러셀(Steve Russell)이 만든 〈스페이스 워!(Spacewar!)〉의 전신에 해당하며, 〈스페이스 워!〉는 오늘날 널리 최초의 진정한 비디오게임으로 평가받고 있다.

대부분의 사람들은 자신의 나이와 세대에 따라 비디오게임을 기억한다. 예를 들어 1970년대에 태어난 이들은 아타리 2600을 떠올릴 수 있는데, 가정용 콘솔 게임의 등장은 지난 60여 년 동안 이산업(콘솔, 즉 가정용 비디오게임기)이 겪은 두 번째 큰 도약이었다.

1980년대에 어린 시절을 보낸 세대는 닌텐도 엔터테인먼트 시스템(NES)의 더 쉬워진 접근성과 향상된 그래픽을 기억할 것이다. 슈퍼 마리오, 동키콩, 젤다의 전설 같은 상징적인 캐릭터들도 이 시기에 등장했다.

2000년대에 이르러 비디오게임 기술은 비약적으로 발전했다. 플레이스테이션과 엑스박스 콘솔의 등장으로 가정용 콘솔의 그래픽은 눈에 띄게 향상되었다. 비디오게임은 1970년대 이후 모든 세대의 삶 속에 꾸준히 존재해 왔으며, 사람들이 나이를 먹는다고 해서 자연스럽게 멀어지는 대상도 아니었다. 실제로 오늘날 전 세계에는 30억 명이 넘는 플레이어가 존재하며, 이 수는 계속 증가하고 있다.

한편 인터넷 속도의 향상은 온라인 게임의 확산을 촉진했다. 고속 인터넷이 보급되면서 〈헤일로(Halo)〉 같은 콘솔 게임을 통해 온라인 상호작용이 대중화되었고, 서로 다른 장소에 있는 플레이어들이 팀을 이루어 깃발 뺏기 방식의 슈팅 경기를 벌일 수 있었다. 이 시기에는 매든 NFL, 피파(FIFA) 같은 스포츠 프랜차이즈를 통해 온라인에서 서로 경쟁하는 것도 가능해졌다.

이후 모바일 통신 속도가 개선되고 스마트폰이 보급되면서, 세기 초반 모바일 게임 시장이 급성장했다. 스마트폰과 유사한 기기의 확산은 모바일 게임을 업계의 주요 수익원으로 끌어올리는 데 결정적인 역할을 했다. 그리고 이제 우리는 또 하나의 중요한 발전 단계에 들어서고 있다. 바로 가상현실(VR)과 증강현실(AR)을 통합하는 단계다. 이러한 기술들은 오늘날 가장 진보한 게이머들의 상상력마저 뛰어넘는, 훨씬 더 몰입적인 경험을 만들어낼 것이다.

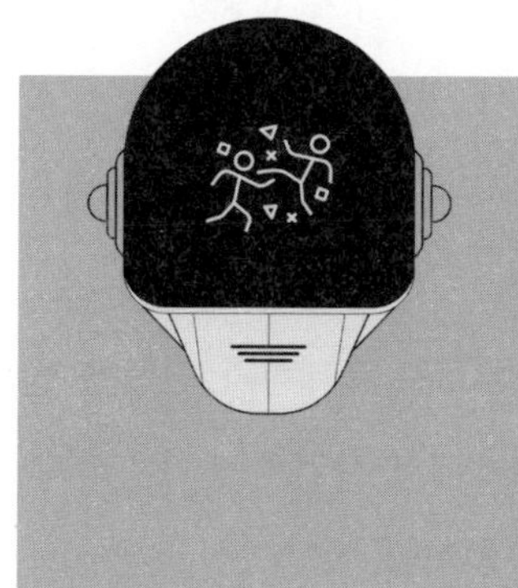

이제 우리는 또 하나의 중요한 발전 단계에 들어서고 있다. 바로 가상현실(VR)과 증강현실(AR)을 통합하는 단계다. 이러한 기술들은 오늘날 가장 진보한 게이머들의 상상력마저 뛰어넘는, 훨씬 더 몰입적인 경험을 만들어낼 것이다.

하지만 여기서 한 걸음 물러나, 이런 기술들이 다른 산업들에 어떤 변화를 가져왔는지를 이야기해보자. 나는 비디오게임 산업과 전기차 제조사 테슬라(Tesla) 같은 기업 사이를 하나의 직선으로 연결해 보려 한다.

내가 관찰하고 분석한 내용은 테슬라 같은 회사에도 꽤 놀라울 수 있다. 오늘날에는 자율주행차와 인공지능(AI)의 미래에 엄청난 관심이 쏠려 있다. 이 두 기술은 전 세계 사회에서 생활 수준을 높이고, 생산성을 개선하며, 경제 성장을 촉진할 것이다. 그런데 이 기술들은 비디오게임 산업 없이는 존재할 수 없었다.

왜 그럴까? 먼저 엔비디아(NVIDIA)라는 반도체(컴퓨터 칩) 제조사부터 살펴보자. 1993년 엔비디아의 CEO인 젠슨 황(Jen-Hsun Huang)은 비디오게임을 더 빠르고 더 사실적인 그래픽으로 구현하기 위한 특수 반도체 칩을 만들 회사를 설립했다. 당시 그의 팀은 이런 제품을 위한 명확한 시장이 아직 존재하지 않는다는 사실을 알고 있었다. 그럼에도 불구하고, 이들은 언젠가 거대한 수요의 물결이 올 것이라는 점을 내다볼 수 있었다.

초기에는 그래픽 처리 장치(GPU)라 불리는 신흥 시장에 집중했다. GPU는 데스크톱 컴퓨터의 메인보드에 추가로 장착해 비디오게임 성능을 극적으로 끌어올리는 칩으로, 매우 빠른 그래픽 처리와 향상된 게임 품질을 가능하게 했다.

엔비디아는 오랫동안 비디오게임 산업을 중심으로 그래픽과 연산용 반도체에 집중해 왔다. 이 회사는 비디오게임 분야에서 사업 기반과 영향력을 쌓은 뒤, 다른 산업으로 방향을 확장했다. 하지만 일부 투자자들이나 잠재적 파트너들은 비디오게임 산업 자체에 큰 매력을 느끼지 못하기도 했다. 그럼에도 엔비디아는 3D 모델링, 영상 편집처럼 그래픽 연산이 많이 필요한 다른 분야에서 초기 성과를 거두는 데 성공했다.

이러한 도구들의 활용 방식은 빠르게 진화했다. 그 결과, 약 20년이 지난 뒤 GPU는 막대한 연산 능력, 향상된 그래픽, 뛰어난 사용자 경험을 요구하는 새로운 산업들에 필수적인 요소가 되었다.

2012년에는 엔비디아 칩이 테슬라 전기 세단의 디지털 대시보드를 구동하게 되었다.[59] 최근 몇 년 동안 엔비디아의 사업은 점점 더 AI와 머신러닝을 중심으로 재편되고 있다. 비디오게임 그래픽을 위해 개발된 고성능 GPU는 머신러닝 모델을 학습시키고 실행하는 데도 똑같이 중요하며, 그 때문에 딥러닝 응용에 매우 적합하다. 2022년에는 엔비디아가 마이크로소프트와 협력해 대규모 클라우드 AI 슈퍼컴퓨터를 구축하는 다년간의 프로젝트를 발표하기도 했다.[60]

이것이 세상의 미래를 어떻게 바꿀 수 있을까? 딥러닝과 AI는 언젠가 컴퓨터가 사람이 직접 코드를 작성하지 않아도 스스로 프로그래밍할 수 있게 만들지도 모른다. 이는 고급 검색 기술, 디지털 음성 처리, 이미지 인식, 그리고 궁극적으로는 메타버스에서 깊이 있는 몰입형 경험과 같은 새로운 기술들을 촉진하는 동력이 될 것이다.

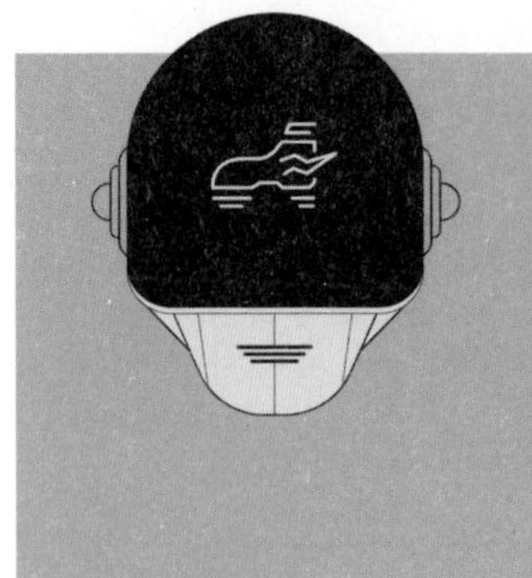

엔비디아는 삶에서 가장 중요한 변수 중 하나인 속도를 구성하는 요소들 가운데 일부에 불과하다. 오늘날 여러분 주머니 속의 휴대전화에는 아폴로 11호 로켓을 발사시킨 기술보다 더 강력한 기술이 들어 있다. 마찬가지로, 오늘날의 학생들은 1990년대 가정용 컴퓨터 혁명을 이끌었던 초기 맥(Mac)보다 비교할 수 없을 정도로 빠른 애플 컴퓨터로 숙제를 하고 있다. 우리는 이 모든 것에 대해 비디오게임 기술 기업들에 감사해야 한다.

오늘날 우리가 사용하는 초고속 컴퓨터는 비디오게임의 결과물이다. 실제로, 최근 챗GPT의 등장으로 큰 주목을 받고 있는 AI 역시 딥마인드(DeepMind)라는 프로젝트 덕분에 가속화되었다. 이 프로그램은 AI가 비디오게임을 플레이하도록 학습시키는 방식으로 발전해 왔다.

지난 25년간 등장한 기술들을 돌아보면, 대부분은 매우 단순한 인터페이스와 목적에서 출발했다. 애플 맥북은 사무용 프로그램과 문서 작성을 위해 설계되었고, 아이폰은 문자, 음악, 음성 통신을 위해 만들어졌다. 하지만 이후의 기술 발전은 점점 비디오게임의 통합을 중심으로 이루어졌다.

아이패드 1세대는 디지털 서적과 잡지를 위한 기기로 설계되었다. 그러나 더 강력한 연산 성능과 그래픽 역량을 갖춘 2세대 모델은 게임 플레이와 애플의 앱스토어와의 연동을 핵심으로 삼았다. 애플 자체는 자사 하드웨어를 위해 많은 비디오게임을 직접 개발하는 데 큰 관심이 없었지만, 서드파티 게임(외부 개발사 게임)을 앱스토어에서 판매하기를 원했기 때문에 최초의 데모는 비디오게임 중심으로 구성했다. 실제로 아이패드 데모에서는 게임 아케이드로 들어가는 버튼과 게임 구매를 위한 앱스토어 버튼이 함께 소개됐다.

우리는 이미 미래의 가상현실 경험의 중심에 게임이 놓이게 될 것이라는 사실을 알고 있다. 빠른 속도와 고급 네트워크를 갖춘 VR 헤드셋은 즉각적이고 몰입적인 360도 시청각 경험을 제공한다. 스포츠를 직접 뛰는 느낌, 전투에 참여하는 느낌, 세계를 탐험하는 느낌을 곧바로 받게 된다.

메타 플랫폼스의 CEO 마크 저커버그가 자사 헤드셋의 보급 확대를 밀어붙이는 과정에서도, 비디오게임은 수익과 사용자 관심을 끌어들이는 핵심 요소였다. 메타 퀘스트 프로 헤드셋은 〈워킹 데드(The Walking Dead)〉 같은 슈팅 게임, 〈비트 세이버(Beat Saber)〉 같은 음악 게임, 〈릴 큐티즈(Lil Cuties)〉 같은 도시 시뮬레이션 게임에서 성공을 거두었다.

시간이 지나면서 가상현실과 그래픽 기술은 주로 비디오게임 기술과 소프트웨어의 발전에 힘입어 더욱 발전할 것이다. 이런 기술은 증강현실을 이용해 제조 현장의 작업자를 교육하는 데 사용되거나, 외과 의사들이 원격으로 수술에 참여할 수 있도록 하는 데 활용될 것이다. 그 시기가 다가오고 있다. 그리고 비디오게임 기술이 그 길을 열 것이다.

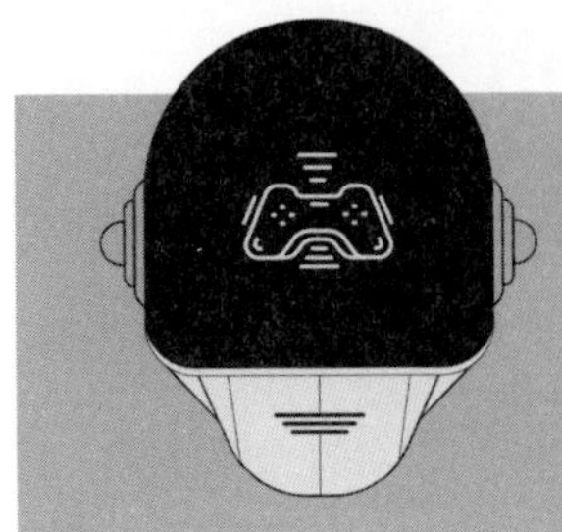

이제 나는 VR과 시뮬레이션 기술이 지니는 직업적·전문적 중요성으로 이야기를 옮기고자 한다. 예를 들어, 이 기술의 혜택을 가장 크게 받을 산업을 꼽자면 항공 산업만 한 곳도 없을 것이다.

오늘날 항공 산업은 심각한 도전에 직면해 있다. 컨설팅 회사 올리버 와이먼(Oliver Wyman)에 따르면, 전 세계 항공 산업은 은퇴, 수요 증가, 그리고 지원 인력 확보의 어려움으로 인해 2032년까지 약 8만 명의 조종사가 부족해질 것으로 예상된다.[61]

새로운 조종사를 채용하는 데 있어 가장 큰 장애물 가운데 하나는 교육과 비행 시간이다. 그런데 비디오게임이 이 문제에 대응하며 항공 산업을 구하고 있다. 오늘날 〈X-플레인(X-Plane)〉이라는 게임은 다양한 항공기의 비행을 매우 현실적으로 시뮬레이션해 제공한다. 실제로 여러 연구에 따르면, 1982년에 처음 출시된 소비자용 게임인 〈마이크로소프트 플라이트 시뮬레이터(Microsoft Flight Simulator)〉 개인 조종사와 상업 조종사의 교육과 훈련을 향상시키는 데 도움이 될 수 있음이 입증되었다.[62] 비디오게임 산업은 조종사들이 가상 환경에서 훈련할 수 있도록 해주었는데, 이는 기존의 훈련 방식보다 더 안전하고 비용 효율적이다.

기술의 발전은 실제 항공기의 움직임과 비행 경험을 정확하게 재현하는, 깊이 몰입할 수 있는 그래픽과 물리 엔진을 제공한다. 조종사들은 이륙, 착륙, 비상 절차 등 다양한 상황에 대한 훈련을 받을 수 있다. 비디오게임은 기존의 시뮬레이션 전략을 매우 탄탄한 방식으로 보완해 왔다. 예를 들어 비디오게임은 거의 모든 종류의 화면을 통해 새로운 기술을 가르치거나 기존 기술을 복습할 수 있는 상호작용형 훈련 모듈을 제공한다.

〈X-플레인〉은 전문 항공기 조종사 교육에만 도움을 주는 것이 아니다. 엔지니어들이 우주선이나 플라잉카(flying cars)를 설계할 때도 해당 장치의 성능을 시험하기 위한 시뮬레이터로 〈X-플레인〉을 활용할 수 있다. 만약 플라잉카가 마침내 실제 시험 단계에 이르게 된다면, 우리는 이미 물리적으로 매우 사실적인 비행 시뮬레이션을 갖추고 있는 셈이다.

마지막으로 주목할 점은 비디오게임의 결제 시스템이 이미 다른 산업들과의 통합을 이끌고 있다는 사실이다. 현재 블록체인의 도입은 비디오게임 산업에서 빠르게 진행되고 있다. 블록체인 지갑(이에 대해서는 다음 장에서 더 자세히 설명하겠다)은 사람들이 디지털 화폐, 지갑, 그리고 아이템을 디지털 세계 전반에 걸쳐 지니고 다닐 수 있게 해준다. 블록체인의 대중적 확산은 전 세계의 다른 영역에서 주류가 되기 전에, 비디오게임을 통해 먼저 이루어질 가능성이 크다.

아무튼 비디오게임은 당신에게도 좋다

이제 비디오게임이 세상을 구해온 마지막 방식을 이야기하겠다. 코로나19 이후 비디오게임의 인기는 폭발적으로 증가했다. 앞서 언급했듯이, 현재 전 세계에는 약 32억 명의 비디오게임 이용자가 있다. 물론 나의 주장에 동의하지 않는 사람들도 있을 것이다. 주된 이유는 여전히 게임을 둘러싼 부정적인 낙인이 존재하기 때문이다. 하지만 비디오게임이 매우 건강한 사회적 상호작용이 이루어지는 환경을 만들어 왔다고 믿는다.

지난 20년 동안 사람들은 전 세계에서 자신과 비슷한 열정, 관심사, 관점을 지닌 이들을 발견할 수 있게 되었다. 인구가 1,000명 남짓한 작은 마을에서 자랐다면, 음악이나 예술, 게임 취향이 같은 사람을 한 명도 찾지 못할 수도 있고, 10명이라면 더더욱 어려울 것이다.

그럼에도 방대한 소셜 네트워크와 더불어 형성된 32억 명 규모의 글로벌 게임 커뮤니티는 생각이 비슷한 사람들끼리 연결될 수 있는 실질적인 기회를 만들어냈다. 오늘날 이용자들은 온라인에서 함께 일하고, 함께 게임을 즐길 수 있다.

더 나아가, 비디오게임이 스트레스 관리에 도움을 주고 기분을 개선한다는 점을 보여주는 과학적 데이터도 풍부하다. 연구 결과에 따르면 비디오게임은 인지 기능, 추론 능력, 기억력, 문제 해결 능력을 향상시키는 데 도움이 된다. 예를 들어 스페인의 의사 네 명이 수행한 2020년 연구에서는 항암치료를 받고 회복 중인 환자들이 비디오게임을 플레이함으로써 통증이 30% 감소했다는 결과가 나왔다.[63]

또한, 미국 국립약물남용연구소(NIDA)와 미국 국립보건원(NIH) 산하 여러 기관의 지원을 받아 진행된 2022년 연구에서는 하루에 세 시간씩 비디오게임을 한 어린이들이 게임을 전혀 하지 않은 어린이들에 비해 충동 조절과 작업 기억을 포함한 '인지 능력 검사'에서 더 나은 결과를 보였다는 사실이 밝혀졌다.[64]

마지막으로 게임이 노년층에게도 뛰어난 인지적·신체적·정서적 이점을 제공한다는 충분한 근거 역시 존재한다.[65]

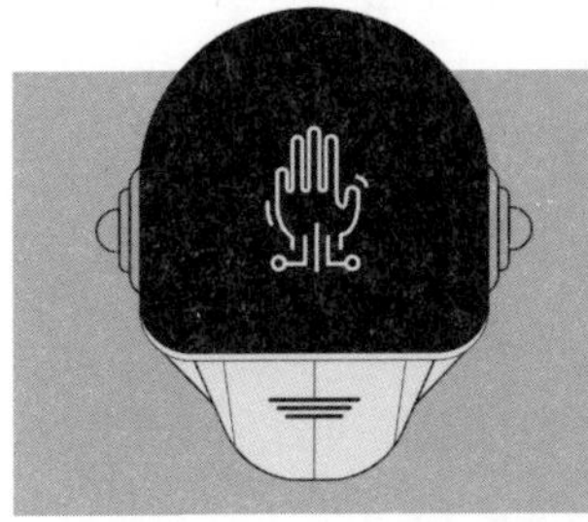

모든 사람이 게임을 적당한 수준에서 즐기고, 연령에 맞는 게임을 선택해야 한다는 점을 강조하면서도, 이러한 연구 결과들은 결코 무시할 수 없다. 더 나아가 비디오게임이 팀워크 형성에 있어 얼마나 중요한 역할을 하는지, 그리고 부모들이 자녀의 게임 습관을 어떻게 관리할 수 있을지에 대해서도 강조하고 싶다.

부모가 자녀에게 당장 게임을 멈추고, 플러그를 뽑고, 자리에서 떠나라고 말하는 것은 어쩌면 자연스러운 일처럼 보일 수 있다. 그러나 오늘날의 온라인 협력 게임 환경, 예를 들어 〈포트나이트〉 같은 게임들은 대부분 팀 단위로 진행되며, 팀 운영이 핵심 요소다. 만약 자녀가 농구팀에 속해 경기 중이라면, 게임 도중에 아이를 집으로 데려오지는 않을 것이다. 그렇다면 비디오게임에서도 마찬가지로 그렇게 할 이유는 없다.

이는 아이를 경기 도중 코트에서 끌어내는 것과 같다. 그렇게 하면 아이는 팀원들을 실망시키게 된다. 그래서 대신에 아이에게 한 판을 끝내고 다음 판은 시작하지 말라고 말하는 방식을 권한다. 이를 통해 게임이 적절하게 마무리될 수 있다. 게임을 하면서 아이들은 인생 초기에 중요한 교훈들을 배울 수 있다. 팀워크, 책임감, 그리고 협력적인 문제 해결 능력이 그것이다. 그리고 이러한 각각의 배움은 작지만 분명한 방식으로 더 나은, 더 밝은 미래로 이어질 수 있다.

오늘의 비디오게임 기술. 내일의 메타버스

지금까지 우리는 메타버스의 핵심 요소들, 주요 참여자들, 그리고 그 성공에 중심이 되는 기술들을 살펴봤다. 이제 다음 단계로, 물리적 현실과 가상 공간이 더욱 깊이 통합되는 과정, 그리고 이 융합을 가능하게 할 기술들을 살펴보려 한다.

비디오게임은 이미 VR과 AR 기술에서 극적인 발전을 이끌어 왔다. 이러한 기술은 몰입형 가상 경험을 구축하는 데 결정적인 역할을 하게 될 것이다. 엔비디아의 그래픽 카드와 그와 유사한 기술들은 고품질의 3D 그래픽과 애니메이션을 구현해, 사실적이고 시각적으로 매력적인 디지털 공간을 만들어 왔다.

더 나아가 엔비디아의 AI와 머신러닝 분야의 발전은 소통이 가능한 지능형 가상 캐릭터를 만들어내는 데 기여하고, 무한한 커스터마이징(맞춤 설정)이 가능한 복잡한 가상 환경을 개발하는 데 도움을 줄 것이다. 이런 AI는 자연어 처리 기능도 가능하게 해, 사용자들이 가상 캐릭터와 자연스럽게 대화할 수 있도록 한다. 현재 비디오게임 네트워크를 구동하고 있는 기존의 네트워킹 및 온라인 기술들은 머지않아 수많은 사용자와 그들의 아바타가 동시에 가상 공간에 모이는 환경을 지원하게 될 것이다. 그리고 이미 비디오게임 경제에서 중요한 역할을 하고 있는 블록체인은 메타버스 경제에서의 상호작용을 기록하고, 결제를 가능하게 하며, 사용자들 간의 신뢰와 책임성을 보장하는 메커니즘으로 작동할 것이다.

비디오게임은 이미 오늘날 이용 가능한 기술 중 가장 몰입감 있고 참여도가 높은 경험을 만들어내고 있다. 그렇기 때문에 이러한 기술들은 차세대 인터넷의 긍정적인 효과를 극대화하고, 사용자들이 메타버스에 몰입할 수 있는 가능성을 확대하기 위해 적극적으로 도입돼야 한다. 그리고 이러한 몰입 경험이 가장 중요해지는 공간은 바로 '당신의 세상을 뒤흔들 메타 사이트'가 될 것이다.

제 6 장

왜 메타사이트가 당신의 세상을 뒤흔들 것인가

1998년, 노벨 경제학상 수상자인 폴 크루그먼(Paul Krugman)은 미국 전역으로 막 확산되기 시작한 한 신기술에 대해 투자자들에게 암울한 경고를 내놓았다. 그는 아직 초기 단계에 있던 인터넷이 미래의 세계 경제는 물론, 미국 경제에도 거의 아무런 가치를 제공하지 못할 것이라고 단언했다. 크루그먼은 다음과 같이 썼다.

"인터넷의 성장은 급격히 둔화될 것이다. 참여자 수의 제곱에 비례해 네트워크에서 가능한 연결 수가 증가한다는 '메트칼프의 법칙(Metcalfe's law)'의 결함이 드러날 것이기 때문이다. 즉, 대부분의 사람들은 서로에게 할 말이 없기 때문이다! 2005년쯤이 되면, 인터넷이 경제에 미친 영향이 팩스와 크게 다르지 않다는 점이 분명해질 것이다."[66]

그러나 실제로는 2005년이 되기도 전에 인터넷은 이미 상거래, 소통, 연결 방식의 미래를 바꿔놓은 혁명적 기술이 되어 있었다. 사람들은 서로에게 할 말이 아주 많았고, 수많은 기업이 물리적 세계에서 디지털 환경으로 옮겨갔다. 이후 전자상거래는 숨 가쁜 속도로 성장했다.

새롭게 떠오르는 기술이 비즈니스와 인류에 엄청난 혜택을 가져다주지 못할 거라고 예측한 사람이 크루그먼만은 아니다. 이런 비관론자들은 역사책에 가득하다. 유니버시티 칼리지 런던(University College London)의 저명한 천문학 교수였던 디오니시우스 라드너(Dionysius Lardner)는 1830년에 고속철도 여행은 불가능하며 승객들이 숨쉬기조차 힘들어질 것이라고 말했다.[67] 1859년 미국 최초로 석유 시추에 성공한 에드윈 드레이크(Edwin Drake)의 사업 파트너들은 땅을 파서 석유를 찾겠다는 발상 자체가 미친 짓이라며 그를 '미친 드레이크(Crazy Drake)'라고까지 불렀다.[68]

1876년 웨스턴 유니언(Western Union)은 전화에 대해 "의사소통 수단으로 진지하게 고려하기에는 결함이 너무 많다"고 썼고, 이후 미국 대통령 러더퍼드 B. 헤이스(Rutherford B. Hayes)는 "위대한 발명이긴 하지만, 누가 그걸 쓰고 싶어 하겠는가?"라고 말했다.[69] 1902년엔 천문학자 사이먼 뉴컴(Simon Newcomb)이 비행기 여행은 비현실적이고 하찮거나, 아예 불가능하다고 주장했다.[70]

배우이자 감독인 찰리 채플린(Charlie Chaplin)은 영화가 유행에 불과하다고 했고,[71] 디지털 이큅먼트 코퍼레이션(Digital Equipment Corporation)의 켄 올슨(Ken Olsen)은 1977년에 "개인이 집에 컴퓨터를 둘 이유는 없다"고 말했다.[72]

1995년에는 《뉴스위크(Newsweek)》의 클리퍼드 스톨(Clifford Stoll)이 "온

라인 데이터베이스가 일간 신문을 대체할 일은 없다"고 단언했다.[73]

하지만 이들 전문가의 예측은 모두 빗나갔고, 이런 기술들은 진보를 이끄는 동력이 되었다. 크루그먼이 인터넷의 미미한 경제적 영향을 예측한 악명 높은 칼럼을 쓴 바로 그 해, 세르게이 브린(Sergey Brin)과 래리 페이지(Larry Page)는 캘리포니아 멘로파크(Menlo Park)에서 구글을 창업했다. 그보다 5년 전에는 엔비디아가 글로벌 게임 산업에서 부상하기 시작하며 전 세계 네트워크 연결성을 급격히 끌어올렸다.

아마존은 1994년, 출판사가 소비자에게 직접 책을 판매할 수 있도록 돕는 온라인 포털로 등장했고, 그로부터 30년 뒤 전자상거래 분야의 세계적 지배자로 성장했다. 또한 2021년에 시가총액 1조 달러에 도달한 페이스북은 인터넷의 경제적 영향이 팩스 수준에 그칠 것이라고 예측됐던 해(2005년)의 1년 전인 2004년, 하버드대학교 기숙사 방에서 시작됐다.[74]

돌이켜보면, 오늘날의 디지털 경제를 형성한 많은 디지털 기업가조차 자신들의 미래가 어디로 향할지 정확히 알지 못했다. 그럼에도 이들은 네트워크 기술이 더 빠르고 더 강력하며 더 포용적으로 발전할 것이라고 낙관했다. 또한 접근성이 새로운 시장으로 확대되면, 더 많은 사람이 인터넷을 도구로 받아들이게 될 것이라고 예상하고 믿었다. 이제는 인터넷 없는 세계 경제를 상상하는 것 자체가 불가능하다.

1998년 당시 인터넷 이용자는 1억 4,700만 명으로, 이는 전 세계 인구의 3.6%에 불과했다. 인터넷월드스탯(Internet World Stats)에 따르면, 크루그먼의 예측이 빗나간 2005년에는 이용자 수가 8억 8,800만 명, 즉 전 세계 인구의 13.9%로 늘어났다.[75] 2023년 4월 기준, 전 세계 인터넷 이용자는 51억 8천만 명, 즉 전 세계 인구의 64.6%에 이르렀다. 여기에 더해, 모바일 이용자 수는 54억 8천만 명으로 전 세계 인구의 68% 이상을 차지했다.[76]

크루그먼의 예측을 비웃기는 쉽다. 하지만 인터넷 이전의 삶을 떠올려 보아야 한다. 많은 나라에서 세상은 한때 닫혀 있었다. 인터넷이 등장하면서, 이전에는 가능하다고조차 생각하지 못했던 기회들이 사람들 앞에 열렸다. 크루그먼이 틀렸고, 그 기업가들이 옳았다는 사실은 참으로 다행스러운 일이다.

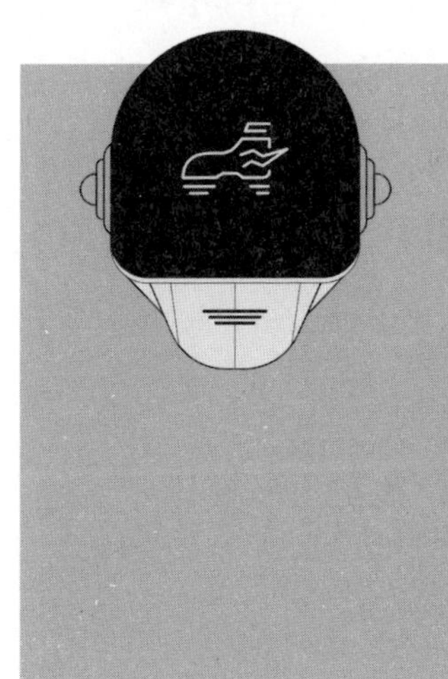

돌이켜보면, 오늘날의 디지털 경제를 형성한 많은 디지털 기업가조차 자신들의 미래가 어디로 향할지 정확히 알지 못했다. 그럼에도 이들은 네트워크 기술이 더 빠르고 더 강력하며 더 포용적으로 발전할 것이라고 낙관했다. 또한 접근성이 새로운 시장으로 확대되면, 더 많은 사람이 인터넷을 도구로 받아들이게 될 것이라고 예상하고 믿었다. 이제는 인터넷 없는 세계 경제를 상상하는 것 자체가 불가능하다.

물론, 새로운 기술이나 그 기술의 새로운 단계가 등장할 때마다, 그 실현 가능성과 잠재력을 의심하거나 거부하는 사람들은 항상 존재한다. 트위터가 처음 등장했을 때(최근에는 'X'로 이름이 바뀌었지만), 비평가들은 사람들이 왜 굳이 140자에 불과한 짧은 문장으로 소셜미디어 글을 써야 하느냐고 의문을 제기했다. 그러나 2022년 2분기 기준으로, 트위터는 전 세계에서 2억 명이 넘는 '수익화 가능한 일일 활성 이용자'를 확보하게 됐다.[77]

2006년 유튜브가 16억 달러에 구글에 인수되었을 때, 유튜브의 창업자들은 그 인수 금액에 놀란 듯한 모습을 담은 영상을 촬영했는데, 장소는 다름 아닌 구글 본사 주차장이었다.[78] 당시에는 이 거래가 그처럼 막대한 가격을 정당화할 만큼 합리적으로 보이지 않았다. 하지만 불과 17년 뒤, 유튜브의 가치는 출처와 추정 방식에 따라 1,800억 달러에서 3,000억 달러 사이로 평가되고 있다.[79] 인터넷이 경제에 미친 영향은 이미 팩스를 훨씬 뛰어넘었을 뿐만 아니라 비교 대상 자체가 존재하지 않을 정도다.

그래서 나와 다른 사람들이 메타버스의 잠재 가치를 10조 달러에서 30조 달러로 이야기할 때, 나는 이 수치조차도 장기적으로 보면 오히려 보수적인 추정치일 수 있다는 점을 강조하고 싶다. 메타버스의 가능성을 의심하고 그 실현성을 일축하는 기업이라면, 머지않아 우리 경제 역사상 전례 없는 '수익 창출 기술'을 바깥에서 바라보는 처지에 놓이게 될지도 모른다.

모든 것은 메타사이트에서 시작된다

앞선 장에서 나는 메타버스가 잠재력을 온전히 발휘하게 될 때 메타사이트가 창작자들에게 독특한 효용과 가치를 제공하는 '장치'라고 간단히 설명한 적이 있다. 메타사이트는 메타버스의 미래를 떠받치는 뼈대이자 당신이 성공할 가능성의 핵심이다.

집중하라. 인스타그램을 놓쳤든, 트위터를 무시했든, 유튜브 채널 만들기를 포기했든, 혹은 다른 획기적 기술들에서 손을 떼버렸든, 메타사이트는 '만회'할 기회를 줄 것이다. 메타사이트는 우리가 역사상 본 적 없는 방식으로 경제를 폭발적으로 가속할 것이다. 그리고 기업과 소비자에게 전례 없는 힘을 쥐여줄 것이다. 이것이야말로 당신의 미래를 밀어 올릴 '부동산과 기술의 패키지'다.

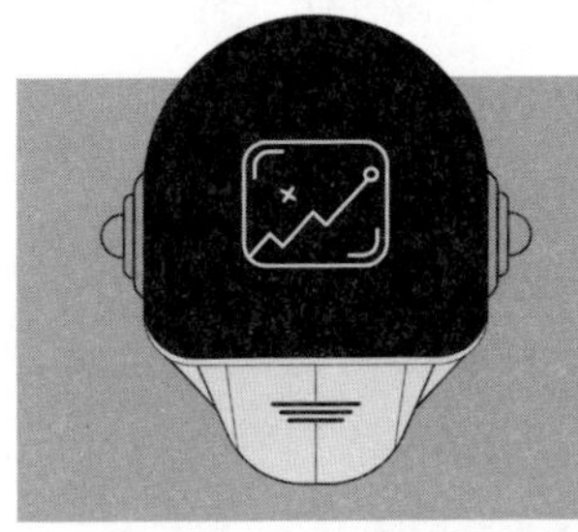

메타사이트를 이해하려면, 〈로블록스(Roblox)〉, 〈월드 오브 워크래프트(World of Warcraft)〉, 〈포트나이트〉 같은 기존 가상 세계를 움직이는 세 가지 핵심 기술을 인정해야 한다. 그리고 이 기술들은 미래의 메타사이트의 기반이 될 것이다. 첫째는 컴퓨터나 게임 콘솔의 실시간 렌더링 능력이다. 둘째는 클라우드 게이밍이다. 오늘날의 클라우드 컴퓨팅은 비싼 물리적 하드웨어 없이도 원격 서버에서 계산 작업을 수행할 수 있게 한다. 이 렌더링 능력 덕분에 우리는 지연 없이 디지털 세계로 들어갈 수 있다. 마지막으로 셋째는 '포털' 뒤에 있는 기술인데, 이것이 우리를 한 가상 세계에서 다음 가상 세계로 이동하게 해준다. 하나의 문이나 엘리베이터를 지나 다른 가상 세계로 들어가는 것을 떠올려보라. 기존 기술 덕분에 우리는 2D에서 3D 세계로 전환하게 될 것이다.

메타사이트는 우리가 인터넷 1세대와 2세대에서 알고 지내온 전통적인 웹사이트의 '직계 후손'이다. 오늘날 당신은 도메인 이름으로 웹사이트를 안다. 예를 들어 스포츠 소식을 읽고 하이라이트 영상을 보거나 좋아하는 팀을 따라가려면 ESPN.com에 들어갈 수 있다. 좋아하는 뮤지션의 웹사이트에 들어가 뮤직비디오를 보고 콘서트 티켓을 사거나 최신 프로젝트를 읽을 수도 있다. CNN.com에 접속해 뉴스를 읽고 정치와 문화에 대한 의견을 듣거나 여행 섹션에서 이국적인 장소를 둘러볼 수도 있다.

웹사이트의 각 페이지에는 다른 페이지로 이동시키는 링크가 있다. 그리고 어떤 화면으로 보든, 그 경험은 2차원이다. 파이어폭스(Firefox), 사파리(Safari), 크롬(Chrome), 엣지(Edge) 같은 웹브라우저를 지원하는 어떤 디지털 기기에서도 이런 사이트에 들어갈 수 있다. 하지만 메타사이트의 몰입형 경험을 한번 맛보면, 이런 브라우저는 10년도 안 되어 '유물'처럼 느껴질 것이다. 20년 뒤, 당신은 메타버스 이전의 삶이 어땠는지, 또는 처음으로 메타사이트를 방문했을 때가 어땠는지 젊은 세대에게 말해줄 것이다. 컴퓨터에 로그인하고, 웹사이트 주소를 타이핑하고, 물리적인 마우스나 트랙패드를 쓰고, 심지어 맙소사, 인터넷 '서핑(이것도 사라져가는 단어다)'을 방해하는 팝업 광고를 클릭해서 닫아야 했다고 말이다.

그때 당신의 말투는 도서관에 가서 듀이 십진 분류법으로 책을 대출하고, 타자기로 대학 리포트를 쓰던 이전 세대처럼 들릴 것이다. 걱정하지 마라. 나도 손주들에게 똑같이 말할 테니까. 4G 폰으로 노래 한 곡을 다운로드하는 데 얼마나 걸렸는지 말이다. 무려 35초나 걸렸다고!

그 이유는 웹사이트의 다음 단계인 메타사이트가 당신의 정신을 완전히 뒤흔들 정도로 충격을 주고, 이런 디지털 목적지를 '방문자'로서 경험하는 방식 자체를 바꿔놓을 것이기 때문이다. 이제는 그저 웹사이트를 방문하는 게 아니라 3차원 게임, 쇼핑, 이벤트, 사교 활동이 한데 모인 플랫폼 속으로 당신이 몰입하게 된다. 당신은 당신의 관심사의 '근원(출처)'으로 곧장 데려다주는 가상 목적지들을 '방문'하게 될 것이다. 예를 들어 웹사이트의 동영상 플랫폼에서 스포츠 하이라이트를 보는 대신, 당신은 경기 그 자체 안으로 들어가게 해주는 가상 장소에서 그 장면을 보게 된다. 미국 프로농구(NBA) 경기에서 코트 중앙에 앉아 있는 느낌을, 혹은 슈퍼볼에서 50야드 라인에 앉아 있는 느낌을 떠올려보라.

이용자들은 어떤 화면으로든 메타버스를 경험할 수 있는 능력을 갖게 될 것이고, 비디오게임 기술이 VR과 AR 경험을 구동할 것이다. 메타버스는 모바일에서도 작동할 텐데, 이것은 상호운용성과, 이용자가 어디를 가든 디지털 아이템을 가져갈 수 있는 능력 측면에서 중요하다. 그러나 나는 소비자들이 메타버스의 풍부한 디테일을 안경형 디스플레이나 TV 같은 더 큰 화면에서 경험하는 것을 선호하게 될 것이라고 본다.

그리고 최적의 경험은 아마 '디지털 동굴(digital caves)' 안에서 이루어질 것이다. 이제 내가 생각하는 이 기술의 모습을 설명해보겠다. 이 디지털 동굴은 전형적인 '워크인 옷장(사람이 들어가 설 수 있는 정도 크기의 옷장)' 정도의 크기가 될 것이며, 다양한 센서, 카메라, 프로젝션 스크린을 갖추게 된다.

이 가운데 일부 동굴은 휴대가 가능할 텐데, 알루미늄 기둥과 펠트 스크린으로 만든 팝업 텐트처럼 제작될 수 있다. 반면 어떤 동굴은 더 비싸게, 집이나 아파트의 일부 공간에 아예 붙박이 형태로 만들어질 것이다.

이 동굴은 렌더링 기술과 클라우드 기반 컴퓨팅을 통해, 이용자가 현실 세계의 장소에 맞먹거나 콘텐츠 제작자가 만든 디지털 경험에 필적하는 디지털 환경 속으로 즉시 몰입하게 해줄 것이다. 예를 들어 디지털 동굴이 바티칸의 '살아 있는 박물관'처럼 변하면서 당신은 시스티나 성당(Sistine Chapel) 안에 서 있게 될 수도 있다. 그리고 새로운 웹사이트 주소를 타이핑하는 대신, 당신은 동굴과 컴퓨터에 말로 지시해 수천 마일 떨어진 히말라야로 데려가게 할 수도 있다.

이 동굴은 물리적 관광 경험을 넘어선다. 〈스타트렉(Star Trek)〉의 홀로덱(holodeck)처럼 게임, 교육, 심지어 콘서트 같은 라이브 이벤트 경험을 담아내는 '그릇'이 될 것이다.

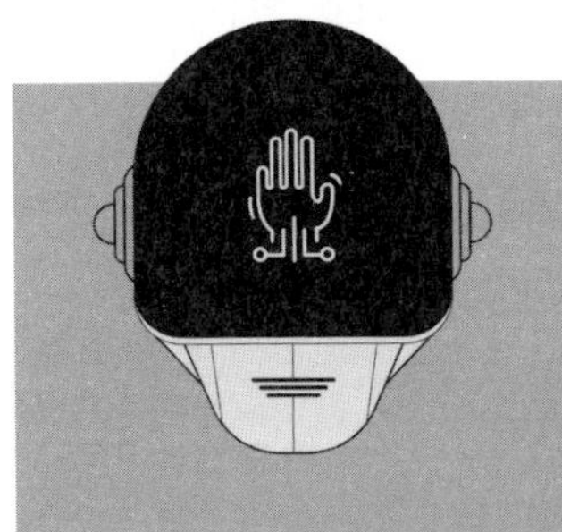

메타사이트의 또 다른 중요한 구성 요소는 3장에서 이야기했던 '네트워크의 상호운용성(interoperability)'이다. 앞서 말했듯, 메타사이트는 당신이 한 세계에서 다른 세계로 디지털 아이템을 가져갈 수 있게 해주며, 이를 통해 메타사이트들 사이의 경제가 서로 맞물려 정렬된다. 이런 상호운용성은 메타버스의 기능과 신뢰에 결정적으로 중요하다. 앞으로 블록체인과 디지털 지갑을 다룰 장에서 더 설명하겠지만, 이용자들은 기념품, 디지털 기념품(digital memorabilia) 등 여러 가지를 네트워크 사이로 가져갈 수 있어야 한다. 그래야 브랜드, 이용자, 소비자 모두에게 수익과 현실감을 최적화하는 '완전한 몰입 경험'이 만들어진다.

이 메타사이트들은 당신이 가상 환경을 탐험하고, 이전과는 비교할 수 없을 정도로 새로운 방식으로 콘텐츠와 상품에 참여하도록 해줄 것이다. 그것들은 클라우드 렌더링, 상호운용성, 그리고 AR·VR 기술이 현실 세계로 확장되는 흐름 위에 세워질 것이다.

나는 메타사이트가 단순히 현실 세계나 당신 주변 환경을 그대로 닮을 것이라는 '단순한' 생각을 말하고 싶지 않다. 그건 단지 디지털 경기장에서 스포츠를 보거나 콘서트에 참여하는 수준을 넘어선다. 이런 사이트는 거의 어떤 형태든 될 수 있다. 현실적인 형태에서 상상적인 형태까지, 미래 도시에서 〈포트나이트〉 같은 게임 세계까지. 어떤 것은 TV 프로그램 세트장처럼 보일 수도 있고, 세상의 끝처럼 보일 수도 있고, 심지어 달처럼 보일 수도 있다. 메타사이트의 디자인과, 그 안에 존재하는 구체적 경험은 모두 창작자와 그들이 관객에게 공유하고 싶은 콘텐츠에 달려 있다.

디지털 컨설팅 기업 가트너(Gartner)는 2026년까지 소비자의 25%가 매일 메타버스를 사용할 것이라고 전망하며, 새로운 고객을 만들려는 브랜드들에게 공격적인 성장 환경을 열어줄 것이라고 본다.[80] 우리가 이 새로운 미래에 이렇게 가까워졌으니, 이제 몇 가지 간단한 예시를 통해 메타사이트의 가능성을 탐색하고 보여줄 필요가 있다. 메타버스가 가진 가능성을 상상하게 하기 위해 나는 세 가지 사례 연구(case study)를 공유하려 한다. 먼저 메타버스에서 상당한 선두를 달리고 있는 두 유명 브랜드인 아디다스와 크레이트 앤 배럴(Crate & Barrel)을 살펴보겠다. 메타사이트가 이용자에게 잊지 못할 경험을 제공하는 것뿐 아니라 이들 브랜드가 기존의 물리적 운영을 확장하면서 수익 잠재력을 키울 기회를 어떻게 만들어주는지도 설명할 것이다. 마지막으로, '제대로 마무리'하기 위해, 메타버스를 휩쓸 준비를 하고 있는 한 밴드의 사례를 통해 음악가들이 어떻게 성공할 수 있는지도 이야기하겠다.

사례 연구 1: 아디다스, 골을 노리다

메타버스는 소비자 브랜드들 사이의 치열한 경쟁을 물리적 세계에서 가상 세계로 옮겨놓았다. 시간이 지나면, 우리는 신발가게에서 벌어지던 격렬한 소매 전쟁 대신에 메타사이트에서 벌어지는 디지털 전쟁을 보게 될 것이다. 나이키와 아디다스보다 더 큰 전투를 벌일 두 브랜드를 떠올리기 어렵다.

나이키는 메타버스 초기부터 이미 선두 주자로 자리 잡았다. 아바타용 디지털 아이템, NFT, 수집품을 판매하고 있고, 〈포트나이트〉 같은 여러 디지털 세계에서 존재감을 구축했으며, 앞으로 10년의 디지털 전략에서 메타버스를 핵심축으로 삼고 있다.

그렇다면 아디다스 같은 경쟁사는 어떻게 대응할까? 해답은 브랜드의 정신과 잠재력을 그대로 담아낸 디지털 세계를 만들어내는 메타사이트를 구축하는 데서 나온다.

나는 이를 브랜드 자체의 세 가지 핵심 구성 요소로 나누어 설명하겠다. 즉 첫째, 물리적 세계를 위한 제품 판매이고, 둘째, 디지털 세계를 위한 제품 판매이며, 셋째, 고객 유지와 미래의 판매를 이끄는 '브랜드 경험'을 만들어내는 것이다. 사람들이 이런 경험에 참여하고 싶어 하는 이유는 여러 가지가 있다. 지난 15년 동안 전자상거래 수요를 강하게 끌어온 핵심 요인인 '편리함' 때문일 수도 있다. 혹은 이 기술이 제공하는 디지털 경험과 그 밖의 혜택을 원하기 때문일 수도 있다. 또는 코로나19 팬데믹 이후 소비 습관이 바뀌어, 공공장소를 피하고 개인적인 경험을 더 선호하게 되었을 수도 있다.

그럼, 메타사이트의 첫 번째 사례를 생각해보자. 새 신발이 필요하다고 해보자. 미국 의류·신발 협회(American Apparel & Footwear Association)에 따르면, 미국인은 평균적으로 1년에 7.4켤레의 신발을 산다.[81] 보통이라면 차를 몰고 매장에 가서 신발을 신어보고, 재고가 있다면 그날 바로 한 켤레를 산다. 또는 자기 신발 사이즈를 알고 있다면 아마존에서 주문해 2~5일 안에 받아볼 수도 있다. 그 신발이 잘 맞고, 디자인과 착용감이 마음에 들기를 바랄 뿐이다. 그렇지 않다면, 가장 가까운 UPS 스토어(미국의 택배·반품 접수 매장)로 가서 반품해야 할 것이다.

메타버스에서는 당신이 디지털 동굴(digital cave)에 들어가거나 스마트폰으로 회사 브랜드를 중심으로 만들어진 메타사이트에 접속할 수도 있다. 가상 매장에 들어가거나 스마트폰에서 몇 번 버튼을 누른 다음, 카메라를 자기 발에 갖다 대면, 특정 신발이 신었을 때 어떻게 보일지 그대로 확인할 수 있다. 그리고 그 자리에서 신발을 주문하고 배송받은 뒤, 동네 친구들과 하는 다음 축구 경기에 바로 나갈 수도 있다.

과거에 나이키와 아디다스 같은 회사들은 에어 조던(Air Jordans)이나 이지(Yeezys) 같은 여러 스니커즈 라인에 대해 '인위적 희소성'을 만들어왔다. 즉, 이 신발들의 수량을 제한한 것이다. 메타버스에서는 이용자들이 물리적 신발과 디지털 신발을 모두 구매하고 소유할 수 있을 뿐 아니라 블록체인 기술을 통해 거래하게 된다. 이 기술은 NFT의 희소성 덕분에, 내가 가진 특정 신발이 진짜라는 것, 즉 디지털 짝퉁이 아니라는 것과 소유권을 인증해준다.

이것은 메타사이트들을 이동하는 당신의 아바타에도 똑같이 적용된다. 아바타는 디지털 경험 속에서 친구들을 만나고, 자신의 패션 감각을 드러낼 수 있다. 예를 들어 아디다스 메타사이트에서는 다양한 옷을 입어보고, 아바타를 자기 취향에 맞게 꾸민 뒤 결제할 수도 있다. 나이키의 프로젝트 사례처럼 당신이 나이키 브랜드를 입힌 가상 신발을 직접 디자인해 회사의 디지털 스토어에서 판매할 수도 있다.

이 두 가지 예시는 고객이 제품을 구매하는 동시에 브랜드가 지닌 의미를 '드러내도록' 힘을 실어준다. 고객 경험의 나머지 부분은 내가 통틀어 '테마파크(theme park)'라고 부르는 메타버스의 다른 영역에서 발견된다. 이는 브랜드가 경험을 만들고 그 경험에 대해 고객에게 비용을 청구할 수 있는 장소를 말한다. 이런 사이트에서 브랜드는 '엔터테인먼트'를 운영한다. 나이트클럽 같은 분위기를 만들 수도 있고, 라이브 음악을 제공할 수도 있으며, 이용자에게 평생 잊지 못할 짜릿함을 주는 몰입형 경험을 제공할 수도 있다.

예를 들어 아디다스는 전 세계적으로 축구(soccer), 미국 밖에서는 풋볼(football)로 불리는 종목에서 가장 큰 브랜드 중 하나다. 전 세계 경기장의 '사이드라인'에서 경기를 지켜보는 듯한 몰입형 경험을 상상해보라. 그때 당신은 맞춤형 아디다스 신발을 신고 있다. 심지어 당신이 골키퍼 역할을 직접 해보거나 세계 최고의 선수들을 상대로 가상 승부차기(shoot-out)에 참여할 수도 있다.

최고의 운동선수들과 만나는 팬 미팅 같은 브랜딩 이벤트도 가능하다. 벨벳 로프(출입을 막는 줄)를 가로질러, 이런 엘리트 스포츠 브랜드가 제공하는 라이브 스포츠 이벤트에 접근하는 장면을 떠올려보라.

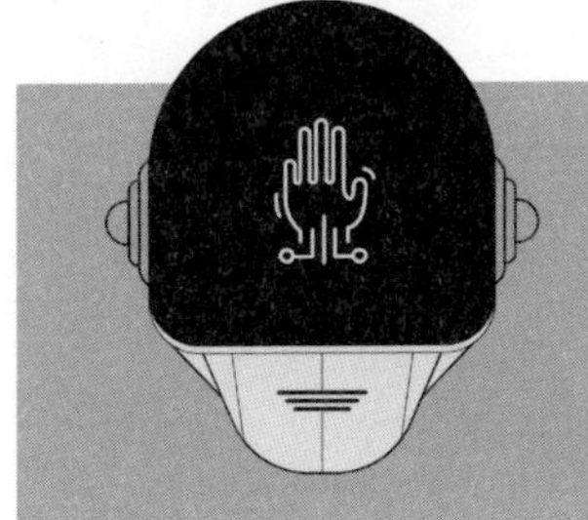

이 메타사이트들은 스포츠 팬들을 경기 환경 속으로 완전히 끌어들이고, 자신이 좋아하는 경기를 기념하도록 만들어줄 것이다. 잉글랜드 프리미어리그에 속한 첼시 블루스(Chelsea Blues)의 홈구장인 스탬퍼드 브리지(Stamford Bridge)에서 열리는 경기부터 2026년과 2030년 월드컵 경기장에 이르기까지 그 범위는 넓다. 또한 이런 메타사이트는 최상위 소비자 브랜드의 브랜딩 잠재력을 강화하고, 소비자들을 그 어느 때보다도 '경기 장면'에 가까이 데려다줄 것이다.

사례 연구 2: 크레이트 앤 배럴

메타버스는 앞에서 설명한 테마파크형 경험을 넘어서는 영역까지 확장된다. 전자상거래가 계속 성장함에 따라, 이런 메타사이트는 확장되어 소비자들이 더 '정보에 기반한' 구매 결정을 내릴 수 있도록 중요한 도구들을 제공하게 될 것이다.

이 사례 연구에서는 소매업체 크레이트 앤 배럴(Crate & Barrel)의 메타버스 전략을 살펴보겠다. 2022년 5월 이 회사는 제품 디자인 및 개발 담당 부사장인 세바스찬 브라우어(Sebastian Brauer)를 제품 디자인·개발 및 메타버스 담당 수석부사장으로 승진시킨다고 발표했다. 새 직함과 함께 브라우어의 책임 범위는 '미래 메타버스와 웹3에 대한 회사의 전략적 비전'이 포함되도록 확대됐다.[82]

브라우어는 블록체인 기술과 브랜드의 디지털 전환을 강하게 주장해온 인물이다. 크레이트 앤 배럴 같은 회사에 '디지털 쇼케이스 환경'의 가능성은 게임 체인저다. 비싼 부동산을 소유하거나 방문객이 줄어든 쇼핑몰 매장을 운영하는 대신, 크레이트 앤 배럴 같은 회사는 디지털 쇼룸을 만들 수 있다.

메타사이트를 활용하면 이용자가 자기 집의 물리적 공간을 닮은 '자신만의 사이트'를 가질 수도 있다. 크레이트 앤 배럴은 이용자의 집이나 아파트를 그대로 복제함으로써 다양한 크기와 비율에 맞춰 확장 가능한 방을 제공할 수 있다.

이 디지털 쇼케이스 룸 안에서 이용자는 제품을 둘러보며, 가구나 예술품, 그리고 다른 크레이트 앤 배럴 제품이 자기 집에서 어떻게 보일지 확인할 수 있다. 특정 가구가 그 공간에 들어갈지, 방의 나머지 스타일과 어울리는지 확인할 수도 있다. 그리고 즉시 제품을 구매하는 선택지도 제공된다.

크레이트 앤 배럴 같은 회사의 메타사이트는 엄청난 브랜드 가치를 만들고, 기업이 자신의 이야기를 더 효과적으로 전달하도록 해줄 수 있다. 그것들은 오늘날의 전통적인 소셜미디어 플랫폼보다 훨씬 강력해질 가능성이 있다. 이런 메타사이트는 소비자를 제품과 같은 공간 안으로 직접 데려다 놓는다. 앞으로 10년 안에, 모든 회사는 소셜미디어 매니저가 아니라 메타버스 브랜드 매니저가 필요하게 될 것이다.

사례 연구 3: 슈릭의 밴드, '더 메타 버시스(The Meta Verses)'

7달러짜리 휴대용 라디오로 서양 노래를 처음 들었을 때부터 뮤지션이 되고 싶었지만, 현실에서는 아코디언을 연주하는 데 머물러 있었다. 그러나 메타버스에서는 내 가상 밴드를 키워낼 수 있는 가능성이 사실상 무한하다. 내가 가사에서 영감을 받아 만든 밴드, '더 메타 버시스(The Meta Verses)'를 소개하겠다.

이제 막 시작하는 뮤지션이든, 내년에 30개 도시 투어를 계획하고 있는 뮤지션이든 메타사이트는 관객 개발, 디지털 판매, 몰입형 이벤트 등 다양한 영역에서 독특한 기회를 제공할 것이다.

뮤지션들은 밴드나 개인이 지닌 매력과 이미지를 구현하기 위해 메타사이트를 직접 만들고 맞춤으로 구성할 수 있다. 예를 들어 건즈 앤 로지스(Guns N' Roses)라면, 더 날 것이고 거친 분위기를 살려서 메타사이트의 주된 공간(primary location)을 위스키 바처럼 느껴지게 만들 수도 있다. 반면 이매진 드래곤스(Imagine Dragons) 같은 밴드는 네바다주 라스베이거스에 있는 고향을 내려다보는 개방형 음악 홀처럼 사이트를 꾸밀 수도 있다. 이런 가상 공간은 밴드의 '본거지' 같은 첫인상을 만들어준다. 사용자는 입장하는 순간, 잘 설계된 이미지에 바로 맞닥뜨리게 되고, 미적 측면에서 무엇을 기대해야 하는지를 단번에 느끼게 된다. 이러한 메타사이트 안에서는 밴드의 역사와 음악 목록을 함께 탐색할 수 있도록 설계된 이벤트를 통해, 팬들이 다른 팬들과 즉시 소통할 수도 있다.

이런 사이트는 셔츠, 모자, 포스터 같은 디지털 및 실물 굿즈를 밴드가 판매할 수 있도록 해줄 것이다. 이용자는 롤링 스톤스(Rolling Stones) 셔츠를 아바타에 입힐 수도 있고, 실제 셔츠를 사서 집으로 배송받을 수도 있다. 결국 모든 것은 밴드가 디지털 스토어에서 어떤 제품과 굿즈를 제공하느냐에 달려 있다. 그리고 메타버스의 모든 참여자에게 고유한 가치와 희소성, 그리고 브랜드 홍보 효과를 만들어주는 NFT에는 엄청난 기회가 있다.

뮤지션에게 메타사이트 경험의 핵심은 디지털 콘텐츠가 될 것이다. 여기에는 음악 판매, 신곡의 선공개, 그리고 4장에서 설명했듯 슈퍼유저로부터 수익을 극대화하는 방식이 포함될 수 있다. 또한 밴드는 가상 콘서트나 팬 미팅을 열고, 이전에는 상상하기조차 어려웠던 다른 독특한 디지털 경험도 제공할 수 있다.

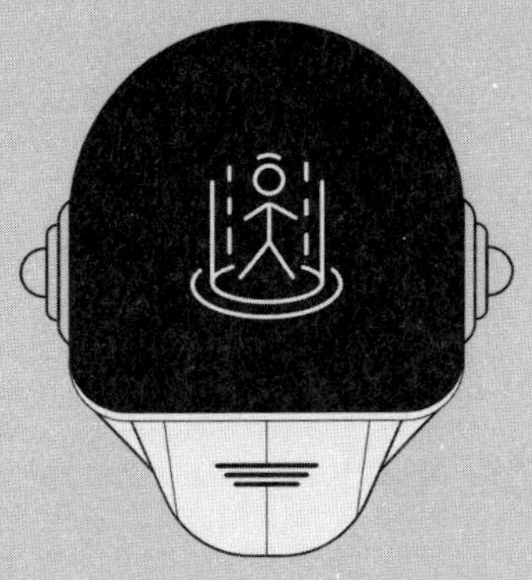

뮤지션에게
메타사이트 경험의 핵심은
디지털 콘텐츠가 될 것이다.

이점은 무궁무진하다

물론 이런 경험은 뮤지션이나 다른 창작 콘텐츠 제작자에게만 제한되지 않는다. 규모와 영향력이 어떻든, 어떤 비즈니스든 이런 메타사이트의 발전으로 이익을 볼 수 있다. 작은 회사들은 디지털 상품과 실물 상품을 파는 가상 매장을 만들 수 있다. 제품 출시, 네트워킹, 정보 제공 이벤트를 촉진하는 상호작용형 가상 경험도 만들 수 있다. 구독자와 고객을 중심으로 커뮤니티를 만들 수도 있다. 메타사이트를 둘러싼 수익 창출 아이디어는 아직 초기 단계지만, 그 가능성이 사실상 '무한'하다고 말하고 싶다.

그렇다고 해서 전부 돈 이야기만은 아니다. 앞서 언급했듯, 메타버스는 자선 단체들의 노력과 성과를 보여줄 수 있는 큰 기회를 제공할 것이다. 지금 떠올릴 수 있는 최고의 활용 사례 중 하나는 기후 변화가 지구에 미치는 영향을 보여주는 일이다. 앞으로 100년, 200년, 심지어 500년 뒤에 기후 변화 때문에 지구가 어떤 모습이 될지, 당신이 직접 '경험'해볼 수 있는 미래를 생각해보라. 다양한 시나리오가 지구에 어떤 영향을 주는지 직접 보게 될 기회를 상상해보라. 메타사이트는 이용자를 미래로 데려다주고, 우리가 긍정적인 변화를 만들어냈을 때 지구가 어떤 모습일 수 있는지, 그리고 우리가 행동하지 못하면 지구가 어떤 모습이 될 수 있는지를 보여줄 것이다. 또한 자선 단체들이 기부자들을 도움이 필요한 현장으로 데려가, 자신들의 노력이 실제로 작동하는 모습을 보여줄 때 어떤 영향이 생길지도 생각해보라. 아프리카의 한 마을을 걸어 다니며, 소액 기부가 신흥국의 소규모 사업에 어떤 긍정적 효과를 내는지 직접 보고, 관련된 모든 사람과 깊이 있는 대화를 나누는 장면을 상상해보라.

이런 경험은 기부자들이 자신의 영향력을 '직접' 확인하게 해줄 뿐 아니라 투명성을 높이고, 책임성을 개선하며, 다른 사람들도 그 노력의 직접적 영향을 거의 실시간으로 측정할 수 있게 해줄 것이다.

메타사이트 디지털 부동산 쟁탈전이 지금 시작된다

닷컴 붐이 시작되던 당시, 디지털 부동산은 거대한 시장으로 떠올랐다. 그 결과 투기꾼들과 기업들은 .com, .org, .net으로 끝나는 도메인 이름을 확보하려고 몰려들었다. 이런 도메인들은 인터넷이 성장하면서 새로 등장한 다른 도메인들과 함께, 월드 와이드 웹에서 웹사이트의 '정확한 위치'를 가리키며, 이용자들이 오늘날 인터넷에서 콘텐츠를 탐색할 때 기억하기 쉬운 목적지가 됐다.

메타버스가 성장함에 따라, 메타사이트 안에서의 디지털 부동산 쟁탈전 역시 또 다른 투기와 개발의 뜨거운 장이 될 것이다. 메타사이트는 오늘날 인터넷의 다음 확장 단계로서, 미래의 몰입형 가상 세계 안에서 독립적인 목적지 역할을 하게 될 것이다. 이런 메타사이트들은 저마다 고유한 포털 구성을 갖춰, 그 세계 안에서 이용자가 한 목적지에서 다른 목적지로 자유롭게 이동할 수 있게 해줄 것이다.

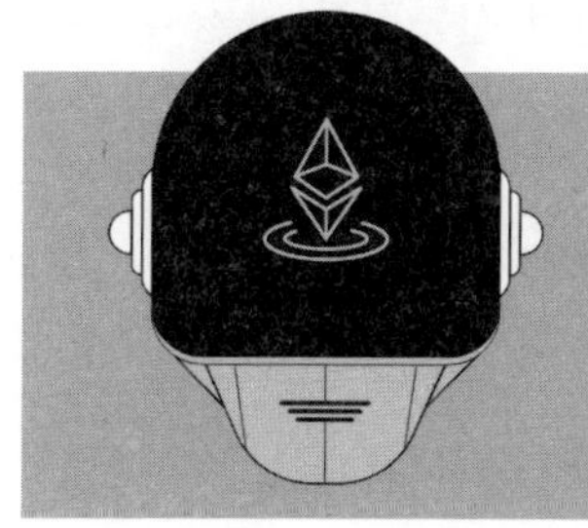

맨해튼, 할리우드, 시카고 같은 곳의 부동산, 그리고 다른 상업용 쇼핑몰 부동산은 계속 가치가 오를 것이다. 에너지 비용, 인건비, 그리고 다른 고정비 같은 오버헤드 비용은 앞으로 몇 년 동안 내려가기보다 오를 가능성이 크다.

따라서 기업들이 브랜드 경험을 물리적 공간에서 디지털 메타사이트로 옮기는 것은 비용을 간소화하고 소비자를 브랜드에 더 가까이 데려올 수 있는 기회가 된다. 기본적인 템플릿형 메타사이트는 대략 25만 달러 정도가 들고, 브랜드 몰입형 사이트를 만드는 투자 비용은 평균적으로 약 100만 달러 정도가 될 것으로 예상한다. 다만 시간이 지나면 이런 비용은 점차 낮아질 것이다.

그렇다면 이용자들은 메타사이트를 어떻게 구매하고 개발할까?

메타사이트 개발은 과거의 웹사이트와 비슷한 방식으로 이루어질 것이라고 예상할 수 있다. 이용자들은 메타사이트 제작에 특화된 회사들이 제공하는 도구와 개발 자원을 사용해, 메타사이트를 처음부터 직접 만들 수 있다. 또한 현재의 실물 부동산 시장처럼 경매나 온라인 부동산 포털이 생길 수도 있다.

더 나아가 어떤 메타사이트 제작자들은 디지털 부동산을 임대하거나 빌려줄 수도 있는데, 이것 역시 오늘날 경제에서의 전통적인 실물 부동산과 같은 방식이다. 시간이 지나면서 이 가상 경제는 발전하고, 메타버스를 구성하는 디지털 부동산을 통해 개인이 수익을 얻을 수 있는 독특한 기회도 만들어질 것이다.

이런 거래는 미래 디지털 부동산 시장에서 대단히 중요해질 것이다. 그리고 이런 거래는 메타버스에서 더 큰 신뢰, 진본성(진짜임을 보장하는 것), 그리고 속도를 가능하게 하는 한 가지 필수 기술 위에서 이루어질 것이다. 바로 블록체인이다.

제 7 장
블록체인, 비트코인, 이더리움 이해하기

메타버스는 놀라운 소비자 경험을 만들어낼 것이다. 사용자들은 현실 세계와 디지털 세계 사이를 끊김 없이 이동할 수 있게 된다. 사용자들은 디지털 상품을 구매할 수 있고, 자신이 좋아하는 아이템을 가지고 이 세계들 사이를 여행할 수 있다. 그러면서 기반이 되는 네트워크가 각자의 고유한 소유권을 인정한다는 사실을 알게 된다.

앞선 장들에서 말했듯, 이런 활동은 앞으로 10년 동안 10조 달러에서 30조 달러 사이의 매출 규모를 가진 산업을 만들 것으로 예상된다. 하지만 그 엄청난 '돈벼락'은 당신이 평생 알고 지내온 전통 금융 시스템, 즉 은행, 신용카드와 체크카드, 현금으로 작동하는 금융 시스템 위에서 돌아가지 않을 것이다.

지금까지 우리는 미래 메타버스 생태계에 필수적인 속도, 성능, 데이터 관리를 가능하게 한 디지털 기술에 초점을 맞춰 왔다. 우리는 비디오게임의 디지털 세계를 움직인 클라우드 컴퓨팅과 그래픽 카드를 이야기했다.

또 엔비디아 같은 선구적 기업들이 비디오게임 생태계의 틀을 어떻게 마련했는지도 살펴봤다. 그 생태계는 이후 〈포트나이트〉, 〈에이펙스 레전드〉, 〈마인크래프트〉 같은 세계가 되었다.

하지만 아직 깊이 다루지 않은, 아주 결정적인 기술이 하나 있다. 이 기술은 그래픽 카드, 클라우드 서버, 디지털 네트워크를 모두 합친 것보다도 더 중요할 수 있다. 메타버스의 금융적 기반(근간) 역할을 하게 될 기술이다. 그것은 바로 블록체인(blockchain)이다.

이 도구는 거래와 수조 달러 규모의 상거래를 가능하게 할 뿐 아니라 당신의 디지털 자산을 보호하고, 당신이 가진 고유한 아이템을 여러 세계로 가져갈 수 있게 해줄 것이다(블록체인은 상호운용성에도 필수적이다).

블록체인이라는 개념은 1990년대 초부터 존재해왔다. 하지만 블록체인이 널리 구현된 것은 지난 10년 동안, 비트코인(Bitcoin)과 이더리움(Ethereum) 같은 암호화폐와 플랫폼이 널리 채택되면서부터다.

블록체인, 비트코인, 이더리움, 그리고 다른 암호화폐와 플랫폼에 대해 잘 모른다면, 앞으로의 내용은 당신을 위한 '블록체인 101' 입문서가 될 것이다. 블록체인의 힘을 이해하고 나면, 이 기술들이 앞으로 몇 년 동안 창의적인 사람들에게 비교 불가한 경제적 기회를 어떻게 만들어줄지, 사용자들의 정체성·돈·소유물을 어떻게 보호할지, 그리고 이 새로운 세계의 발전을 어떻게 가속할지 빠르게 이해하게 될 것이다.

메타버스 뒤에 있는 힘

메타버스 자체가 새로운 경제를 만든다는 사실을 기억하는 것이 중요하다. 메타버스에는 인류 역사상 우리가 이전에 본 적 없는 완전히 새로운 디지털 경제가 펼쳐질 것이다. 하지만 어느 경제든, 투자와 미래 성장, 그리고 더 많은 사용자 채택을 끌어내는 신뢰할 수 있는 금융 네트워크가 없으면 지속될 수 없다.

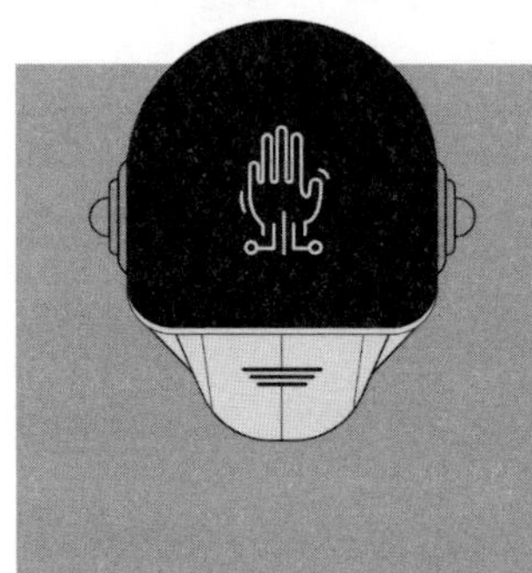

도난, 부패에 대한 우려 또는 개인의 금융 자산과 재산의 안전에 대한 불안이 계속되는 한 어떤 경제도 성공적으로 운영될 수 없다. 금융법이 강하고, 책임성이 있고, 경제적 자유가 있는 나라로 돈이 흘러 들어가는 데에는 이유가 있다. 개인과 기업이 돈을 해외로 옮기는 이유도 여러 가지다. 독재자나 독재 정권에 대한 우려, 끝없는 관료주의, 지나치게 높은 세금, 부패, 또는 금융 불안정 같은 것들 때문이다.

블록체인 기술은 메타버스의 안전한 금융 인프라 역할을 하게 될 것이다. 사실 메타버스는 블록체인 없이는 번성할 수 없다. 블록체인은 우리가 현실에서 하는 모든 일을 디지털 삶에서도 할 수 있게 만드는 데 필수적이다. 우리는 메타버스에서 여행을 할 것이다. 새 친구를 사귀고, 새로운 온라인 비즈니스 장소에서 어울릴 것이다. 음악, 그림, 영화 같은 예술 작품을 살 것이다. 디지털 부동산도 살 것이다. 크레이트 앤 배럴 같은 회사의 디지털 쇼룸에서 소비재를 사고, 그 물건을 현실 주소지로 배송받을 것이다. 하지만 그러려면 모든 거래가 안전하고 투명하며, 이 경제에 참여하는 모두에게 인정받는 거래여야 한다. 그런데 이 새로운 경제를 감독하는 정부나 광범위한 규제기관이 존재하게 되지는 않을 것이다. 대부분의 문제는 기술이 해결해야 한다. 바로 여기서 블록체인이 등장한다.

개념은 단순하다. 블록체인은 사실상 정보 수집 블록이 길게 이어진 사슬이다. 즉, 거래 기록을 순서대로 쌓아두는 '디지털 장부'다. 일단 어떤 거래가 블록체인에 저장되면, 그 거래는 확인에 필요한 기간 동안 장부에 남아 있게 된다. 구매자와 판매자는 언제든 블록체인 장부를 되짚어보며 그 거래의 가치와 세부 내용을 볼 수 있다. 무엇이 얼마에 팔렸는지 정확히 알 수 있다. 이 거래는 다툴 수 없다. 공개를 취소할 수도 없다. 영원히 '공식' 기록으로 남는다.

하나의 정보 블록이 완성되고 데이터가 저장되면, 시스템은 블록체인에 새로운 블록을 만든다. 그 새로운 블록이 생성되는 방식 때문에, 이전 블록 이후에 일어나는 거래들은 반드시 순차적으로 이어지게 된다. 즉, 거래의 시간적 순서를 바꿀 수 없다. 이 점은 비즈니스와 계약법에서 매우 중요하다.

이제, 이 기술의 역사와 주요 활용처를 이야기하기 전에, 중요한 질문 하나를 짚고 싶다. 어떤 회사가 거래와 공개 정보를 장부에 저장하는 것에 반대할 이유가 있을까?

겉으로 보기에는, 앞으로 해결해야 할 과제들이 있다. 오늘날 회사와 개인은 네트워크를 사용하는 누구에게나 열려 있는 공개 장부를 경계할 수 있다. 회사들은 특히 블록체인에 독점적(기밀) 데이터를 올리고 싶어 하지 않을 수 있다. 특히 제3자가 네트워크를 사용하는 누군가를 대신해 기술적으로 그 데이터에 접근할 가능성이 있기 때문이다.

예를 들어 어떤 회사는 경쟁사가 자기들의 사업 방식이나 고객 접점에 대한 단서를 얻을까 봐 걱정할 수 있다. 또한 회사들은 데이터 프라이버시를 둘러싼 규칙을 제대로 세워야 한다. 그럼에도 기술과 메타버스가 성숙해 감에 따라 이전 산업들에서 그랬듯 이런 우려들도 필요한 당사자들에 의해 해결될 것이라고 예상한다.

이 원리들은 이해하는 것이 중요하며, 블록체인을 배우는 사람들은 기초를 잡기 위해 추가 자료를 찾아볼 필요가 있을 수도 있다.

메타버스에 참여하는 모든 사람은 블록체인 기술을 접하게 될 것이다. 블록체인은 미래 상거래에 필수가 될 것이다. 난 블록체인을 미국의 모든 고등학교에서, 모든 대학의 금융·경제 수업에서, 그리고 결국에는 더 어린 학생들에게도 가르쳐야 한다고 믿는다. 학생들은 금융 문해력의 중요성을 배워야 하기 때문이다.

블록체인 기술은 전 세계 은행 시스템을 통째로 뒤흔들 잠재력이 있다. 국경을 넘어 돈을 옮길 때 높은 송금 수수료를 내지 않게 만들 수 있기 때문이다. 웨스턴 유니언(Western Union) 같은 회사에 높은 수수료를 내고 한 나라에서 다른 나라로 돈을 보내는 대신, 블록체인은 빠르게 거래를 처리하고, 확인하고, 수천 마일 떨어진 사람에게 돈을 거의 즉시 전달할

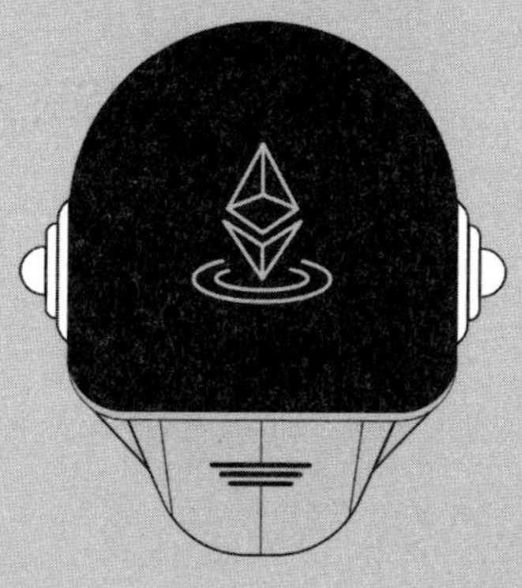

메타버스에 참여하는
모든 사람은 블록체인 기술을
접하게 될 것이다.
블록체인은 미래 상거래에
필수가 될 것이다.

수 있다. 앞으로 설명하겠지만, 블록체인은 은행의 중간·후선 업무 대부분, 특히 전통적 거래와 재산 이전을 안전하게 확인하는 업무를 없앨 수도 있다.

이게 무슨 뜻일까? 블록체인 기술의 출발점으로 다시 돌아가 보면, 블록체인의 이론과 구현 방식이 무엇이었는지, 그리고 그것이 어떻게 금융 중심 기술로 발전해 왔는지 더 잘 이해할 수 있다. 그렇게 보면, 왜 블록체인이 전 세계의 독립적인 사용자들과 기업들이 함께 만들어가는 메타버스의 발전에 그토록 필수적인 요소가 되는지도 자연스럽게 알 수 있다.

블록체인의 1단계는 1991년에 시작됐다. 당시 두 명의 연구 과학자인 스튜어트 하버(Stuart Haber)와 스콧 스토네타(W. Scott Stornetta)가 오늘날 우리가 블록체인이라 부르는 개념을 다른 용어로 처음 제시했다. 그들의 목표는 디지털 문서에 '타임 스탬프(timestamp)'를 안전하고 탈중앙화된 위치에 찍을 수 있는 기술, 즉 디지털 문서가 언제 생성됐는지를 안전하고 분산된 위치에 기록하고 증명할 수 있는 기술을 만드는 것이었다.

은행 기록, 주택담보대출 거래 내역, 심지어 신용카드 결제까지 떠올려 보라. 쉽게 말해, 이 타임 스탬프 기술은 은행, 대출 기관, 신용카드 회사처럼 금융 활동을 확인하고 기록하던 중간 단계의 역할을 없앨 수 있다. 장부 관리가 필수였던 모든 영역에서 말이다.

이렇게 시간 정보가 기록되고 데이터가 영구적으로 저장되면, 원장에 있는 개별 블록의 데이터를 누구도 조작하거나 바꿀 수 없게 된다. 게다가 이 개념은 거래를 확인하기 위해 은행이나 정부 같은 중앙 기관이 필요하지 않았다. 그 결과 거래 과정에서 사람의 개입이 줄어들고, 정부의 경우에는 복잡한 서류 절차와 관료적 비효율도 함께 줄일 수 있다.

중앙 권한으로부터의 독립성은 이후 블록체인의 핵심 특징이 되었고, 2023년 기준으로 존재하는 수천 개의 암호화폐에 필수적인 요소가 됐다.

하지만 한 번에 하나의 문서만 하나의 블록에 저장하는 방식은 비효율적이었다. 그래서 이듬해, 컴퓨터 과학자 랄프 머클(Ralph Merkle)은 스토네타와 하버의 연구를 기반으로 한 회사를 설립했다. 머클의 암호학 기술은 여러 문서와 기록을 하나의 블록 안에 순차적으로 저장할 수 있게 만들었다.

그 이후 20여 년 동안, 거래를 기록하는 원장(장부)이라는 개념은 계속 발전했다. 하지만 가장 큰 전환점은 2008년, 사토시 나카모토(Satoshi Nakamoto)라는 가명을 쓴 익명의 저자가 세계 최초의 탈중앙화된 개인 간 결제 시스템을 다룬 백서를 발표하면서 찾아왔다. 이 백서는 오늘날 우리가 아는 블록체인의 모델이 되었다.

블록체인의 2단계는 '거래'를 중심으로 발전했다. 이 단계는 미래 결제 시스템의 토대를 놓았다. 그리고 2009년, 같은 익명의 저자는 비트코인(Bitcoin)과 최초의 블록체인 원장을 만들었다. 현재까지도 이 수수께끼의 인물이 누구인지는 밝혀지지 않았으며, 몇몇 저명한 기술 전문가와 벤처 캐피털 인사들이 자신이 그 저자라고 주장한 바는 있다. 나카모토가 제안한 것은 새로운 디지털 화폐의 거래를 추적하기 위해 원장을 사용하는 방식이었는데, 이는 당시로서는 혁명적인 발상이었다. 누구에게나 접근이 허용되는 이 원장은 비트코인을 세계 최초의 탈중앙화 디지털 암호화폐로 자리 잡게 했다. 이 원장은 지금까지 이루어진 모든 비트코인 거래를 기록하고 확인해 왔으며, 그 과정은 완전한 투명성, 책임성, 신뢰, 그리고 보안을 바탕으로 이루어지고 있다.

예를 들어 누군가 비트코인을 구매하면, 그 거래는 블록체인과 전 세계 거래소에 기록된다. 이 네트워크는 노드(node)라는 시스템으로 작동하는데, 노드는 비트코인 소프트웨어를 실행하며 거래를 확인하는 컴퓨터들이다. 한편 비트코인을 채굴하는 개인들은 계산 집약적인 수학 문제를 수행하는 컴퓨터를 사용해, 그 보상으로 암호화폐를 받는다. 이 컴퓨터들은 서로 경쟁하며 계산 문제를 푸는데, 가장 먼저 문제를 푼 쪽이 새로 발행된 비트코인과 거래 수수료를 받는다. 모든 새로운 거래는 이후 블록체인에 저장되며, 참여자 누구도 이를 바꾸거나 조작할 수 없다. 이렇게 금융적 가치를 지닌 비트코인은 새로운 채굴자들이 네트워크에 참여해 거래를 확인하도록 만드는 유인이 된다.

2020년, 비트코인은 극심한 투기 국면을 겪었다. 비트코인 1개의 가격은 2021년에 6만 8천 달러를 넘었다. 하지만 2022년 말, 시장 혼란과 세계적 경기 침체 우려가 커지면서 가격은 다시 2만 달러 아래로 떨어졌다. 다만 비트코인은 과거에도 큰 가격 변동을 겪어왔다. 비트코인이 막 만들어졌을 때, 이 실험적 결제 네트워크에 참여한 사람이 극히 적었을 당시, 초기 거래 중 하나는 비트코인 5,050개를 5.02달러에 페이팔로 교환한 것이었다. 즉, 비트코인 가격이 1센트도 안 하던 시절이 있었다는 뜻이다.[83]

많은 사람이 비트코인의 가격이 과연 얼마여야 하는지 궁금해한다. 이들은 주로 활용 가치에 주목하지만, 실제로 비트코인과 이더리움의 가격은 네트워크 효과가 얼마나 빠르게 확장되고 있는지를 보여준다. 즉, 시스템 안으로 들어오고 나가는 구매자와 판매자의 수가 얼마나 늘어나고 있는지를 반영하는 것이다.

이런 네트워크 효과는 메타버스가 구축될 이더리움과 다른 네트워크에서 점점 더 중요해지고 있다. 새로운 사용자가 온라인에 참여하고, 메타버스 안에서 새로운 프로젝트를 개발하거나 지출하기 위해 특정 암호화폐가 필요해지면, 그 가치는 상승할 수밖에 없다. 여기에 더해, 다른 암호화폐들 역시 글로벌 시장에서 미국 달러를 비롯한 각국의 통화로 직접 환전될 수 있다는 점도 기억할 필요가 있다.

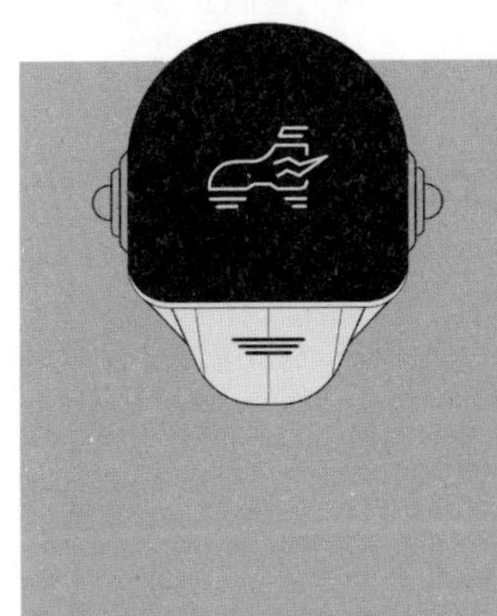

하지만 비트코인에는 사람들이 잘 이야기하지 않는, 또 하나의 중요한 요소가 있다. 비트코인은 '탈중앙화된 화폐'라는 점이다. JP모건 같은 월가 은행도, 연방준비제도(Fed) 같은 중앙은행도 비트코인을 통제하지 않는다. 사실 비트코인과 이더리움은 모두 '디플레이션 화폐 시스템'이다. 이 점은 매우 중요하다. 이들은 현대 경제학의 흐름과 정반대에 서 있으며, 그 결과 장기적인 가치 상승 가능성을 갖는다. 역사적으로 보면, 미국 달러 같은 법정화폐는 지난 70년 동안 가치의 90% 이상을 잃었다. 법정화폐의 인플레이션은 사실상 정부의 잘못된 운영에 따른 결과이고, 그 비용은 시민들이 치르게 된다. 하지만 디플레이션 구조를 가진 탈중앙화 암호화폐에서는 이런 인플레이션이 발생하지 않는다.

시간이 지나면 비트코인은 채굴자에게 새로운 비트코인을 더 이상 발행하지 않게 된다. 즉, 이 암호화폐의 총량은 한정되어 있다. 시스템은 2140년에 그 한계에 도달하게 되며, 그때까지 발행될 비트코인의 수는 2,100만 개로 정해져 있다. 이것이 비트코인이 처음부터 설계된 방식이며, 탈중앙화된 구조 덕분에 이 규칙은 앞으로도 바뀔 수 없다.

다만 기억해야 할 점이 있다. 구매자는 비트코인 1개를 통째로 살 필요가 없다. 각 비트코인은 '사토시(satoshi)'라고 불리는 아주 작은 단위로 나뉘는데, 이 이름은 비트코인의 수수께끼 같은 창시자가 사용한 가명에서 따온 것이다. 사토시 1억 개가 비트코인 1개에 해당한다.

따라서 구매자는 언제든 아주 소량의 비트코인을 살 수 있고, 이런 거래는 비트코인 블록체인에 영구적으로 기록된다. 이런 한정된 발행 구조는 비트코인에 희소성을 부여하며, 비트코인의 보급 속도는 1990년대 후반 인터넷이 확산되던 속도에 맞먹을 정도로 빠르게 증가해 왔다. 비트코인이 더 널리 사용될수록 네트워크 효과도 함께 커지고, 그 결과 정부가 이를 무력화하기는 점점 더 어려워진다.

나는 정부가 전 세계 금융 시스템에서 비트코인을 완전히 제거하는 일은 결코 불가능하다고 본다. 여기에 더해, 비트코인은 글로벌 암호화폐 시장에서 '선점 효과'를 누리며 강력한 네트워크 효과를 구축해 왔다. 2022년 8월 기준으로 블록체인 지갑은 전 세계에 8,400만 개 이상 존재했으며, 이것들은 모두 비트코인을 구매하고 보유할 수 있다.[84]

블록체인은 단순한 금융 거래를 넘어, 앞으로 다양한 활용 가능성을 지니고 있다. 예를 들어 전 세계의 토지 소유권을 등록해 분쟁을 줄이고 권리를 강화하는 데 쓰일 수 있다. 일부 국가에서는 해킹이 불가능한 투명하고 안전한 기록을 만들기 위해 선거에 블록체인을 활용하자는 제안도 나왔다.

또한 블록체인은 전체 공급망에 걸쳐 제품을 등록하고 추적하는 도구로도 제안되고 있다. 예를 들어 식품이 농장에서 시작해 가공 공장을 거쳐 식탁에 오기까지의 전 과정을 알고 싶다면, 블록체인은 그 수준의 투명성을 제공할 수 있다.

더 중요한 점은 블록체인이 보안을 강화하고, 중앙집중형 결제·전자상거래 네트워크가 굳이 필요 없게 만들 수 있다는 점이다. 이 보안은 오늘날 금융과 디지털 상거래 시장에서 점점 더 중요해지는 사이버보안과 신뢰의 문제와 직결되어 있다.

1장에서 말했듯, 메타버스는 인터넷의 세 번째 단계다. 첫 번째 단계인 웹 1.0(Web 1.0)은 컴퓨터들을 거대한 중앙 서버에 연결했다. 사용자가 접속하고 검색하고 쇼핑하려면, 아메리카 온라인(America Online) 같은 게이트키퍼(중개 플랫폼)가 필요했다.

두 번째 단계인 웹 2.0은 아마존, 애플 앱스토어, 페이스북 같은 중앙집중형 전자상거래 플랫폼을 기반으로 구축됐다. 하지만 동시에 소셜미디어 네트워크에서 쏟아져 나온 대규모 광고를 통해 발전해 왔다. 이런 소셜미디어 네트워크는 사용자에게 무료로 제공됐지만, 그 대가로 막대한 양의 소비자 데이터를 수집했고, 기업들은 이 데이터를 활용해 광고를 타기팅하며 수익을 창출했다. 기억해야 할 점은 웹 2.0에서 어떤 서비스가 무료라면, 대개 그 제품의 인프라 비용은 사용자의 데이터로 지불되고 있다는 사실이다.

웹 2.0은 거대한 중앙집중형 전자상거래와 소셜미디어 플랫폼을 만들어냈을 뿐만 아니라 사용자 데이터에 위험한 환경도 함께 조성했다. 데이터가 한곳에 모이는 중앙집중 구조는 방대한 고객 정보 저장소를 해커들의 매력적인 공격 대상으로 만들었다. 그 결과 지난 20여 년 동안 우리는 페이스북, 씨티그룹, 에퀴팩스(Equifax) 같은 중앙집중형 플랫폼에서 발생한 대규모 데이터 유출 사고를 수차례 목격해 왔다.

메타버스는 이런 대규모 데이터 유출 문제가 해결되지 않으면 성공할 수 없다. 따라서 해커의 위협 없이 거래를 저장하고 처리할 수 있는 탈중앙화 프로그램, 암호화 자산, 블록체인에 대한 의존은 앞으로 점점 더 중요해질 것이다.

2014년 말, 블록체인이 여러 산업에서 실제로 활용될 가능성을 크게 높인 중요한 발전이 일어났다. 이것은 '블록체인 2.0'이라 불렸고, 암호화폐 영역을 넘어 애플리케이션 개발을 가능하게 했다. 즉 블록체인이 특정 암호화폐 기술에 종속된 것이 아니라 좀 더 범용적인 기술로 분리되어 확장된 것이다. 그다음 해에는 또 하나의 거대한 암호화폐 플랫폼인 이더리움(Ethereum)이 등장했다. 이더리움은 체인을 이루는 개별 블록 안에서 작동하는 컴퓨터 프로그램을 도입했다.

이더리움은 세계에서 두 번째로 큰 암호화폐다. 비트코인과 마찬가지로 블록체인이지만, 몇 가지 중요한 진보가 있다. 이더리움에서는 '스마트 계약'이라 불리는 절차를 프로그래밍할 수 있다. 스마트 계약은 특정 조건이 충족되면 자동으로 실행되는 소프트웨어 프로그램이다.

예를 들어 예술 작품이나 NFT의 소유권을 설정하면, 그 특정 자산에 대해 다른 누구도 소유권을 주장할 수 없다. 이렇게 말하는 '암호화 자산(crypto assets)'에는 금융 증권, 디지털 화폐, NFT, 그리고 돈으로 교환할 수 있는 기타 디지털 자산이 포함된다. 누군가 자산을 구매하기로 동의하면, 그 거래는 '이더(Ether)'라는 암호화폐로 이더리움 블록체인에 기록된다. 이 거래 기록은 누구나 확인하고 검증할 수 있도록 공개된다. 개인이 자신이 예술 작품이나 음악, 혹은 다른 제품을 실제로 구매했다는 사실을 증명할 수 있어야 한다는 점은 절대적으로 중요하다.

블록체인의 3단계는 2017년에 등장했다. EOS라는 그룹이 새로운 블록체인 프로토콜을 구축한 플랫폼을 만들면서부터다. 이 프로토콜은 탈중앙화 애플리케이션을 개발할 수 있게 했는데, 이는 메타버스의 발전에 결정적으로 중요한 요소다. 탈중앙화 애플리케이션에서는 새로 만들어진 콘텐츠를 여러 참여자가 동시에 사용할 수 있다. 여기에는 새로운 콘텐츠의 배포와 생성이 모두 포함되며, 소유권이 특정 주체에게만 제한되지 않는다. 이런 구조는 새로운 프로그램을 더 빠르게 개발할 수 있게 하고, 새로운 표준을 만들기 위한 협업을 촉진하며, 콘텐츠의 공급과 확산을 가능하게 한다.

하지만 이런 설명들은 박람회나 블로그에서 기본 개념을 설명할 때 흔히 언급되는 대표 예시에 불과하다. 실제로 블록체인은 파괴될 수 없는 데이터베이스이며, 결국 네트워크 효과를 갖게 된다. 그렇다면 데이터베이스에 저장할 수 있는 것들을 잠시 떠올려 보라. 우리는 결코 잃고 싶지 않은 온갖 지식을 저장할 수 있다. 저장할 유인이 있기만 하다면, 사실상 거의 모든 것을 블록체인에 저장할 수 있다. 문제는 수많은 산업이 고객이 행동하는 방식의 변화에 맞춰 적응해야 한다는 점이다.

예를 들어 한때 소비자들은 VHS나 DVD 같은 물리적 형태로 영화를 구매했다. 하지만 웹 2.0이 등장하고 애플TV나 아마존 프라임 같은 중앙집중형 플랫폼이 지배적인 위치를 차지하면서, 사용자는 해당 플랫폼에서만 볼 수 있는 디지털 영화 버전을 구매하기 시작했다.

오늘날 아마존 프라임에서 영화를 하나 소유하고 있다면, 그것을 애플로 옮길 수는 없다. 하지만 미래에는 이런 구매 기록이 탈중앙화된 네트워크, 즉 원장에 저장될 것이다. 그러면 기업들은 더 이상 고객을 특정 플랫폼에만 묶어 두거나(심지어 인질처럼) 붙잡아 둘 수 없게 된다. 웹 2.0 비즈니스 모델의 중앙집중적 구조를 제거하는 기술로서의 블록체인은, 따라서 지금까지 막강한 힘을 가졌던 제도와 기관을 무너뜨릴 수도 있다.

나는 애플에서 구매한 모든 것이 블록체인으로 옮겨질 수 있을 때, 새로운 형태의 공공재가 등장할 것이라고 본다. 그리고 아마존이 계속해서 당신을 고객으로 두고 싶다면, 당신은 그 자산을 아마존으로 이전할 수 있을 것이다. 이는 지난 15년간 기술 산업을 지배해 온 비즈니스 모델에 엄청난 변화를 가져올 수 있으며, 그 변화는 소비자에게 분명히 이로운 방향이 될 것이다.

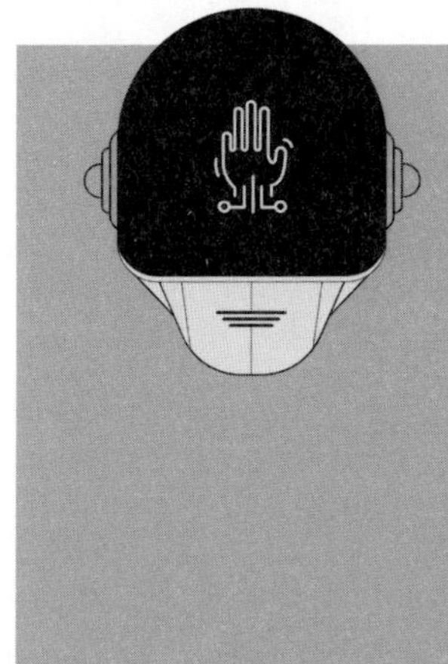

잠깐, 비트코인과 이더리움은 위험하다고 들었는데?

비트코인이나 블록체인을 처음 접했다면, 최근 몇 년간의 시장 문제에 대해 들어봤을 가능성이 크다. 예를 들어 2014년에는 마운트 곡스(Mt. Gox)라는 암호화폐 거래소에서 약 4억 6천만 달러 규모의 대형 해킹 사건이 발생했다. 당시 이 거래소는 전 세계 비트코인 거래량의 70% 이상을 처리하고 있었다.[85] 그 이후로도 여러 해킹 사건이 이어졌고, 최근 몇 년 사이에는 암호화폐 거래소가 붕괴했다는 소식도 접했을 것이다.

오늘날의 암호화폐 거래소는 사실상 사용자의 디지털 키와 암호화 자산을 대신 보관해 주는 은행과 같다. 이들은 자산을 관리해 주는 중개자 또는 서비스 역할을 하지만, 실제로는 그 자산을 심각하게 잘못 관리해 왔다. 중요한 점은 이런 거래소들이 각 암호화폐의 근간이 되는 블록체인 기술과는 아무런 직접적 관련이 없다는 사실이다. 실제로 FTX라는 유명 암호화폐 거래소는 2022년 말 대규모 사기가 드러나면서 암호화폐 시장 전체를 거의 붕괴시킬 뻔했다. 이 사건으로 수십억 달러의 자본이 사라졌고, 회사 설립자인 샘 뱅크먼프리드(Sam Bankman-Fried)는 사기 혐의 7건에 대해 유죄 판결을 받아 수년간의 징역형에 처해질 가능성이 있다.[86]

소비자들은 이런 거래소를 신뢰하고 비트코인, 이더리움, 그리고 다른 암호화폐를 맡겼다. 하지만 이런 거래소를 운영하는 회사는 사기 행위에 연루됐고, 자산을 부실하게 관리했다. 이와 같은 사태의 주요 원인은 거래소가 가진 강한 중앙집중적 구조이며, 이것이 암호화폐 생태계 일부에 대한 불신으로 이어졌다. 그럼에도 불구하고 암호화폐와 블록체인은 그 시스템이 가진 탈중앙화된 성격 덕분에 결국 성공할 것이다.

아이러니하게도, 거대하고 중앙집중적인 시스템이 탈중앙화된 자산을 훔칠 수 있는 조건을 만들어 왔다. 또한 여러 붕괴 사건은 기술 자체보다는 사기와 기만 행위와 훨씬 더 밀접하게 연관돼 있었다. 게다가 비트코인 생태계에는 여전히 규제 차원의 안전장치가 충분하지 않다.

이런 이유들 때문에 나는 비트코인을 거래소에 보관한 적이 없다. 대신 암호화폐의 원장에 직접 보관해 왔는데, 이것이 현재로서는 접근성과 보안을 관리하는 가장 좋은 방법이라고 생각하기 때문이다. 앞으로 웹 3.0이 본격적으로 부상하면, 사용자는 메타버스 경제를 떠받치는 원장 위에 자신의 디지털 아이템과 암호화폐를 저장할 수 있는 더 큰 권한을 갖게 될 것이다.

한편 메타버스가 발전함에 따라, 미국 정부를 비롯한 전 세계 여러 국가는 제도적 틀을 마련해야 할 필요가 있다. 이 기술을 다시 '상자 속에' 넣을 수는 없기 때문이다(이미 세상에 나와버렸다는 뜻). 이런 틀은 필수적이다. 블록체인은 메타버스의 성공에 결정적으로 중요하며, 이는 미국과 전 세계 경제에 막대한 활력을 불어넣을 것이다.

메타버스는 단 하나의 기업에 의해 만들어지지 않는다. 사람들은 〈포트나이트〉 같은 세계에서 다른 디지털 환경으로 자유롭게 이동해야 하며, 그 과정에서 자신의 디지털 아이템을 함께 가져갈 수 있어야 한다. 서로 다른 두 세계가 상호운용될 수 있을 때, 블록체인은 특정 사용자가 어떤 객체를 소유하고 있다는 사실을 인증하는 확인 장치로 작동한다. 사용자가 디지털 아이템을 구매해 디지털 지갑에 보관하면, 그 지갑이 작동하는 블록체인은 접근 권한과 소유권 증명을 제공한다. 블록체인을 통해 사용자는 지갑을 쉽게 바꿀 수도 있다. 이는 한 은행에서 다른 은행으로 돈을 옮기는 전통적인 방식과 비슷하지만, 디지털 지갑을 바꾸는 일은 훨씬 더 간단해질 것이다.

앞으로 디지털 지갑은 모든 사용자를 위한 시각화 도구와 인터페이스를 가능하게 하는 핵심 인프라와 서비스를 제공하게 될 것이다. 암호화폐 전반에 적용되는 이런 암호화 구조는 네트워크 효과를 형성하고, 사용자 채택을 늘리며, 데이터 유출이나 아이템 도난을 막는 데 필수적이다.

또한 블록체인의 본질은 사용자가 자신의 자산을 안전하게 지키고 거래를 보호할 수 있게 해준다. 기술의 개방성과 투명성 덕분에, 사용자는 이런 디지털 세계와 그 기반이 되는 경제 시스템을 신뢰할 수 있다. 만약 누군가 메타사이트를 만들고, 현실의 상점에 필적하는 가상 상점을 운영한다면, 소비자가 제품과 아이템을 구매할 수 있는 거래 메커니즘이 반드시 필요하다.

이 거래는 현실 세계에서의 구매처럼 빠르고 안전해야 하며, 동시에 거래의 세부 내용을 확인할 수 있어야 한다. 이런 거래를 기록하는 블록체인은 디지털 영수증 역할을 하며, 구매자와 판매자 모두가 계약 조건을 지키도록 만든다. 그리고 디지털 지갑은 사용자가 아바타용 액세서리, 메타사이트용 아이템 등 다양한 디지털 상품과 여러 암호화폐를 함께 갖고 다닐 수 있게 해준다.

그뿐만이 아니다. 음악, 영화, 게임 등도 구매할 수 있다. 지갑에는 친구들과의 안전한 소통 기능이 포함될 수도 있어, 특별한 이벤트에 초대하거나 메타버스에서의 모험을 함께 계획할 수도 있다.

마지막으로, 블록체인의 성격은 브랜드에게도 결정적으로 중요하다는 점을 기억하자. 그 결과 메타버스에서는 브랜드와 저작권을 둘러싼 정책 논의가 깊어질 가능성이 크다. 브랜드들은 제품과 서비스의 불법 복제를 막기 위해 블록체인에 의존하게 될 것이다. 또한 블록체인 거래의 확인 절차는 암시장에서 유통되는 상품을 차단하는 데 더 높은 수준의 보안을 제공할 것이다.

정리하자면, 블록체인은 메타버스에 필수적인 여섯 가지 핵심 이점을 제공한다. 보안, 탈중앙화, 신뢰, 상호운용성, 스마트 계약, 그리고 암호화폐라는 금융 메커니즘이다. 이 요소들은 메타버스를 대중에게 확산시키는 초기 채택자들과 창의적인 개발자들에게 장기적인 성장 가능성을 크게 높이는 데 결정적인 역할을 할 것이다.

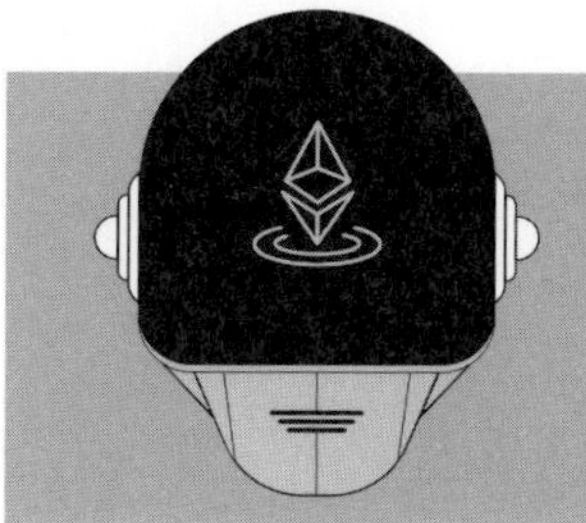

블록체인은 메타버스에 필수적인 여섯 가지 핵심 이점을 제공한다. 보안, 탈중앙화, 신뢰, 상호운용성, 스마트 계약, 그리고 암호화폐라는 금융 메커니즘이다.

이제 메타버스에서 경제적 보상을 어떻게 실현할 수 있는지 살펴보자.

제 8 장

'디지털 아이템': 초강화된 로열티 프로그램을 떠올려라

사람들이 듣기 좋아하는 말에는 여러 가지가 있다.

아이의 환한 목소리로 터져 나오는 "엄마"나 "아빠".

친구나 배우자가 말하는 "사랑해".

혹은 식당에서 종업원이 "사장님이 계산하셨어요"라고 말할 때도 그렇다.

하지만 비즈니스 세계에서 이보다 더 달콤한 말이 있을까.

항공사 고객센터 직원이 이렇게 말할 때다.

"좌석을 퍼스트 클래스로 업그레이드해 드렸습니다."

항공사의 로열티 프로그램은 자주 비행하는 고객에게 정기적으로 서비스를 이용한 보상으로 혜택을 제공한다. 델타항공을 자주 이용하거나, 델타와 연계된 아메리칸 익스프레스 신용카드를 충분히 사용하면, 결국 실버 메달리온(Silver Medallion) 등급을 얻게 된다.

그 위에는 골드(Gold) 등급이 있고, 플래티넘(Platinum) 등급이 있으며,

다이아몬드(Diamond) 등급이 있다. 각 등급은 공항 라운지 이용, 무료 항공권, 더 좋은 좌석으로의 업그레이드, 그리고 인기 스포츠·엔터테인먼트 이벤트 티켓의 사전 구매 같은 다양한 보상과 특전을 제공한다.

항공사 로열티 프로그램이 성공해 온 이유는, 항공사와 고객 모두가 충성도가 실제로 보상으로 돌아온다는 사실을 알고 있기 때문이다. 지난 10여 년 동안 항공사들은 신용카드 계정과 무료 여행을 중심으로 대규모 마케팅 캠페인을 구축해 왔다. 목표는 사용자가 특정 항공사만을 이용하도록 유도하는 것이었다.

이런 시도는 항공사만의 전유물이 아니다. 타깃(Target)부터 월마트(Walmart)에 이르기까지 많은 소매업체들이 고객을 다시 매장으로 불러오기 위한 로열티 프로그램을 운영하고 있다. 예를 들어 회원 전용 할인 혜택을 제공하거나 연말 쇼핑 시즌이 시작되기 전에 특정 상품을 사전 구매할 수 있는 기회를 주기도 한다. 많은 스파와 호텔은 포인트 기반 시스템을 통해 무료 서비스나 업그레이드를 받을 수 있는 기회를 제공한다. 스타벅스와 치폴레(Chipotle)는 일정량 이상 제품을 구매하면 무료 커피나 음식을 제공한다.

오늘날 로열티 프로그램 세계에서 가장 강력한 동력 중 하나는 '브랜드 간 연결성', 즉 여러 브랜드가 서로 연결되는 구조다. 스타벅스 리워즈와 델타 리워즈에 가입한 사람은 커피를 사면서 항공 마일리지를 적립할 수 있다. 아메리칸 익스프레스 카드를 사용하는 사람은 매달 무료 우버(Uber) 크레딧을 받을 수 있고, 우버 이용자는 아메리칸 익스프레스 포인트에 접근할 수 있다. 앞으로 이런 상호연결성은 대기업에만 국한되지 않을 것이다. 메타버스에서는 누구나 다른 기업이나 창업가와 함께 공동 브랜드를 만들고 공동 마케팅을 펼치며, 충성도 높은 고객층을 구축할 수 있는 힘을 갖게 되길 기대한다.

보상 프로그램은 앞으로의 소비를 유도할 수 있고, 또 실제로 그렇게 작동할 것이다. 특히 기업의 핵심이자 가장 충성도 높은 고객층에서 그 효과는 더욱 크다. 4장에서는 비즈니스 수익 창출의 80/20 법칙을 이야기했다. 사업가나 창업가라면, 전체 고객의 약 20%가 전체 매출의 약 80%를 책임진다는 사실을 인식해야 한다.

그리고 '슈퍼유저', 즉 흔히 '고래(whales)'라고 불리는 고객층도 잊어서는 안 된다. 이들은 평균 사용자보다 때로는 10배에서 20배까지 더 많은 돈을 쓸 의향이 있다. 이런 고래급 고객들은 특정 브랜드와 자신의 가치관과 신념을 일치시키며, 그 커뮤니티의 일부가 되기를 원한다. 그렇기 때문에 이들의 충성도는 반드시 그에 걸맞게 보상받아야 한다.

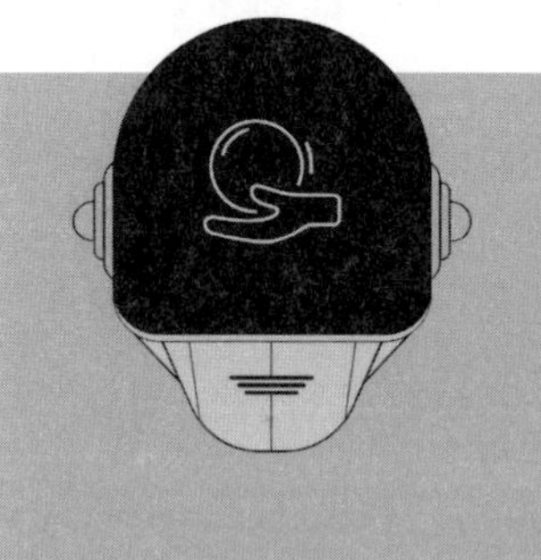

그런 보상 유인은 비즈니스 세계의 모든 로열티 프로그램 한가운데에 자리 잡고 있다. 앞으로 10년 안에 메타버스가 글로벌 비즈니스 환경을 지배하게 되면, 핵심 고객으로부터의 수익을 극대화하려면 로열티 프로그램을 통해 이들을 보상하는 데 훨씬 더 큰 노력이 필요해질 것이다. 그러니 오늘날의 로열티 프로그램을 떠올려 보라. 여기에 초강화된 상태로 말이다.

지금부터, 바로 그 이야기를 하려 한다.

로열티를 정의하다

가장 충성도 높은 고객으로부터는 엄청난 수익을 만들어낼 수 있다. 이것이 기업들이 핵심 고객을 대상으로 로열티 프로그램을 운영하고 마케팅하는 데 막대한 비용을 쓰는 이유다. 포춘 비즈니스 인사이트(Fortune Business Insights)에 따르면, 글로벌 로열티 관리 산업의 규모는 2022년 기준으로 52억 9천만 달러에 달했다. 이 시장은 2030년까지 280억 달러를 넘어설 것으로 예상되며, 웹 3.0과 메타버스의 성장은 앞으로 이 흐름에 중대한 영향을 미칠 것이다.[87]

하지만 메타버스를 이야기하기 전에, 먼저 넘어야 할 근본적인 과제를 잠깐 짚고 가자. 첫 번째는 개별 고객의 신뢰다. 고객 충성도와 개인적 브랜드 관계의 중심에는 언제나 신뢰가 있다.

내 말만 믿지 말라. 2018년 세일즈포스 리서치(Salesforce Research) 조사에 따르면, 고객의 95%는 신뢰하는 기업에 더 높은 충성도를 보일 가능성이 있다. 또한 92%는 신뢰하는 기업으로부터 추가적인 제품과 서비스

를 구매할 가능성이 더 높다.[88]

이제 지난 50년 동안 비즈니스에서 신뢰가 어떻게 변화해 왔는지 살펴보자. 한때 기업은 지역사회에서 출발했다. 다섯 곳에서 열 곳 정도의 오프라인 매장을 둔, 이른바 '동네 가게' 같은 형태였다. 식당일 수도 있었고, 철물점이나 식료품점이었을 수도 있다. 오늘날의 대형 브랜드인 맥도널드, 크로거(Kroger), 로우스(Lowe's) 역시 처음에는 몇 개의 매장에서 출발해 시간이 지나며 대기업으로 성장했다. 이 기업들이 성공한 이유는 자금력이 풍부했기 때문도, MBA 학위를 가진 직원들이 많았기 때문도 아니었다.

출발부터 신뢰가 핵심이었다. 초기부터 이 기업들은 고객, 은행, 파트너, 지역사회와의 지역 기반 관계에 의존했다. 계산대 뒤에 서 있던 사람들은 단골 고객의 이름을 알고 있었을 가능성이 크다. 기업이 수년간 물리적으로 확장해 나가는 과정에서 책임성은 무엇보다 중요했다. 신뢰가 한 번 깨지면 신문 기사, 법정 분쟁, 혹은 동네 이발소의 험담으로 번졌을 것이다. 신뢰는 필수이자 성공의 초석이었다.

하지만 1990년대에 들어서면서 신뢰를 쌓는 전략은 바뀌기 시작했다. 물리적 세계는 서서히 디지털 세계에 자리를 내주었다. 인터넷의 등장은 고객과 기업이 관계를 맺는 방식을 완전히 바꿨다. 브랜드는 주(州) 경계를 넘어, 나아가 전 세계의 고객에게 다가갈 수 있게 됐다. 이런 디지털 확장은 한때 작은 온라인 서점이었던 아마존닷컴(Amazon.com)을 전 세계 전자상거래의 선두주자로 키워냈다. 하지만 그 단계에 이르기까지, 아마존 같은 성공적인 디지털 기업들은 먼저 새로운 디지털 상거래 생태계에서 신뢰를 구축해야만 했다.

웹 2.0은 브랜드를 그 어느 때보다 소비자 가까이 데려왔다. 오늘날의 웹사이트는 직접적인 소비를 전제로 설계된다. 지금 비즈니스를 시작하는 기업이라면 누구나, 온라인 존재감을 구축하기 위한 일정한 틀을 따른다. 이들의 웹사이트는 거의 항상 신뢰를 빠르게 형성하려 한다. 예를 들어 고객 후기, 제품 스토리, 서비스 평가, 개인적인 이야기 등을 공유해 고객이 브랜드에 몰입하도록 돕는다.

또 많은 사이트가 추천에 대한 보상을 제공한다. 이 전략은 신규 고객을 확보하는 데 있어 매우 중요한 역할을 할 수 있다. 앞서 언급한 2018년 세일즈포스 리서치 조사에서도 고객의 93%는 신뢰하는 회사를 다른 사람에게 추천할 가능성이 높다는 결과가 나왔다.[89]

물론 신뢰는 저절로 주어지는 것이 아니다. 웹 2.0 시대는 디지털 침해 사고, 해킹 사건, 고객 정보 유출로 인한 프라이버시 우려와 함께 거의 20년을 보냈다. 그 결과 사이버보안 지출이 급증했고, 고객 데이터를 소유해 제3자에게 판매하는 중앙집중형 기업들도 등장했다. 그래서 오늘날에는 이메일 주소나 전화번호 같은 민감한 정보를 요구하면서, 고객 데이터는 판매하지 않겠다고 명시하는 웹사이트를 흔히 볼 수 있다.

이제 우리는 새로운 고객 참여의 세계로 들어서고 있다. 메타버스는 지난 20년 동안 전자상거래가 오프라인 소매업을 뒤흔들었던 것처럼 웹 2.0 모델을 빠르게 뒤집어 놓을 것이다. 오늘날 고객은 온라인에서 제품을 구매해 집으로 배송받고, 마음에 들지 않으면 다시 반품할 수 있다.

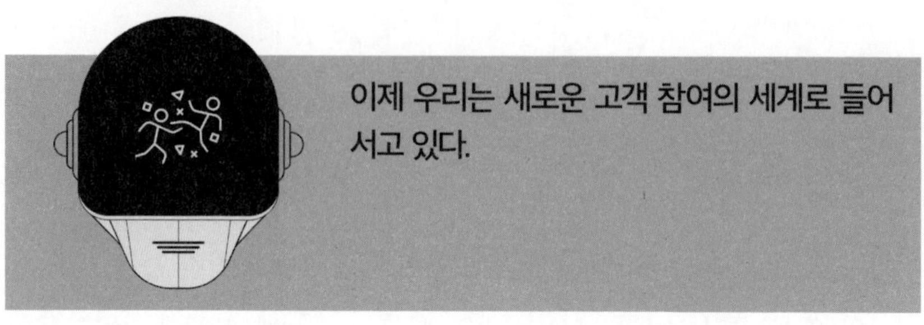

메타버스에서는 고객이 지금까지의 비즈니스 방식과는 전혀 다른 방식으로 디지털 환경에서 브랜드와 직접 상호작용하게 될 것이다. 하지만 일부 기업에는 처음에 신뢰와 충성도를 쌓는 일이 쉽지 않을 수 있다. 이유는 단순하다. 이 세계는 더 이상 물리적 공간만을 전제로 하지 않기 때문이다. 현실에서는 수천 킬로미터 떨어져 있는 고객이, 메타버스 안에서는 디지털 아바타와 다른 존재들과 상호작용하며 브랜드와 그 제품을 경험하게 된다. 이는 전혀 다른 감각적 경험이며, 완전히 새로운 접근 방식을 요구한다. 물리적인 악수나 눈 맞춤이 없는 공간에서 사람들은 신뢰를 먼저 형성해야만 충성도를 만들어 낼 수 있다.

또한 고객은 주로 다른 아바타들과 상호작용하게 되며, 자신이 구매한 아이템이 검증된 것인지, 고유한 것인지, 복제될 수 없는 것인지를 확신하고 싶어 한다. 메타버스에서 만나는 사람들이 실제로 자신이 주장하는 그 사람인지도 확인할 수 있어야 한다. 그래서 신뢰를 구축하는 과정에서 기술이 결정적으로 중요해진다.

이와 함께, 이런 디지털 세계의 강력한 성장은 평판 요소를 포함하게 된다. 이 4차원적 경험은 경계가 없으며, 브랜드와 고객을 전례 없는 수준의 충성도로 연결하기 위해서는 디지털 신뢰 메커니즘이 필요하다.

앞선 장들에서 살펴봤듯이, 블록체인은 고객의 구매와 상호작용에 대한 신뢰와 검증의 중요성을 빠르게 확립해 준다. 또한 상호운용성은 고객이 자신의 디지털 아이템을 새로운 디지털 세계로, 그리고 여러 네트워크를 넘나들며 가져갈 수 있도록 보장해 준다.

이런 전환을 가능하게 하는 기술의 대부분은 이미 존재한다. 이를 실제로 적용하는 일은 과제의 일부에 불과하다. 로열티 프로그램의 중요성을 인식하고, 보상을 통해 고객과 신뢰를 쌓는 일 역시 또 하나의 중요한 단계다.

로열티를 메타버스로 가져오다

디지털 세계에서는 로열티와 브랜드 관계가 크게 달라지며, 기업은 신뢰를 구축하고 수익을 끌어올리는 프로그램을 빠르게 마련해야 한다. 항공사, 소매 브랜드, 창업가, 그리고 어떤 형태로든 제품이나 서비스를 가진 사람이라면 지금 당장 이런 프로그램을 구축하기 시작해야 한다. 마찬가지로, 열성적인 소비자 역시 몰입형 경험을 제공하고 충성도를 보상해 주는, 자신이 좋아하는 브랜드의 프로그램을 적극적으로 찾아 나설 것이다.

이제 디지털 세계에서 브랜드와 고객의 관계를 더 깊이 들여다보며, 로열티 프로그램을 다섯 가지 중요한 분류로 나누어 설명하려 한다.

첫 번째는 가상 화폐와 디지털 아이템을 통한 방식이다. 블록체인은 기업이 암호화폐나 다른 디지털 아이템의 형태로 보상을 제공할 수 있게 해 준다. 사용자는 이 화폐를 브랜드의 매장에서 사용할 수도 있고, 특별한 보상으로 교환하거나, 독점적인 이벤트와 제품에 접근할 수도 있다. 예를 들어 오늘날에도 데이브 앤 버스터스(Dave & Buster's) 같은 오락형 레스토랑은 오프라인 매장에서 사용할 수 있는 자체 화폐를 운영하며, 레스토랑과 게임에 꾸준히 돈을 쓰는 고객에게 보상을 제공한다.

앞서 언급했듯이, NFT 같은 디지털 화폐와 아이템은 블록체인 위에 있는 사용자의 디지털 지갑에 저장될 수 있다. 이런 디지털 아이템을 통해 브랜드는 사용자가 메타사이트를 정기적으로 방문하게 하거나 독점 디지털 굿즈를 획득하게 하거나 그 밖에 브랜드가 상상할 수 있는 다양한 행동을 하도록 유도할 수 있다. 이런 가상 화폐는 항공사의 마일리지 프로그램이 이용을 촉진하듯, 로열티 프로그램의 핵심 기반으로 작동할 수 있다.

한편 NFT는 한 가지 근본적인 특성 때문에 특히 중요하다. 앞서 3장에서 살펴봤듯이, NFT는 사기나 위조가 불가능하다. 단도직입적으로 말해, 복사하거나 복제할 수 없다.

고유한 코드와 블록체인 구조 덕분에, 한 시점에 존재하는 NFT는 단 하나뿐이다(물론 한정판 시리즈나 컬렉션의 일부일 수는 있다). 이런 디지털 자산에는 예술 작품, 음악, 게임 아이템, 그리고 다른 디지털 보상이 포함된다. 그리고 이들은 상호운용이 가능하면서도 고유하기 때문에 희소성을 지닌다.

NFT에 대해 내가 특히 좋아하는 마지막 이유가 하나 더 있다. 이것이 NFT를 더욱 매력적인 로열티 상품으로 만든다. 고객이 자신의 지갑을 NFT와 연결할 수 있게 되면, 이 디지털 아이템은 거래가 가능해진다. 거래가 가능해지면, 이 아이템을 교환하거나 업그레이드나 다른 보상을 얻는 데 사용하려는 신규 사용자와 기존 사용자가 디지털 경제에 참여할 수 있는 길이 열린다.

적극적으로 NFT를 도입한 초기 기업 중 하나는 유명 호텔 체인인 메리어트(Marriott)였다. 이 회사는 마이애미 아트 페어를 위해 세 명의 예술가에게 NFT 제작을 의뢰했다. 행사 기간 동안 참가자들은 이 NFT와 함께 호텔 체인의 로열티 포인트 20만 점을 받을 수 있었다. 이 프로그램이 성공을 거두자, 메리어트는 회원 간에 거래할 수 있는 NFT 로열티 보상을 빠르게 도입했다. 비록 이 프로그램은 현재 운영되고 있지 않지만, 예술과 여행, 호스피탈리티 산업을 연결한 혁신적인 실험이었다.[90]

또한 NFT는 미국프로농구(NBA), 메이저리그 야구(MLB), 미식축구 리그(NFL) 같은 주요 스포츠 리그에서도 중요한 로열티 상품으로 자리 잡았다. 또한 버버리(Burberry), 루이뷔통(Louis Vuitton), 키엘(Kiehl's) 같은 브랜드가 메타버스에서 착용할 수 있는 아이템을 통해 사용자를 끌어들이는 방식으로도 점점 인기를 얻고 있다.

두 번째로는 앞으로 게임화(gamification)가 사용자가 새로운 제품을 인식하고 참여하도록 만드는 독특한 방식이 될 것이라고 본다. 예를 들어 메타버스에서는 아디다스가 자사의 메타사이트에서 현실감 있는 스포츠 시뮬레이션을 만드는 가능성에 대해 이미 이야기했다. 사용자가 게임을 하거나 과제를 해결해 암호화폐나 다른 보상을 얻는 장면을 떠올려 보라. 이런 몰입형 경험은 브랜드 참여도를 크게 높일 수 있다.

이런 게임화 개념은 래퍼 스눕 독(Snoop Dogg)을 중심으로 한 메타버스 플랫폼 '더 샌드박스(The Sandbox)'의 디지털 경험에서 실제로 구현된 바 있다. 이 경험에서 사용자는 유명 인사가 소유한 가상 토지를 방문할 수 있었고, 실제로 누군가는 '스눕버스(Snoopverse)'라는 가상 세계에서 스눕 독의 이웃이 되기 위해 50만 달러를 지불하기도 했다.[91]

사용자는 스눕 독의 디지털 저택에 입장할 수 있는 파티 패스를 얻을 수도 있었고, 보상을 제공하는 다양한 게임과 소규모 활동에 참여할 수도 있었다. 어떤 NFT는 무려 1,000명에게 스눕 독의 아바타와 그의 가상 저택에서 함께 시간을 보낼 수 있는 독점적인 기회를 제공하기도 했다.

세 번째로, 브랜드는 자신의 가치를 점차 개인의 가치관에 맞추게 될 가능성이 크다. 메타버스에서 신뢰는 참여, 상호작용, 그리고 고객의 취향과 비호감을 이해하는 데서 만들어진다. 혁신적인 분석과 참여 방식을 통해, 브랜드는 고객을 더 깊이 이해하고, 메타버스 안에서 가장 충성도 높은 핵심 팬들을 위해 개인화된 경험을 만들어낼 수 있다.

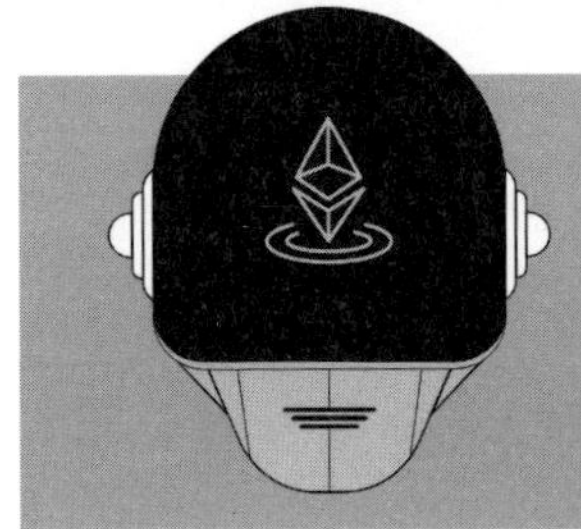

브랜드는 적절한 분석을 통해, 상위 20%의 핵심 고객이 메타사이트를 방문하고 상호작용하도록 유도하는 데 어떤 보상이나 제품이 효과적인지 빠르게 파악하게 될 것이다. 기억해야 할 점은 이것이 반드시 수만 명을 한꺼번에 대상으로 마케팅하려는 시도가 아니라는 것이다. 오히려 브랜드에 기꺼이 큰돈을 쓰는 '고래급 고객'에게 직접 다가가는 마케팅은 관계를 더욱 깊게 만들고, 현실 세계와 디지털 환경 모두에서 그들의 개별적인 경험을 한층 강화할 것이다.

네 번째로, 브랜드가 핵심 사용자를 더 잘 이해하게 되면, 이런 메타버스 로열티 프로그램은 디지털 세계를 넘어 확장돼야 한다. 최상위 고객에게 현실 세계의 경험에 접근할 수 있는 기회를 제공해야 한다는 뜻이다. 예를 들어 아디다스는 실제 스포츠 경기 티켓을 제공할 수 있고, 뮤지션들은 자신의 도시에서 열리는 라이브 공연에 참석할 기회를 제공할 수 있다.

브랜드는 물리적 경험과 디지털 경험 사이의 균형을 적절히 조율하며, 고객이 이전에는 상상하지 못했던 현실 세계의 경험을 누릴 수 있도록 해야 한다.

로열티 프로그램에 대한 다섯 번째이자 마지막 생각은 네트워킹이 고객층을 키우고 파트너십 가능성을 넓히는 데 결정적으로 중요하다는 점이다. 가장 충성도 높은 팬과 고객은 서로를 만날 수 있어야 하고, 함께 경험을 만들며, 새로운 구성원을 커뮤니티로 데려오려는 자신의 노력이 보상으로 이어지는 구조를 누릴 수 있어야 한다. 오늘날의 오프라인 마케팅 세계에서도 기업들은 새로운 사용자를 초대하도록 유도하기 위해 재정적·사회적 인센티브를 정기적으로 제공한다.

메타버스에서는 이것이 훨씬 더 강력한 마케팅 경험으로 진화할 수 있다. 기업은 더 이상 현실 세계의 규칙과 한계에 얽매이지 않게 된다. 충성도 높은 고객이 친구를 메타사이트로 데려오도록 보상하는 일은 두 사람이 화면에 로그인해 곧바로 브랜드 공간에 몰입하게 만드는 것만큼이나 간단해질 것이다. 집을 나서거나 신발을 신을 필요조차 없다.

메타버스는 로열티 프로그램을 위한 새로운 비즈니스 전략을 만들어낼 것이다. 이는 고객이 브랜드와 상호작용하는 방식을 바꾸고, 기업이 신규 고객과 기존 고객 모두에게서 지출을 이끌어내는 방식에 혁신을 가져올 것이다. 이것이 바로 다음 장에서 다룰 주제다.

앞으로는 기업이 고객을 찾고 판매하는 일이 훨씬 쉬워질 것이다. 지금까지 우리가 봐온 어떤 고객 확보 방식과도 다른 모델이 등장한다.

이제 웹 2.0 시대의, 이름과 이메일만 모으는 마케팅과는 작별할 시간이다. 메타버스에서의 새로운 고객 전략에 온 것을 환영한다. (메타버스에서는 고객을 한 번 데려오는 데서 끝나지 않으며, 이미 온 고객과 어떻게 관계를 키우고, 계속 함께할 것인가가 핵심이 된다. 즉, 클릭 수나 가입자 수보다 중요한 것은 참여, 경험, 그리고 관계다. 메타버스에서의 고객 전략은 고객을 숫자로 관리하는 방식이 아니라 브랜드의 세계 안으로 초대해 함께 머물게 만드는 전략이다.)

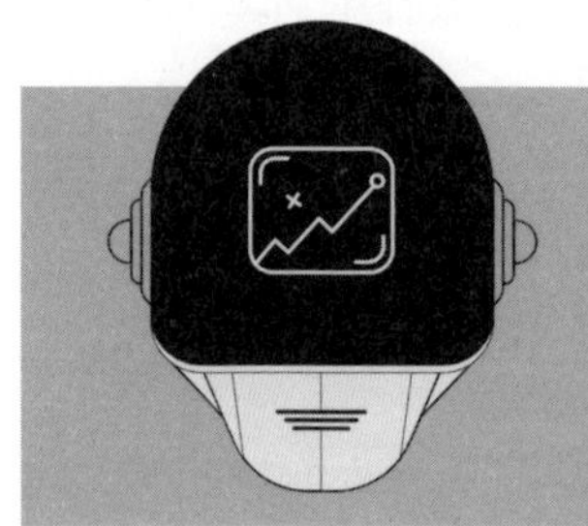

제 9 장

수익 공유: 클릭에 선지급하지 말고, 고객에게 후지급하라

경제학자들은 전 세계 190개 국가를 대상으로 국내총생산(GDP)을 추적한다. GDP는 한 나라의 경제 규모를 보여주는 지표로, 소비자 지출, 정부지출, 기업 투자, 그리고 수입과 수출의 차이를 모두 포함한다. 이 수치는 한 국가의 경제력이 어느 정도인지 이해하는 데 중요한 기준이 된다.

현재 연간 GDP가 1조 달러를 넘는 나라는 단 16개국뿐이다. 반대로 말하면, 174개국은 연간 GDP가 1조 달러에 못 미친다. 다시 말해, 174개국의 GDP는 2027년으로 예상되는 전 세계 온라인 광고 산업의 규모보다 작을 수도 있다는 뜻이다. 실제로 얼라이드 마켓 리서치(Allied Market Research)에 따르면, 온라인 마케팅 산업은 향후 몇 년 안에 1조 800억 달러 규모에 이를 수 있다.[92]

인터넷 마케팅 생태계는 거대한 괴물과도 같다. 이 시장은 대형 검색 기업, 소셜미디어 거대 기업, 그리고 소비자 데이터를 활용해 가능한 한 많은 돈을 끌어내는 주체들이 사실상 장악하고 있다. 중앙집중형 플레이어들은 자유 경제 시스템이라기보다는 디지털 과두제나 온라인 봉건제에 가까운 시스템을 계속 운영하고 있다.

이제 기존의 디지털 광고 시장을 살펴보고, 다음 인터넷의 모습인 메타버스에서 내가 보기에 큰 변화가 일어날 수 있는 지점을 짚어보자.

메타버스에서의 광고

온라인으로 비즈니스를 해본 적이 있다면, 제품이나 서비스를 홍보할 수 있는 방법이 매우 많다는 걸 알고 있을 것이다. 오늘날의 디지털 환경에서는 세 가지 마케팅 모델이 광고 시장을 지배하고 있다. 대부분의 콘텐츠 제작자와 기업은 이 전략을 통해 사이트로 트래픽을 끌어온다.

이 세 가지 모델은 공통적으로 모든 트래픽에 대해 미리 비용을 지불해야 한다는 특징이 있다. 이 모델들은 클릭당 과금(PPC), 노출당 과금(PPM), 행동당 과금(PPA)이다. 각각 광고가 클릭될 때, 노출될 때, 혹은 실제 구매가 발생했을 때 기업이 비용을 지불하는 방식이다.

클릭당 과금(PPC) 광고는 이름 그대로다. 비즈니스를 운영하는 입장에서 보면, 누군가 광고를 클릭했을 때만 마케터에게 비용을 지불한다. 이 방식이 오늘날 성공을 거둔 이유는 매우 정교하게 타기팅된 마케팅 전략이기 때문이다.

마케터들은 자신이 겨냥하는 대상에 대해 깊이 알고 있기 때문에, 기업은 위치, 인구통계 정보, 그리고 기타 중요한 요소를 기준으로 특정 개인에게 직접 광고를 노출할 수 있다. 앞으로 나는 데이터를 유지하고 통제하는 일이 왜 중요한지에 대해 이야기할 것이다. 데이터는 오늘날 디지털 마케팅 환경의 생명줄이기 때문이다.

광고 클릭이 발생했을 때만 비용을 지불하기 때문에 기업은 유료 링크에 대한 '투자 대비 수익률(ROI)'을 쉽게 계산할 수 있다. 전환율은 광고 링크를 클릭한 사람들 가운데, 실제 구매로 이어진 사람의 비율로 계산된다. 많은 기업이 PPC 모델을 선호하는 이유는 예산을 세우기 쉽고, 메시지 성과에 대한 데이터가 잘 나오며, 빠른 결과를 얻을 수 있기 때문이다. 게다가 PPC 캠페인은 매우 빠르게 실행할 수 있다.

하지만 PPC는 업종에 따라 매우 비쌀 수 있다. PPC는 주로 검색 엔진에서 추적되는 특정 키워드를 기반으로 작동하며, 구글이나 마이크로소프트 같은 핵심 기업들이 이 구조를 통제하고 있다. 경쟁이 치열한 시장에서는 소비자의 관심을 끌 수 있는 특정 키워드를 차지하기 위해 기업이 막대한 비용을 지불해야 할 수도 있다. 예를 들어 2021년 기준으로, 구글 애드워즈(Google AdWords)는 검색 결과 상단에 노출되기 위해 특정 키워드에 상당한 비용을 부과했다. CNBC에 따르면, 구글은 2020년에 검색, 영상, 디스플레이 광고를 통해 1,470억 달러의 매출을 올렸다.[93]

워드스트림(WordStream)에 따르면, 보험(insurance)이라는 검색어는 클릭당 54.91달러, 대출(loans)이라는 검색어는 클릭당 44.28달러의 비용이 들었다.[94] 한편 2021년에는 '노스캐롤라이나 최고의 자동차 보험(best car insurance in North Carolina)'이라는 검색 문구가 클릭당 220달러라는 깜짝 놀랄 정도의 가격에 달했다고 PPC 히어로(PPC Hero)는 전했다.[95]

여기에 더해, 클릭 사기 문제가 발생하는 경우도 있다. 예를 들어 당신과 경쟁사가 같은 키워드를 두고 경쟁하고 있다고 해보자. 경쟁사가 당신의 광고를 반복해서 클릭하며 막대한 비용을 떠안게 만드는 것을 어떻게 막을 수 있을까? 2006년 구글은 온라인 소매업체들이 제기한 클릭 사기 집단 소송을 9천만 달러에 합의로 마무리했다. 당시 구글의 매출은 61억 4천만 달러였다.[96] 오늘날 구글은 연 매출 2,820억 달러 이상을 올리고 있다.[97] 그 9천만 달러의 소송 합의금은 구글의 수익에 거의 영향을 주지 못했다. 오늘날의 PPC 캠페인은 보통 허위 클릭을 감지하는 장치를 갖추고 있지만, 이 과정에서 광고주가 직접 통제할 수 있는 부분은 거의 없다는 점도 주목할 필요가 있다.

다음으로 노출당 과금(PPM) 광고를 살펴보자. 이 방식에서는 광고가 1,000회 노출될 때마다 정액 요금을 지불한다. 인터넷 전체에 배너 광고와 눈길을 끄는 문구를 뿌리는 방식이라고 생각하면 된다. 하지만 이 전략은 타기팅이 약하고, TV나 신문 같은 전통 매체의 대중 광고 전략을 그대로 옮긴 것에 가깝다.

PPM은 비용 대비 효율이 좋아 보일 수 있지만, 타깃이 분산돼 있어 기업이 성과를 정확히 측정하기 어렵다. 캠페인의 성공 여부도 우연에 가까운 경우가 많아, 동일한 반응을 다시 만들어내는 데 시간이 걸릴 수 있다. 비용 구조도 복잡해, 기업은 사전에 예산을 정확히 편성해야 한다. 충분한 현금이 없다면, 수익이 발생할지에 대한 확신도 없는 상태에서 신용카드로 비용을 떠안아야 할 수도 있다.

마지막으로 기업은 행동당 과금(PPA), 또는 구매당 과금 모델을 고려할 수 있다. 이 경우 기업은 소셜미디어 사이트나 웹사이트, 또는 다른 공간에 광고를 게재할 수 있다. 그리고 고객이 특정 웹사이트로 이동하는 링

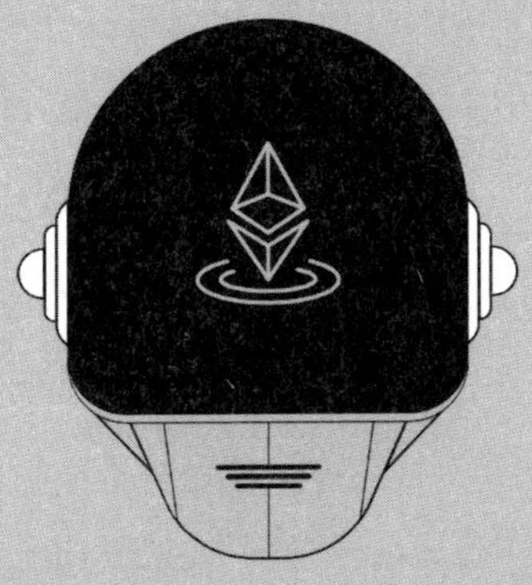

데이터는
오늘날 디지털 마케팅 환경의
생명줄이다.

크를 클릭하거나, 실제로 구매를 하거나, 정보를 제공했을 때 비용을 지불하는 방식이다.

이 모델은 오늘날 가장 발전되고 정교하게 타기팅이 된 광고 방식 중 하나다. 하지만 모든 광고 회사가 이런 방식의 수고를 감수하고 싶어 하는 것은 아니다. 많은 온라인 광고 네트워크는 한두 건의 큰 구매에 따라 수익을 나누는 것보다 더 작지만 안정적으로 들어오는 수익을 선호한다.

그래서 대부분의 기업은 구글이나 페이스북에 광고를 의존하고, 클릭당 비용을 지불하며, 그 클릭이 실제 고객 구매로 이어지기를 기대한다. 하지만 이런 구조에 의존하다 보면 광고 캠페인에 대한 완전한 통제권이나 확신을 갖기 어렵고, 현금 흐름에도 영향을 받을 수 있다.

오늘날 최대 규모의 검색 마케팅 기업과 소셜미디어 기업은 디지털 광고 시장을 사실상 장악하고 있다. 아무리 많은 잠재 고객에게 다가가고 싶어도, 웹페이지 하나 만들어 놓고 블로그를 홍보한다고 해서 고객이 알아서 찾아오지는 않는다.

오늘날처럼 경쟁이 치열한 전자상거래 환경에서 페이스북과 구글은 (메디바인(Mediavine), 애드센스(AdSense) 같은 제휴 마케팅 회사들과 함께) 기업의 '비즈니스를 하고 싶다'는 욕구를 수익으로 바꾸고 있다. 즉 검색 결과에서 우선 노출을 판매하고, 특정 웹페이지나 상거래 채널로 유입되는 트래픽을 수익화한다.

하지만 메타버스에서는 기업이 새로운 비즈니스를 만들어 내고, 수익을 극대화하며, 잠재 고객을 확장할 수 있는 훨씬 더 나은 모델을 활용할 수 있다. 브랜드와 소비자는 여러 네트워크를 넘나들며 상호작용할 수도 있다. 웹 2.0이든 미래의 메타버스든 새로운 고객을 끌어들이는 일은 언제나 핵심이다. 고객에게 새로운 브랜드를 소개하는 과정은 참여자 모두에게 새로운 수익을 만들어 내는 중요한 마케팅 활동이 될 것이다.

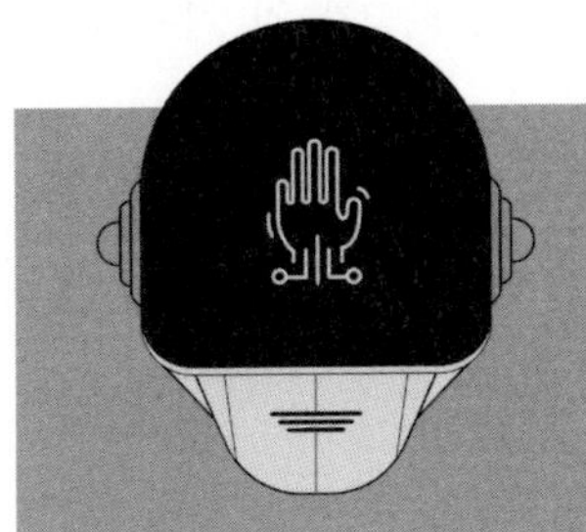

그 잠재적인 수익을 더 키우기 위해, 비즈니스와 고객 관계를 설명하는 흥미로운 모델 하나를 소개하려 한다. 바로 수익 공유(revenue share)다. 이 용어는 이미 알고 있는 사람도 많을 것이다. 수익 공유란 두 당사자 사이의 간단한 계약이다. 한 회사의 제품이나 서비스를 판매해 준 비즈니스 파트너가 그 수익의 일정 비율을 받는 방식이다. 겉으로 보면 이는 고객 획득당 비용(cost-per-acquisition) 모델과 비슷해 보일 수 있지만, 실제로는 그보다 한 단계 더 깊은 개념이다.

이 모델에서는 제3의 마케터를 거치지 않는다. 대신 파트너가 직접 마케팅과 광고, 리드 생성(잠재 고객 확보) 역할을 맡고, 자신이 이미 보유한 고객을 다른 기업에 소개한다. 여기에는 중요한 입소문 요소도 포함된다. 파트너가 사실상 다른 회사를 대신해 행동하기 때문이다.

이런 관계를 설정할 때는 명확한 기준이 필요하다. 예를 들어 각 브랜드가 새로운 고객 유입에 얼마나 기여했는지, 사용자들이 어떤 접점과 상호작용을 거쳤는지를 파악해야 한다. 각 비용과 거래의 가치를 정확히 나누는 일은 쉽지 않다. 고객의 구매 결정이나 심리까지 수치로 계산하는 것도 어렵다.

그럼에도 불구하고 양측은 관계의 효율과 리드(잠재 고객)의 가치를 최적화하기 위해 구체적인 수익 배분 비율과 재무 지표에 합의해야 한다. 파트너가 된 브랜드를 신뢰하는 충성 고객은 자신에게 추천된 새로운 제품이나 서비스를 더 기꺼이 써 보게 된다. 수익 공유 계약에 따라, 파트너는 각 거래가 발생할 때마다 사전에 정해진 금액을 받게 된다.

수익 공유에는 여러 장점이 있다. 가장 큰 장점은 한 회사가 파트너의 고객 기반, 마케팅 노하우, 심지어 광고 자원까지 활용할 수 있다는 점이다. 또 이런 계약은 두 회사의 사업을 서로 맞물리게 만들어 시너지 효과를 낼 수도 있다. 여기까지는 현실 세계의 이야기다.

하지만 메타버스로 들어가면 상황은 조금 달라진다. 기술 자체가 신뢰와 검증을 제공하고, 지금까지 경제 역사에서 보지 못했던 가능성을 열어 주기 때문이다. 메타버스에서는 이미 수익 공유 계약이 흔하게 이루어지고 있다. 예를 들어 2021년 나이키는 가상 플랫폼 〈로블록스〉와 파트너십을 맺었다. 글로벌 의류 브랜드인 나이키는 한정판 가상 운동화를 출시했고, 이용자들은 이 신발을 〈로블록스〉 아바타를 위해 구매할 수 있었다. 이 디지털 아이템은 독점 상품이었다.

계약 조건에 따라 두 회사는 수익을 나눴다. 또한 양사는 사용자가 가상 장애물 코스에서 경쟁할 수 있는, 인기 있는 가상 체험 공간인 '나이키 게임룸(Nike Game Room)'도 함께 만들었다. 나이키는 콘텐츠를 제공했고,

〈로블록스〉는 이용자 기반을 제공했다.

이것은 메타버스 수익 공유의 작은 사례 하나에 불과하다. 메타버스에는 이보다 훨씬 많은 기회가 있다. 메타버스 프로젝트를 개발하는 개발자들은 기업과 협력해 게임 내 구매, 광고 기회, 디지털 아이템을 확대하고 새로운 수익 채널을 만들 수 있다. 예를 들어 메타버스의 방대한 가상 부동산 시장에서는 기업이 가상 토지를 구매해 메타사이트, 가상 체험 공간, 상점을 개발하며 수익 기회를 만들 수 있다.

이런 개발자들은 앞으로 더 샌드박스(The Sandbox)나 디센트럴랜드(Decentraland) 같은 메타버스 플랫폼에 자본을 제공할 수도 있다. 수익 공유에는 가상 상품 판매도 포함될 수 있다. 창작자는 의류, 스킨 같은 가상 아이템을 만들기 위해 개발자의 도움이 필요할 수 있고, 이런 디지털 상품은 디지털 지갑에 안전하게 저장된다. 또 수익 공유에는 가상 이벤트도 포함될 수 있다. 예를 들어 누군가 가상 콘서트나 이벤트의 티켓 판매를 도와준다면, 그 기여에 대해 직접 보상을 받을 수 있다.

마지막으로, 다양한 기술과 자산을 활용해 메타버스 프로젝트를 개발할 수 있도록 허용하는 새로운 라이선스 계약도 등장할 수 있다. 앞으로 수익 공유 모델은 매우 중요해질 것이다. 하지만 이를 실제로 어떻게 구현할지 이야기하기 전에, 먼저 경영진 관점에서의 수익 공유를 짚고 싶다. 수익 공유 모델은 전통적인 벤처 캐피털이나 투자 방식보다 더 매력적일 수 있다. 기존 모델에서는 많은 투자자가 기업의 장기적 생존 가능성에 연동된 지분과 이익의 일부를 요구한다.

현재 메타(Meta)는 '호라이즌 월드(Horizon Worlds)'라는 가상 플랫폼을 운영하고 있다. 2022년 메타는 이 플랫폼에서 활동하는 개발자를 대상으로 수익 공유 모델을 도입하겠다고 발표했다. 그 조건은 이렇다. 메타는 전체 매출의 47.5%를 요구하는데, 여기에는 하드웨어 플랫폼 수수료 30%가 포함된다. 여기에 더해, 인월드 구매에 대한 높은 수수료와 호라이즌 월드 몫 17.5%도 부과한다. 이는 미국 IT 매체 《9to5Mac》이 보도한 내용이다.[98]

예를 들어 어떤 아이템이 1달러에 판매되면, 메타는 0.30달러를 가져간다. 여기에 호라이즌 월드 플랫폼 수수료로 0.17달러가 추가된다. 결국 창작자가 세금을 내기 전 기준으로 손에 쥐는 금액은 0.53달러다.

이처럼 높은 수수료는 어느 정도 예상할 수 있는 일이다. 메타 플랫폼스는 한때 이 플랫폼 개발에 수십억 달러를 투자할 계획이었고, 10년 동안 배정된 투자 규모가 최대 2,500억 달러에 이를 수 있다는 전망도 있었다. 하지만 투자자들의 반발로 이런 계획은 축소됐다.

이 수수료 구조가 흥미로운 이유는 단지 금액이 크기 때문만은 아니다. 메타의 CEO 마크 저커버그는 과거 다른 대형 기술 기업의 수익 공유 모델을 비판해 왔다. 특히 애플과 개발자 사이의 30% 수익 배분 구조를 문제 삼았다. 그는 한때 메타 플랫폼에서 활동하는 개발자들이 "세금을 제외한 모든 수익을 가져가게 될 것"이라고 약속한 바 있다.[99]

나는 메타 플랫폼스가 제시한 모델보다 훨씬 더 협력적이고 민주적인 방식을 그려본다. 이제 미래의 메타버스에서 내가 선호하는 수익 공유 모델을 더 깊이 들여다보자.

블록체인으로 메타버스를 혁신하다

앞서 말했듯이, 블록체인 기술은 메타버스의 잠재력에서 핵심적인 역할을 한다. 이제 사용자는 계약을 미리 체결하거나 광고비를 선불로 낼 필요가 없다. 대신 거래가 끝난 뒤, 그 결과에 따라 파트너에게 보상이 돌아가는 구조가 가능해진다.

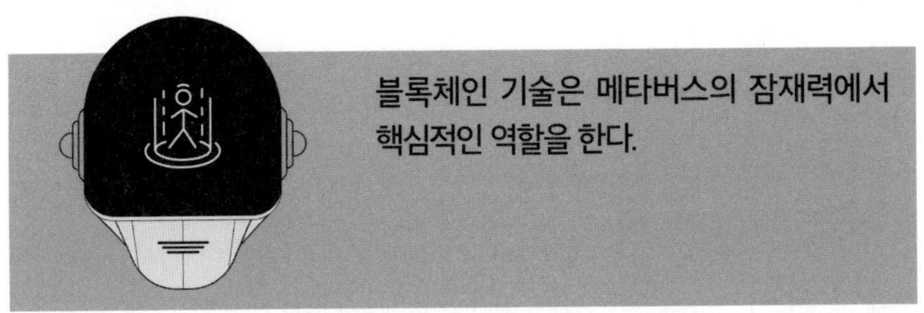

기본적인 추천 마케팅을 활용하면, 우리는 블록체인 위에서 상호작용을 직접 추적하고 기업으로 유입된 트래픽을 확인할 수 있다. 또한 이런 계약은 며칠로 끝나는 것이 아니라 영구적으로 지속될 수도 있다. 이 방식이 디지털 광고 시장을 얼마나 크게 뒤바꿀 수 있을지 생각해 보라. 전통적인 온라인 마케팅 관행에서 블록체인을 통해 파트너를 즉시 추적하고 보상할 수 있는 추천 기반 시스템으로 수조 달러 규모의 자금이 이동할 가능성을 이야기하고 있다.

블록체인 덕분에 이런 계약은 완전히 투명하며, 누구나 그 내용을 확인할 수 있다. 파트너는 하나의 계약만 가질 수도 있고, 특정 콘텐츠를 중심으로 더 큰 계약을 만들어 수익을 나누고, 문어의 촉수처럼 메타버스 전반으로 확장할 수도 있다. 이런 계약은 새로운 거래를 만들어 내고, 지급을 실행하며, 새로운 파트너십과 새로운 수익 흐름을 조율한다.

계약은 두 당사자가 50 대 50으로 수익을 나누는 구조로 시작할 수도 있다. 이후 새로운 개발자와 콘텐츠 제작자가 참여하면, 이들은 전체 수익을 추적하고 분배하는 하나의 블록에 빠르게 추가될 수 있다. 시간이 지나면 하나의 콘텐츠 프로젝트, 하나의 메타사이트, 하나의 가상 콘서트 시리즈에 다섯 개 이상의 파트너가 참여해 서로 다른 비율로 수익을 만들어 낼 수도 있다. 이런 구조는 점점 더 확장되며, 신뢰할 수 있는 계약 기반의 수익원을 형성하게 된다.

내가 말하는 것은 기업이 플랫폼 개발자에게 돈을 지불하는 전통적인 수익 공유 모델이 아니다. 내가 이야기하는 것은 사람들이 실시간으로 기업에 트래픽을 유도하고, 그에 대한 몫을 확실하게 받으며 실제 돈을 벌 수 있는 구조다. 예를 들어 오늘 당신이 마케팅 리스트를 갖고 있다면, 그 리스트를 통해 다른 회사의 제품을 구매한 모든 사람의 거래가 끝난 뒤, 그 보상이 곧바로 당신에게 돌아온다.

불완전할 수 있는 마케팅 리스트에 돈을 쓰거나, 페이스북이나 애드센스 같은 거대 광고 기업에 비용을 지불하거나, 성과를 정확히 측정할 수 없는 낡은 마케팅 방식에 의존하는 대신, 수익이 실제로 발생한 뒤 추천에 대한 비용을 지불할 수 있다. 이 비즈니스 모델은 초기 자본이 많지 않고 선불 비용을 감당하기 어려운 스타트업과 창업가, 그리고 소규모 기업에 특히 이상적이다. 이 과정이 글로벌 마케팅 산업을 얼마나 빠르게 뒤바꿀 수 있을지 보이지 않는가?

하지만 이 모델은 단순한 마케팅을 넘어선다. 이 구조가 가진 영속성은 매우 독특하다. 한 번의 추천으로 일회성 거래를 만드는 대신, 수익 공유 모델은 지속적인 참여를 낳는 게임화된 환경을 만들어 낼 수 있다.

예를 들어 당신이 동네 식당을 한 사람에게 추천했다고 해보자. 그리고 그 사람이 평생 그 식당을 이용할 때마다, 당신은 거래마다 몇 센트씩을 받게 된다면 어떨까? 당신은 수익 공유에 참여했기 때문에, 그 사람이 식당을 방문할 때마다 직접적인 지급을 받는다. 그리고 그 사람이 식당에서 신용카드를 긁을 때마다, 거래와 추천 관계가 블록체인에 기록되어 당신의 보상이 보장된다.

이 거래 모델을 디지털 아이템과 결합하면, 특정 고객과 식당 사이의 관계는 더욱 빠르게 강화된다. 예를 들어 식당은 그 고객이 가장 자주 구매하는 메뉴에 할인을 제공하는 맞춤형 제안을 NFT 형태로 직접 보낼 수 있다. 그리고 그 제안 안에는 블록체인으로 추적되는 코드가 포함돼, 그 고객이 식당을 방문할 때마다 추천자인 당신이 수익의 일부를 받도록 설정할 수 있다.

이 방식을 마을의 모든 식당에 적용해 보라. 모든 쇼핑센터와 쇼핑몰의 모든 매장에도 적용해 보라. 이 방식을 메타버스의 막대한 잠재력과, 창작자들이 NFT와 맞춤형 상품을 개발해 몇 센트, 몇 달러씩 쌓이며 계속 불어나는 무한한 수익 기회를 만들어낼 수 있다는 가능성에 적용해 보라. 이는 당신의 청중(당신을 지켜보고 팔로우하는 사람들)과 그들이 당신을 신뢰하는 관계를 통해, 끝없이 자본이 솟아나는 샘이 될 수도 있다.

이 과정은 메타버스 개발의 가장 초기 단계에서부터 시작된다. 메타버스에서 비즈니스를 여는 기업은 처음부터 예술가와 개발자와 협력해야 한다. 하지만 이들에게 일회성 비용을 지불하는 대신, 메타사이트에서의 프로젝트와 판매는 영구적으로 지속되는 구조가 될 수 있다. 이것이 내가 메타버스, 그리고 널리 배포될 수 있는 디지털 아이템과 프로젝트 개발에 집중하는 이유다. 개발자로서 우리는 수익 공유에 합의하고, 앞으로 새로운 관계를 만들어 줄 새로운 파트너를 찾을 수 있다.

이것은 지금까지 우리가 해오던 방식과는 근본적으로 다른 접근이다. 그리고 우리가 가야 할 방향을 향한 변화이기도 하다.

제 10 장

당신의 데이터를 가진 자가 당신의 세상을 지배한다

유튜브에 영상을 하나 올린다. 스포티파이에 노래를 하나 올린다. 미디엄(Medium) 같은 중앙화된 콘텐츠 플랫폼에 블로그 글을 하나 게시한다. 이렇게 활동하는 창작자들이 곧바로 마주하는 문제는 자신의 핵심 독자나 시청자가 누구인지 거의 알 수 없다는 점이다.

이것이 바로 오늘날 디지털 상거래 세계의 현실이다. 이 때문에 중앙화된 미디어 플랫폼을 통해 비즈니스를 운영하는 일은 쉽지 않다. 더 큰 문제는 아마존 같은 웹사이트에서 상품을 판매할 경우 전자상거래 공룡 기업이 고객 데이터를 통제할 뿐 아니라 당신에게 지급되는 결제 대금까지도 2주에서 4주 동안 통제한다는 점이다.[100]

오늘날 고객과 창작자는 모두 중앙화된 플랫폼에 전적으로 의존하고 있다. 창작자는 자신의 팬에게 직접 마케팅할 수 없고, 팬 역시 자신이 좋아하는 브랜드와 직접 소통하기가 매우 어렵다.

왜 이런 일이 벌어질까? 현재 전자상거래 세계의 모습과 데이터 프라이버시 문제를 살펴보면, 데이터는 대부분의 사람들 손에 안전하게 관리되지 않고 있다는 사실을 알 수 있다. 법률회사 모건 루이스(Morgan Lewis)에 따르면, 2022년 기준으로 데이터 유출 사고 한 건당 평균 비용은 435만 달러에 달했다.[101] 이는 아마존이나 구글 같은 거대 기술 기업에는 감당 가능한 금액일 수 있지만, 소규모 사업자에는 치명적인 수준이다.

많은 사람은 자신의 데이터가 실리콘밸리의 거대 기업들에 의해 주로 관리된다고 생각한다. 하지만 실제로 소비자 데이터는 전국 곳곳의 수많은 소기업 컴퓨터에 흩어져 저장돼 있다. 지역 상점들은 판매 데이터를 보관하고, 고객과 연락을 유지하며, 늘 새로운 거래 기회를 찾는다. 지역 자선단체들 역시 정기 후원을 위해 기부자의 신용카드 정보를 보관한다.

'데이터가 여기저기 흩어져 있다'고 말할 때 그건 페이스북이나 이메일 계정만을 뜻하는 게 아니다. 해커가 노릴 수 있는 지점은 훨씬 더 많다. 예를 들어 미국에서 랜섬웨어 공격의 가장 흔한 피해자는 바로 소규모 사업체들이다.[102] 해커는 소기업의 컴퓨터를 마비시키고, 파일을 풀어 주는 대가로 몸값을 요구한다. 회사가 이를 지불하지 못하면 사업 운영에 필수적인 방대한 고객 정보를 잃게 된다. 설령 돈을 지불하더라도, 데이터는 이미 유출된 상태다. 그 결과 고객과 기업 사이의 신뢰 관계는 심각하게 훼손될 수밖에 없다.

대부분의 사람들은 대규모 데이터 유출을 떠올릴 때 익스피리언(Experian)이나 타깃(Target) 같은 기업의 해킹 사건을 생각한다. 하지만 현실은 다르다. 오늘날의 기술 환경에서는 당신의 데이터가 어디에서도 그다지 안전하지 않다.

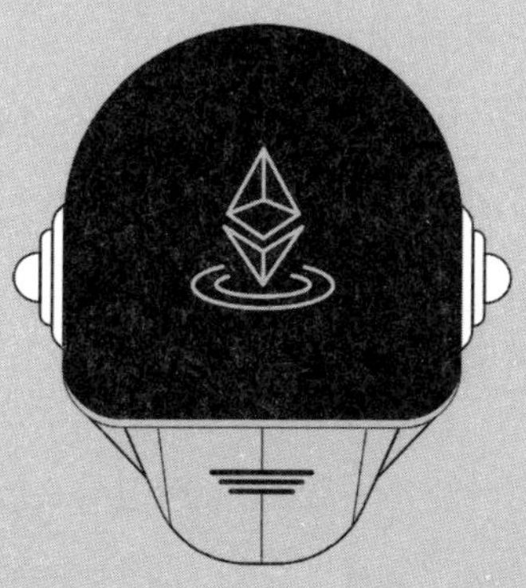

오늘날의 기술 환경에서는
당신의 데이터가 어디에서도
그다지 안전하지 않다.

예를 들어 응급실로 급히 실려 갈 때 자신의 데이터 보안을 걱정하는 사람은 거의 없다. 하지만 걱정해야 할 이유는 충분하다. 《U.S. 뉴스 & 월드 리포트》에 따르면, 미국 내 병원을 대상으로 한 랜섬웨어 공격은 2016년부터 2023년 사이 두 배로 증가했다.[103]

다행히도 이런 상황은 바뀔 것이다. 메타버스에서는 개별 거래를 뒷받침하는 기술이 투명성, 책임성, 그리고 프라이버시를 강화하게 될 것이다. 그리고 이런 통합이 이루어지면, 창작자와 콘텐츠 제작자는 아마존의 중앙화된 시스템에 의존하거나 유튜브, 스포티파이, 수십 개의 TV 스트리밍 서비스에 홍보비를 지불하지 않고도 자신의 청중(고객)과 직접 소통할 수 있게 된다.

잠깐 숨을 고르고, 이 점을 한번 곱씹어 보자. 요점은 당신의 정보가 마침내 안전해질 수 있다는 것이다. 더 중요한 것은 이 거대한 디지털 경제에서 당신이 처음으로 자신의 데이터를 소유하고 통제할 수 있게 된다는 점이다. 그리고 당신의 고객도 마찬가지다.

오늘날의 디지털 세계에서 소비자는 대체로 실리콘밸리의 거대 기술 기업들 손에 좌우된다. 아마존, 스포티파이, 알파벳(구글 모회사) 같은 기업은 서버에 엄청난 양의 개인정보를 수집하고 저장한다. 이 데이터는 그들의 비즈니스 모델에서 핵심이다.

그렇다면 어떤 데이터가 수집될까? 당신의 인터넷 검색 기록, 결제 수단, 스트리밍한 음악, 시청한 프로그램, 유튜브에서 본 영상, 위치 정보, 구매 이력, 클릭한 광고의 종류, 그리고 구매하지 않기로 한 상품들에 대한 정보까지 포함된다.

이 서버들은 당신의 친구 몇 명보다 당신을 더 잘 알고 있을지도 모른다. 기업은 이런 데이터를 이용해 고객이 무엇을 좋아하고 무엇을 싫어하는지, 즉 그의 취향을 파악한다. 예를 들어 당신이 아마존에서 요가 매트를 주문했다면, 다음에 요가 스튜디오에 가서 운동할 때 입을 운동복도 살 가능성이 높다고 판단할 수 있다. 그러면 결국 그와 관련된 마케팅 메시지를 받게 된다.

혹시 컴퓨터가 당신의 말을 듣고 있다가, 딱 맞는 광고를 바로 보여준다고 느낀 적이 있는가? 아마도 대부분의 경우, 이런 기업들이 당신의 과거 검색 기록을 바탕으로 당신이 살 만한 제품이나 서비스를 추정해 광고를 보내는 것이다.

오늘날 데이터 관리에는 몇 가지 핵심 문제가 있다. 가장 큰 비판은 제3자 접근이 개입된 타깃 광고에 집중된다. 데이터 수집과 분석은 제3자 기업들의 비즈니스 모델 그 자체이기 때문이다. 이들은 당신의 데이터를 바탕으로 고객 프로필을 만들고, 그 프로필에 맞춰 제품을 파는 타깃 광고를 활용한다. 당연히 개인정보와 프라이버시에 대한 질문이 따라온다. 이 기업들이 이런 데이터를 모두 수집할 수 있어야 할까? 그리고 그 데이터는 누가 소유해야 할까?

대부분의 미국인은 '데이터 중개업(data brokerages)'이 하는 다소 음성적인 사업 관행을 잘 모른다. 이런 제3자 기업들은 공개된 곳곳에서 개인정보를 모아, 그 데이터를 판매하거나 사용권(라이선스)을 줘서 이익을 얻는다. 예를 들어 구글에서 자신의 이름을 검색해 보면, 스포키오(Spokeo) 같은 사이트가 나올 가능성이 크다. 그 사이트에는 당신의 이름, 주소, 위치, 전화번호 같은 정보가 올라가 있고, 그 정보는 판매 대상이 된다.

2021년에는 약 4,000개의 데이터 중개업체가 운영되고 있었고, 이 산업 규모는 2,000억 달러에 달했다.[104] 이는 대체로 비밀스럽게 운영되는 산업이다. 실제로 2019년 미국 상원은 데이터 중개업체 규제 가능성을 검토하기 위해 청문회를 열었지만,[105] 청문회 출석을 요구받은 데이터 중개업자들은 그 자리에 나타나지 않았다.

이들 중개업체는 한 사람의 디지털 정체성과 관련된 거의 모든 것을 수집하고, 개인 프로필을 만든 뒤, 이 정보를 제3자에게 판매하거나 사용권을 준다. 구매자는 새 차를 팔고 싶은 자동차 대리점의 딜러일 수도 있고, 미국인을 감시하려는 외국 정부일 수도 있다. 2021년, 전(前) 백악관 국가안보 부보좌관이었던 매슈 포팅거(Matthew Pottinger)는 상원 정보위원회에 데이터 중개업체를 통한 데이터 접근 가능성에 대해 경고했다. 그는 중국이 18세 이상의 모든 미국인에 대해 '개인 파일(dossier)'을 만들 만큼 충분한 개인정보를 이미 훔쳤다고 말했다.[106]

말할 것도 없이, 인터넷이나 앱에서 어떤 제품이 무료라면, 실제 상품은 당신일 가능성이 크다. 기업은 정보를 수집해 제3자에게 판매한다. 예를 들어 스마트폰에 무료 손전등 앱을 내려받아 본 적이 있다면, 왜 그 앱이 손전등을 켜기도 전에 위치 정보 공유를 요구하는지 생각해 보라. 다시 말해, 당신이 곧 상품이다. 그리고 당신이 사업자라면, 당신의 고객 역시 상품이 된다.

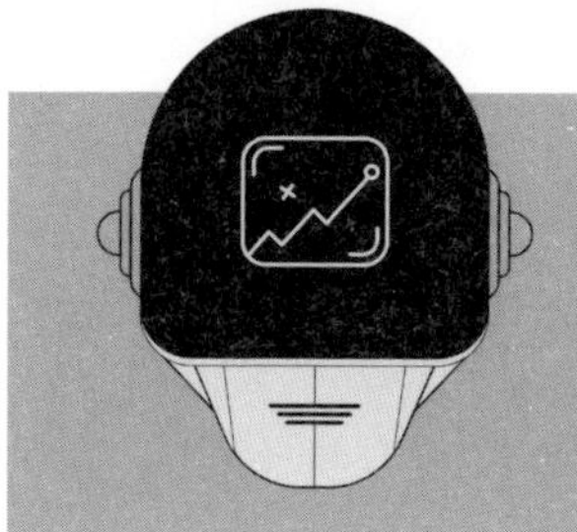

오늘날 데이터 관리의 두 번째 큰 문제는 투명성의 부족이다. 이 기업들이 데이터를 어떻게 수집하고, 어디에 저장하며, 어떤 방식으로 활용하는지 분명하게 드러나 있지 않다. 당연히 개인은 자신의 가장 민감한 데이터 보안에 대해 우려해야 한다. 대규모 유출 사고가 반복되면서, 데이터의 안정성과 안전성에 불안을 느끼는 것도 무리가 아니다.

기업은 다양한 비즈니스 목적을 위해 데이터를 수집한다. 하지만 이런 관행은 데이터의 안전성과 보안에 대한 의문을 낳는다. 무엇보다도 대부분의 소비자가 자신의 개인정보를 거의 통제하지 못하고 있다는 점은 분명하다.

이제 세계에서 가장 큰 데이터 집적 기업 몇 곳을 살펴보자. 먼저 세계 최대의 소비자 대상 기술 기업인 애플이다. 애플은 아이폰, 아이패드, 맥 컴퓨터 같은 하드웨어 기업으로 잘 알려져 있지만, 최근 몇 년 사이 애플 뮤직과 앱스토어를 중심으로 서비스 사업도 크게 키워 왔다.

애플은 고객 데이터를 직접적인 상품 판매에 활용하지는 않는다. 대신 데이터를 제품을 개선하는 도구로 사용한다. 예를 들어 사용자의 기기 사용 방식을 분석해, 특정 소프트웨어나 기기를 어떻게 활용하는지 이해한다. 문제가 발생하면 기기가 자동으로 회사에 신호를 보내 오류나 개선점을 알린다. 이는 데이터 프라이버시 논쟁에서 가장 자극적인 사례는 아니지만, 상당한 수준의 신뢰와 투명성을 전제로 한다.

또한 애플은 음악 청취 이력을 바탕으로 앱스토어에서 특정 콘텐츠를 추천한다. 이전 플레이리스트를 기반으로 애플 뮤직에서 새 노래를 제안하기도 하고, AI 비서 시리를 통해 사용자의 취향을 학습해 질문에 더 잘 답하고 명령을 수행한다. 이 모든 과정에서 데이터는 핵심적인 역할을 한다. 나아가 개인의 취향과 소비 이력을 바탕으로 맞춤형 광고를 제공하는 데에도 활용될 수 있다.

끝으로 짚고 넘어갈 점은 애플이 결제 정보 확인, 사기 방지, 기기와 개인 신원의 보안 확보를 위해서도 소비자 데이터를 활용한다는 것이다. 소비자 데이터는 이런 메커니즘의 중심에 있으며, 당신의 모든 데이터는 회사의 비즈니스 모델을 떠받치는 중요한 요소다.

이번에는 다른 기업을 보자. 짧은 영상을 제작·공유하는 소셜미디어 플랫폼 틱톡이다. 틱톡은 위치 정보, 시청 기록, 기기 종류, 사용자 취향까지 거의 모든 데이터를 수집한다. 이 정보는 틱톡의 모회사인 중국 기업 바이트댄스(ByteDance)로 전달된다.

바이트댄스는 이 데이터를 서비스 개선, 광고 제공, 사용자 경험 맞춤화에 활용한다. 하지만 틱톡은 중국 공산당과의 연관성 때문에 미국 내 데이터 프라이버시에 대한 심각한 우려를 불러일으켰다.[107] 그 결과 미국 정부는 연방 공무원이 정부 소유 기기에서 틱톡을 사용하는 것을 금지했고, 미 상원에서는 틱톡을 미국에서 전면 금지하는 방안까지 논의됐다.

이제 세계 최대 음악 스트리밍 플랫폼 중 하나인 스포티파이를 살펴보자. 스포티파이 역시 애플이나 틱톡처럼 위치 정보, 기기 종류, 음악 취향 같은 사용자 데이터를 수집한다. 그리고 다른 많은 기업과 마찬가지로, 사용자들은 스포티파이가 이 데이터를 어떻게 마케팅에 활용하는지, 또 어떻게 안전하게 보호하는지에 대해 충분히 알지 못한다고 느낀다.

개인 데이터의 안전과 보안은 대부분의 기업 비즈니스 모델에 필수적이지만, 기업의 자율 규제만으로는 한계가 있다. 그래서 미국 정부는 소비자와 데이터 프라이버시를 보호하기 위해 개입해 왔다. 미 연방거래위원회(FTC)는 여러 기술 기업에 벌금을 부과했는데, 구글에 대해 애플 사파리 브라우저의 프라이버시 설정을 우회한 혐의로 2,250만 달러의 벌금을 부과한 사례가 대표적이다.[108] 또한 페이스북에는 2012년 이용자 동의 없이 정보를 수집한 사건으로 50억 달러의 벌금을 부과하기도 했다.[109]

대서양 건너편의 유럽연합(EU)은 미국보다 훨씬 강경한 태도를 보여 왔다. 2018년 시행된 일반개인정보보호법(GDPR)은 이용자에게 데이터 수집과 활용에 대해 더 큰 통제권을 부여했다. 이 규정은 EU 내에서 활동하는 모든 조직에 적용되며, 위반 시에는 막대한 벌금이 부과된다. 실제로 EU는 2014년 왓츠앱 인수 과정에서 규제 당국을 오도한 혐의로 2020년 7월 페이스북에 1억 1천만 유로의 벌금을 부과했다.[110]

오늘날처럼 데이터 유출과 불안이 일상화된 환경에서는 정부의 과도한 개입에 의존하거나 데이터 관리에 큰 동기가 없는 기업을 믿거나 하지 않아도 되는 세계를 바라볼 필요가 있다. 메타버스는 아직 초기 단계에 불과하지만, 사용자에게 자신의 데이터를 더 강하게 통제할 수 있는 권한을 제공하게 될 것이다. 블록체인 기술과 탈중앙화는 디지털 자산과 개인정보에 보안과 투명성을 동시에 부여할 수 있다.

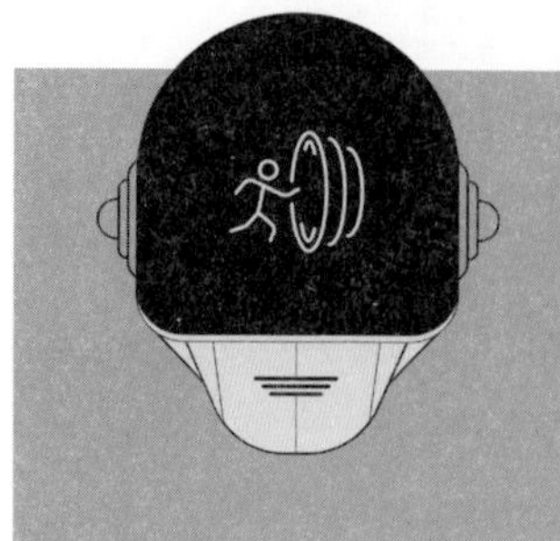

핵심적인 진실은 이것이다. 서비스 제공자는 핵심 이용자들의 방대한 데이터를 가질 필요가 없다. 그들에게 필요한 것은 이용자들을 만나고, 함께 무언가를 만들고, 소통하며, 특별한 경험을 제공할 수 있는 수단이다. 그리고 기술은 구글, 애플, 메타 플랫폼스 같은 중개자 없이도 그런 기회를 제공할 수 있다.

메타버스에서의 프라이버시

당신은 자신의 가장 충성도 높은 팬이 누구인지 알고 있는가? 유튜브, 틱톡, 스포티파이, 페이스북에 콘텐츠를 올리고 있다면, 이걸 알고 있을 가능성은 낮다. 앞으로 메타버스에서는 당신이 자신의 데이터를 직접 통제하게 된다. 왜냐하면 당신은 사실상 자기 자신이 하나의 스튜디오이자 출판사가 되기 때문이다. 당신은 누가 자신의 팬이고 독자이며 청취자이고 시청자인지를 정확히 알 수 있고, 어떤 중개 플랫폼도 개입하지 않은 채 그들과 직접 소통하고 마케팅할 수 있게 된다. 더 이상 누군가가 당신의 운명을 대신 결정하지 않는다.

개인 정체성이라는 기본 요소는 메타버스, 블록체인, 그리고 다른 웹

3.0 애플리케이션의 핵심에 놓여 있다. 디지털 지갑은 암호화폐와 NFT를 보관하는 도구로 알려져 있지만, 그 역할은 거기서 그치지 않는다. 이 지갑은 한 사람의 디지털 정체성을 담게 되며, 개인의 취향과 활동에 대한 고유한 데이터를 포함한다. 그 중심에는 '자기 주권 신원(self-sovereign identity)'이라는 개념이 있다. 이는 사람들이 자신의 정보를 직접 통제하고, 새로운 웹사이트를 방문하거나 브랜드와 상호작용하고, 기기에서 애플리케이션을 사용할 때 자신이 누구인지 증명할 수 있게 해 준다.

메타버스에서는 사용자가 자신의 데이터를 더 잘 관리하고 소유할 수 있는 여러 방식이 등장한다. 첫째, 블록체인 기술은 탈중앙화를 촉진하므로 구글이나 데이터 중개업체 같은 중앙화된 주체가 사용자 데이터에 접근해 한데 모으기 어렵게 만든다. 블록체인 환경에서는 사용자가 어떤 정보가 누구와 공유됐는지 더 잘 파악할 수 있고, 자신의 네트워크 밖에 있는 개인이나 기관의 접근을 거부할 수도 있다.

둘째, 블록체인의 상호운용성은 사용자가 한 플랫폼에서 다른 플랫폼으로 이동할 때 데이터와 정체성을 끊김 없이 옮길 수 있게 해 준다. 누군가 메타버스를 완전히 떠난다 해도, 자신의 데이터와 디지털 도구를 함께 가져갈 수 있다.

셋째는 암호기술과 블록체인의 구조 자체다. 블록체인은 노드들의 네트워크로 운영되며, 데이터를 관리하는 중앙 권한이 없다. 이런 탈중앙적 구조는 데이터 집적 지점을 제거함으로써 보호를 강화한다. 앞선 장에서 언급했듯, 블록체인은 더 안전한 계약, 암호화, 디지털 서명을 가능하게 해 정보를 안전하고 기밀하게 지켜 준다.

이게 무엇을 의미할까? 기업은 웹 2.0 시대의 전통적 마케팅, 즉 클릭당 과금(PPC) 같은 대량 마케팅 방식에서 점차 벗어나게 된다. 대신 기업과 콘텐츠 제작자는 기술을 바탕으로 일대일 관계를 구축하는 데 더 큰 동기를 갖게 된다.

예를 들어 소상공인이 페이스북이나 구글에 PPC 광고를 집행하는 대신, NFT를 통해 고객과 직접 소통할 수 있다. 디지털 지갑으로 바로 전달되는 이 NFT는 특정 할인이나 독점 혜택을 담은 간단한 계약일 수 있다. 이는 고객 한 사람에게 맞춘 독점적 제안을 만들 뿐 아니라 거래의 프라이버시를 우선시하는 구조를 만든다.

이 전략은 현재 소비자의 요구와도 정확히 맞아떨어진다. 글로벌 컨설팅 기업 맥킨지(McKinsey & Company)에 따르면 소비자의 71%는 기업이 제공하는 개인화된 경험을 원한다. 또 내 생각에, 약 66%의 소비자는 그 대가로 가치 있는 무언가를 받는다면 자신의 데이터를 기꺼이 공유하거나 공유를 고려할 것이다.[111] 맥킨지는 기업이 소비자에게 데이터를 제공함으로써 얻을 수 있는 분명하고 설득력 있는 이익을 제시한다면, 더 많은 소비자가 데이터 공유에 동의할 것이라고도 지적한다.[112]

이 모든 논의는 마케팅에서 가장 중요한 전략인 '유지'로 초점을 옮긴다. 즉 결국 핵심은 신규 고객 확보가 아니라 기존 고객을 얼마나 잘 유지하느냐다. 메타버스에서 유지 마케팅은 고객 참여의 핵심 전략일 뿐만 아니라 가장 수익원이 될 것이다. 다시 말해, 상위 20%의 고객이 최소 80%의 매출을 만들어 낸다는 원칙이 여기서도 적용된다.

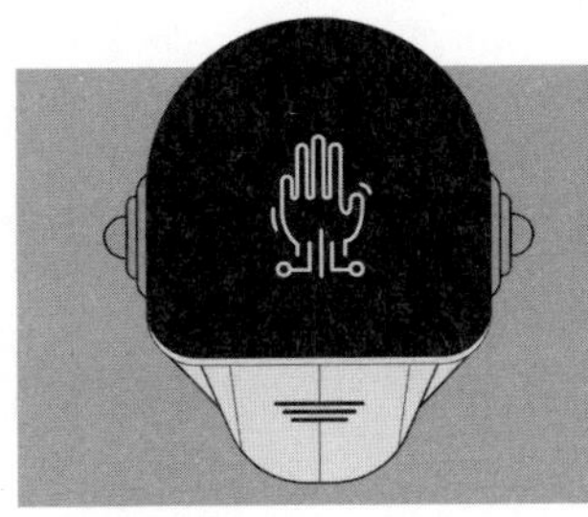

하버드 비즈니스 스쿨에 따르면, 고객 유지율을 5%만 높여도 수익성은 25%에서 최대 95%까지 증가할 수 있다.[113] 앞으로 메타버스는 NFT 같은 차세대 도구의 도움을 받아, 기업에 더 강력한 고객 유지 전략과 더 높은 수익을 제공하게 될 것이다.

제 11 장

엑솔라는 비디오게임에 어떻게 투자하는가

실리콘밸리는 미국 캘리포니아주 산호세 외곽, 샌프란시스코에서 남동 쪽으로 약 45분 거리에 있다. 이곳은 2022년 기준으로 약 2,100억 달러 규모에 달하는 글로벌 벤처캐피털(VC) 산업의 중심지다.[114] IMARC 그룹에 따르면 이 산업은 2028년까지 연평균 약 22% 성장할 전망이며,[115] 그 흐름이 이어질 경우 전 세계 벤처캐피털 자산은 7,080억 달러를 넘어설 것으로 보인다. 이는 투자자들이 전통적인 주식·채권 시장을 벗어나 더 높은 수익을 찾고 있기 때문이다.

만약 비전과 제품, 그리고 투자 제안서(피치 덱, pitch deck)를 갖춘 창업가나 개발자라면, 실리콘밸리는 자금 조달을 위해 가장 먼저 떠올리게 되는 목적지 중 하나가 된다. 이곳에는 오늘날 세계를 이끄는 주요 기술 기업들의 초기 투자자들이 모여 있다. 현재 전자상거래나 디지털 환경을 지배하는 어떤 기술 기업을 떠올려 보더라도, 그 출발점에는 실리콘밸리의 사모 투자 사무실들이 있었을 가능성이 크다.

예를 들어 드레이퍼 어소시에이츠(Draper Associates)는 전기차 기업 테슬라와 게임 플랫폼 트위치에 초기에 투자했다. 마크 로웰 앤드리슨(Marc Lowell Andreessen)은 트위터와 인스타그램의 초기 성장을 도왔다. 피터 틸(Peter Thiel)의 파운더스 펀드(Founders Fund)는 페이스북, 에어비앤비, 스페이스X에 초기 투자를 했다. 또한 어도비, 알파벳, 애플, 시스코, 이베이, 인텔, 링크드인, 엔비디아, 페이팔, 줌과 같은 익숙한 기업들 역시 실리콘밸리에서 자금을 조달하며 출발했다.

벤처캐피털리스트는 큰 아이디어에 투자하고, 사업 계획과 투자 과정 전반에서 창업가와 함께 움직인다. 나 역시 오랫동안 벤처캐피털을 탐구했고, 한때는 그 길을 진지하게 고민하기도 했다. 난 창업가와 큰 아이디어를 사랑한다. 특히 그런 아이디어에 투자하는 일에는 큰 매력을 느낀다.

하지만 벤처캐피털은 단순히 아이디어에 투자하고 홍보하는 일을 넘어선다. 벤처캐피털리스트는 초기부터 중간 단계에 이르는 여러 기업으로 구성된 포트폴리오를 관리한다. 각 아이디어에 깊이 관여하며 상당한 시간을 쏟는다. 이들은 포트폴리오 기업의 이사회 구성원이 되기도 하고, 경영진 차원의 전략 수립을 돕거나 스타트업 팀을 멘토링하기도 한다. 그 이유는 분명하다. 스타트업을 통해 큰 수익을 거두기 위해서다.

사실 난 대규모 팀을 관리하고 여러 스타트업에 동시에 투자하는 일이 내 가장 큰 강점이라고는 생각해 본 적이 없다. 내가 좋아하는 것은 아이디어 자체, 그리고 개발자들이 비즈니스 문제를 해결하고 자신의 회사나 프로젝트를 성장시키는 데 필요한 도구를 제공하는 일이다. 자신의 강점을 정확히 알고, 그 역량이 가장 잘 발휘되는 곳에 모든 에너지를 집중하는 것이 중요하다.

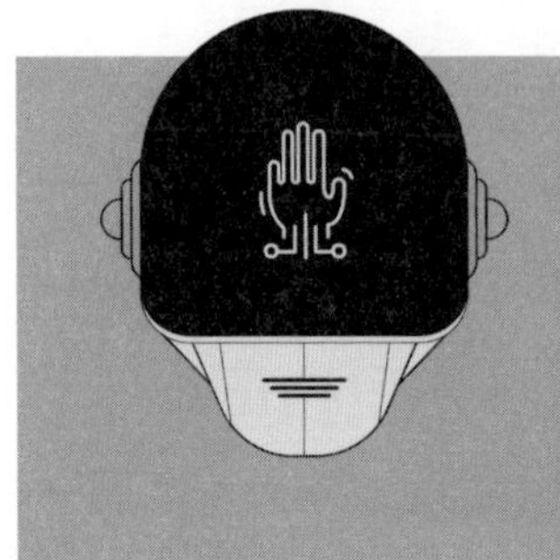

VC와 비디오게임 투자라는 질문

벤처캐피털 펀드를 직접 운영하는 데는 관심이 없다. 하지만 처음에는 벤처캐피털 업계가 비디오게임 산업에 거의 관심을 두지 않는다는 점이 꽤 의외였다. 로스앤젤레스로 옮긴 뒤엔 전형적인 VC 매니저들과는 다른 길을 선택했다. 직접 사업을 시작했고, VC 모델과는 다른 방식으로, 수익 공유라는 독특한 구조를 통해 창작자에게 힘을 실어 주는 모델을 만들었다. 그 과정에서 벤처캐피털 업계가 엑솔라가 빠르게 성장하고, 과도한 간섭 없이 비디오게임 산업을 확장하는 데 많은 기회를 제공해 준 점에는 감사하게 생각한다.

하지만 잠시 멈춰서 생각해 보자. 도대체 왜 벤처캐피털리스트들은 비디오게임 산업에 돈을 쏟아붓지 않는 걸까? 앞서 말했듯, 비디오게임은 연간 2,000억 달러 규모의 산업이다. 더 나아가 오늘날 가장 진보한 디지털 기업들의 인프라를 떠받치는 거의 모든 핵심 기술의 원동력이기도 하다. 예를 들어 엔비디아는 비디오게임 산업이 의존하는 네트워킹 기술의 급속한 발전을 가능하게 한 칩을 만들었다. 소비자들은 게임을 하기 위해 해마다 새 컴퓨터를 구매하고, 게임은 더 고도화된 네트워크와 컴퓨팅 성능을 요구한다. 모바일 게임만으로도 이미 1,000억 달러 규모의 산업이 형성되어 있다. 그리고 클라우드 기반 시스템(실리콘밸리의 많은 기술 기업들이 핵심 기반으로 삼고 있는 기술)은 이 산업의 미래 성장을 가능하게 할 뿐 아니라 메타버스와 최첨단 기술의 토대를 이루고 있다.

그런데도 벤처캐피털은 게임 산업에 거의 투자하지 않는다. 이 분야에 참여하는 펀드는 미국 기준으로 1,800개가 넘는 펀드 가운데 약 40개 정도에 불과하고, 전 세계적으로 봐도 약 3,000개 중 극히 일부다. 게다가 이들 펀드가 게임 분야에 투자하는 금액도 펀드당 고작 5천만 달러 수준에 그친다. 또 벤처캐피털의 투자를 받는 게임들 대부분은 초기 개발 단계의 게임에 비해 재무적 상승 여지가 크지 않은, 비교적 후반 단계의 게임들이다. 이런 경우에는 이미 퍼블리싱 계약이 대부분 체결돼 있고, 게임 역시 개발 중·후반부나 거의 완성 단계에 들어가 있는 경우가 많다.

잠재력은 분명히 존재한다

내 계산에 따르면, 2023년 게임 산업에 투자되는 금액은 약 20억 달러에 불과한 반면, 이 산업은 2030년까지 연간 4,700억~5,300억 달러의 매출을 창출할 것으로 예상된다. 그렇다면 도대체 무슨 일이 벌어지고 있는 걸까? 벤처캐피털리스트들이 게임이 어떻게 작동하는지, 혹은 이 시장의 잠재력을 이해하지 못하는 걸까? 아니면 게임을 여전히 아이들만의 놀이로 생각하는 걸까? 전 세계적으로 30억 명이 비디오 게임을 하고 있고, 슈퍼유저들이 이 시장에서 엄청난 돈을 쓴다는 사실을 모르는 걸까?

물론 그들이 잠재력을 보고는 있다고 생각한다. 다만 그 시선은 여전히 달러와 센트, 이익과 손실로만 계산되는 산업 논리에 묶여 있다. 벤처캐피털(VC)의 운영 방식과 함께 VC가 기업가치를 평가하는 방법 자체가 투자를 가로막는 주요 요인이라고 본다.

기업가치 평가에 관한 긴 MBA(경영학 석사) 강의를 할 생각은 없다. 대신, 회사를 금전적으로 평가할 때 흔히 등장하는 몇 가지 용어만 짚고 넘어가자. 먼저 기업가치(Enterprise Value, EV)는 회사가 보유한 부채와 자본을 모두 합친 값, 다시 말해 회사가 실제로 사업에 투입해 활용할 수 있는 전체 자금을 의미한다. EBITDA는 이자, 세금, 감가상각비, 무형자산상각비를 차감하기 전의 이익을 뜻하며, 회사의 본질적인 영업 성과를 보기 위해 자주 사용된다. 경우에 따라서는 EBIT, 즉 이자와 세금을 빼기 전 이익을 기준으로 삼기도 한다.

또 어떤 투자자들은 회사 전체의 가치보다 회사를 구성하는 각각의 사업이나 자산을 따로 떼어 놓고 평가했을 때 그 합이 현재의 시가총액보다 더 크다고 판단해 투자에 나서기도 한다. 여기서 시가총액이란 상장 여부와 관계없이 발행된 주식 수에 주가를 곱한 값이다.

투자 가치를 평가하는 방법은 다양하다. 하지만 실리콘밸리에서 기술 투자를 이야기할 때, 초점은 대체로 아직 초기 개발 단계에 있는 기업들에 맞춰져 있다. 이런 기업들은 수익보다 지출이 더 많아, 재무제표상 이익을 내지 못하는 경우가 대부분이다. 이들은 이제 막 사업을 시작하고, 고객을 찾고, 벌어들인 돈을 다시 사업에 재투자해 성장과 확장을 도모하는 단계에 있기 때문이다.

그래서 이런 기업들에 대해서는 주가를 연간 이익과 비교하는, 월가에서 흔히 쓰는 주가수익비율(PER) 같은 지표를 사용하지 않는다. 대신 많은 VC는 매출을 기준으로 스타트업의 가치를 평가한다. 현재 매출 규모에 일정한 배수를 적용해, 미래 성장 가능성을 반영하는 방식이다. 벤처캐피털리스트는 그 단계의 기업에서 당장의 이익을 반드시 중요하게 보지는 않는다. 그들이 진짜로 원하는 것은 성장이며, 그 성장을 가장 순수하게 보여주는 지표가 바로 매출이다. 분기별·연간 증가율이나 감소율로 측정되는 매출 변화가 이 시기 기업의 가치를 판단하는 핵심 기준이 된다.

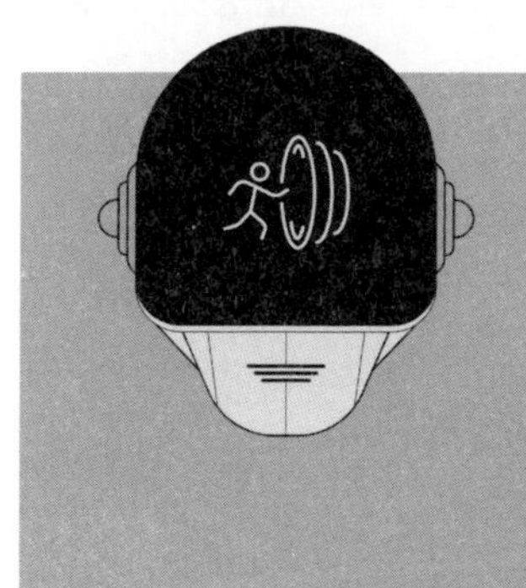

벤처캐피털리스트는 그 단계의 기업에서 당장의 이익을 반드시 중요하게 보지는 않는다. 그들이 진짜로 원하는 것은 성장이며, 그 성장을 가장 순수하게 보여주는 지표가 바로 매출이다. 분기별·연간 증가율이나 감소율로 측정되는 매출 변화가 이 시기 기업의 가치를 판단하는 핵심 기준이 된다.

기업이 성장할수록 추가 자본이 필요해지는 경우가 많다. 이때 더 큰 성장 가능성에 투자하려는 다른 벤처캐피털이나 사모펀드로부터 자금을 조달하게 된다. 이들 기업은 성장 전망이 계속 유지되면, 더 높은 기준으로 기업가치를 평가받아 더 많은 자금을 조달하는 투자 라운드를 열고, 새로운 투자자들의 자금 참여를 유도하게 된다. 그 결과, 고성장 기업들 가운데 일부는 점점 더 높은 기업가치로 여러 차례의 투자 라운드를 거치게 된다.

일반적으로 최종 목표는 기업공개(IPO)를 통해 회사를 상장시키는 것이다. 이후 기업이 뉴욕증권거래소(NYSE)나 나스닥(NASDAQ) 같은 공개 시장에 상장되면, 개인 투자자들도 주식을 매수해 그 회사에 투자할 수 있다.

전통적으로 벤처캐피털, 사모펀드, 헤지펀드 같은 대체 투자에는 적격 투자자만 참여할 수 있다. 이는 연 소득이 개인 기준 20만 달러(부부 합산 30만 달러)를 넘거나, 주거용 부동산을 제외한 순자산이 100만 달러 이상인 사람을 말한다.[116] 이런 펀드에 투자하는 비용은 펀드 운용사가 정하며, 투자 신청자는 총자산 규모 등을 확인하는 설문과 검증 절차를 거쳐야 한다.

기업이 상장되면, 미래 수익성에 대한 더 강한 시장의 검증과 감시를 받게 된다. 다만 2023년은 벤처캐피털 업계에 매우 어려운 해였다. 우리가 접근할 수 있는 투자은행 자료에 따르면, 2022년 4분기와 2023년 1분기의 투자 성사 건수는 지난 15년 중 최저 수준으로, 2008~2009년 글로벌 금융위기 직후와 비슷했다.

여기에 더해, 많은 VC 펀드에 은행 서비스를 제공하던 실리콘밸리은행(SVB)의 붕괴는 업계에 큰 타격을 줬다. 금리 상승은 스타트업 창업자들의 자금 접근성을 낮췄을 뿐만 아니라 실리콘밸리은행의 재무 상태에도 악영향을 미쳤다. 이 은행은 고객 예금을 장기 미국 국채에 투자했는데, 금리가 오르자 국채 가치가 크게 하락해 사실상 지급불능 상태에 빠졌다. VC

업계 고객들이 예금을 인출하기 시작하면서(많은 기업이 미국 연방예금보험공사(FDIC) 보장 한도를 초과한 금액을 예치하고 있었기 때문이다) 대규모 예금 인출 사태인 뱅크런이 발생했고, 은행은 2023년 3월 붕괴했다. 이는 미국 역사상 두 번째로 큰 은행 파산이었다.

그럼에도 불구하고 벤처캐피털 단계에서는 성장이 곧 더 높은 기업가치로 이어지는 통로가 된다. 실제로 어떤 기업들은 비상장 상태에서조차 매출의 20배, 30배, 심지어 40배에 달하는 멀티플(배수, 가치평가)로 자금을 조달했다는 이야기를 듣게 되기도 한다. 이런 기업들은 보통 암호화폐·블록체인 솔루션, 헬스케어, 소셜 네트워킹, 차세대 기술처럼 성장 속도가 매우 빠른 산업에 속해 있다.

반면 비디오게임 산업은 대체로 이런 수준의 멀티플(배수)을 만들어내지 못하는 편이다. 가끔 연 매출의 3~5배 수준으로 평가받는 게임이 있긴 하지만, 이런 배수로는 실리콘밸리의 많은 운용자의 관심을 끌기 어렵다. 2022년 기준으로 게임 산업에 투자된 금액이 약 20억 달러에 불과했던 점을 고려하면, 전통적인 자본 시장을 통해 개발자가 자금을 확보하기는 더욱 어려워진다.

근본적으로 보면, 비디오게임 회사도 다른 기업과 다르지 않다. 경영대학 사례를 들춰보면, 거의 모든 기업은 다음 질문 중 하나 이상에 직면한다. 어떻게 더 많은 제품을 팔 것인가? 어떻게 새로운 고객을 확보할 것인가? 어떻게 새로운 자본을 유치할 것인가? 벤처캐피털리스트들은 이런 질문에 답을 찾는 데 그치지 않고, 실행 계획을 만드는 데 뛰어난 능력을 보인다.

하지만 난 벤처캐피털 방식에 관심이 없다. 오히려 비디오게임 산업이야 말로 이런 문제에 대한 해법을 더 단순하고 효율적으로 풀어낼 잠재력이 있다고 본다. 게임 퍼블리셔에게는 누군가가 옆에서 이래라저래라 게임 설계나 성공 방식을 지시할 필요가 없다고 생각한다.

지난 몇 년간, 아무것도 없던 곳에서 출발해 엄청난 성공을 거둔 게임들을 우리는 많이 봐 왔다. 이런 게임들은 재무 관리자나 전략 컨설턴트의 개입 없이도 성장했다. 난 스무 명이 만든 게임이 5억 달러짜리 히트작이 되는 사례도 봤다. 그럼에도 벤처캐피털은 여전히 이 분야를 피한다.

난 성장 속도가 매우 빠른 사업 영역에서 잠재 고객이 무수히 많고 엑솔라와 함께 기업에 투자하려는 사람들 역시 충분히 존재하는 독특한 기회를 보고 있다. 우리가 자금 조달 플랫폼을 구축해 나갈수록 이 가능성은 더욱 분명해질 것이다. 그래서 엑솔라가 왜, 그리고 어떻게 비디오게임에 투자하는지를 설명하기에 앞서, 업계에서 늘 제기되는 한 가지 핵심 질문에 먼저 답하고자 한다.

"성공적인 비디오게임을 만들기 위해 필요한 것은 무엇일까?"

성공의 모습은 무엇이며, 어떻게 그것을 보장할 수 있을까

이 질문에 대해 나는 오랫동안 고민해 왔다. 엑솔라가 비디오게임 산업에 투자하는 회사이기 때문이다. 성공적인 비디오게임에 반드시 필요한 첫 번째 요소는 게임의 메커니즘이다. 메커니즘은 게임 안에 담긴 핵심적인 혁신으로, 새로운 기술과 함께 등장했거나 그에 맞춰 발전해 온 요소다. 어떤 면에서는 게임의 외형이 어떠한지는 그다지 중요하지 않다.

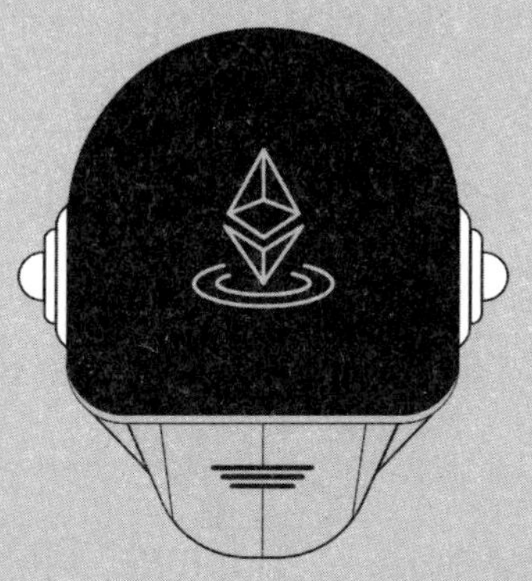

업계에서 늘 제기되는
한 가지 핵심 질문에
먼저 답하고자 한다.
"성공적인 비디오게임을 만들기 위해
필요한 것은 무엇일까?"

초기 버전의 그래픽이 다소 투박하더라도 상관없다. 중요한 것은 메커니즘과 게임플레이 자체가 플레이어의 흥미를 끌어내느냐다. 사람들이 이 게임을 어떻게 플레이하는지 이해하고, 그 과정에 지적 흥미를 느끼는 것이 결정적으로 중요하다. 만약 아무도 게임의 플레이 방식을 이해하지 못한다면, 그 게임은 애초에 성공할 수 없다.

두 번째 요소는 콘텐츠다. 창의적인 스토리는 분명 도움이 되지만, 항상 필수는 아니다. 〈둠(DOOM)〉, 〈포트나이트〉, 〈마인크래프트〉 같은 게임을 떠올려 보면, 초기에는 단순한 비주얼과 기능, 사운드트랙으로 시작했다. 이런 요소는 예산 문제이기도 하고, 투자를 통해 나중에 보완할 수 있다. 단순한 게임플레이로 출발하더라도, 이야기가 매력적이라면 사람들의 상상력을 사로잡는 세계로 성장할 수 있다. 그래서 개발자들에게, 게임이 어떻게 플레이어를 이야기 속으로 끌어들이는지, 그리고 그 이야기가 플레이어와 인플루언서를 통해 어떻게 대중에게 전파될 수 있는지를 고민하라고 말한다.

세 번째 요소는 앞의 두 가지보다도 더 중요하다. 바로 비즈니스 요소, 즉 내가 말하는 비즈니스 엔진이다. 이것이 게임을 가능한 한 넓은 시장에 유통시키는 힘이 된다. 비즈니스 엔진은 게임을 현상으로 만들 수 있는 적절한 파트너와 인플루언서를 찾아낸다. 이 과정은 개발 초기부터 시작돼야 하며, 게임이 완성되는 순간 곧바로 대중에게 도달할 수 있도록 준비돼 있어야 한다.

지난 20년 동안 출시된 거의 모든 게임을 살펴보며, 이 세 가지 기준을 충족하는지 확인해 왔다. 세 요소를 모두 갖춘 게임은 출시 첫날에 10억 달러 매출을 올릴 수도 있다. 두 가지만 갖춰도 1억 달러 규모의 성공은 가능하다. 심지어 하나만 갖췄더라도, 충분한 관심과 관객을 끌어모을 수 있다.

물론 이 세 가지 요소를 구현하려면 투자 자금이 필요하다. 그렇다면 현재의 산업 생태계에서 게임은 어떻게 자금을 조달하고 있을까? 오늘날 비디오게임 산업은 약 2,000억 달러 규모로 성장했으며, 그 중심에는 게임 개발사에 자금을 대는 대형 퍼블리셔들이 있다. 과거의 전형적인 계약 구조를 보면, 퍼블리셔가 개발 자금을 지원하는 대신 프로젝트 수익의 80%를 가져가고, 개발사는 20%만을 배분받는 경우가 많았다. 게다가 퍼블리셔는 이 자금의 대부분을 선지급금 형태로 제공하기 때문에, 실제 개발 비용은 결국 개발사 몫의 수익에서 차감된다.

좀 더 경쟁이 치열해진 현대적인 환경에서는 퍼블리셔가 50대 50의 수익 배분을 제안하는 경우도 있다. 바로 이 구조가 나에게 퍼블리셔와 경쟁해야겠다는 발상을 떠올리게 했다. 게임 제작자들이 벤처캐피털이나 퍼블리셔에 의존하는 대신, 엑솔라와 우리 같은 회사들은 게임이 소비자에게 직접 다가갈 수 있도록 돕는다. 또한 우리는 퍼블리셔가 전통적으로 계약을 통해 내부에서 제공해 오던 요소들, 예를 들어 서버 운영, 결제 시스템, 홍보(PR) 등을 외부 전문 서비스로 분리해 대행한다.

이러한 요소들을 외부에 맡김으로써, 게임 제작자들은 최고의 게임을 만드는 데 집중할 수 있고, 더 이상 수익의 50%를 처음부터 넘겨줄 필요도 없어진다. 그 대신 장기적인 비전을 유지한 채 게임을 직접 퍼블리싱하고, 소비자와 직접 만나는 길을 선택할 수 있다.

나는 훨씬 작은 수익 공유 모델을 제안한다. 엑솔라에서는 보통 수익의 10%에서 시작해, 필요에 따라 최대 50%까지의 수익 공유를 요구한다. 그 대가로 운전자본과 필요한 도구를 제공한다. 이 모델은 제작자가 필요한 자금 규모와 투자 유치 전략을 스스로 결정할 수 있게 해 준다.

게임 제작 과정에는 항상 한 가지 큰 난제가 있다. 게임은 보통 예정된 일정에 맞춰 출시되는 경우가 거의 없고, 출시를 앞두고 많은 제작자가 추가 콘텐츠를 더하고 싶어 한다. 수익 공유 모델은 제작자에게 이러한 상황에서 추가 자금을 유연하게 확보할 수 있는 여지를 제공해, 새로운 기능을 넣거나 유명 인사를 참여시키는 식으로 게임의 주목도와 가시성을 높이는 선택을 가능하게 한다

나는 벤처캐피털 펀드가 선호하는 지표인 지분을 갖는 것보다 총매출의 10~50%에 해당하는 수익 흐름을 통제하는 방식을 선호한다. 이렇게 하면 제작자들은 게임 개발을 계속 이어가기 위해 자신의 수익 구조 가운데 어느 부분을 활용할지 스스로 결정할 수 있다.

왜 추가 자금이 필요할까? 대부분의 게임은 영화 개봉처럼 오래전부터 출시일을 정한다. 기대작은 첫 주말이나 몇 주 동안 매출이 폭발적으로 늘고, 이후에는 점차 줄어든다. 이런 게임은 주로 1~2회 플레이를 전제로 한 싱글 플레이 캠페인이다. 반면, 서비스형 게임은 지속적인 업데이트와 새로운 세계를 추가한다. 하지만 어떤 경우든 완성도 높은 초기 출시가 수익의 핵심이다.

나는 비디오게임 트레일러에 투자하는 방식을 강하게 지지한다. 트레일러라고? 물론이다. 훌륭한 영화가 그렇듯, 비디오게임 역시 관심과 기대를

만들어낼 기회가 필요하다. 트레일러 기반 수익 공유 모델에서는 트레일러 제작에 자금을 투입하는 쪽을 선호한다. 이후 게임의 사전 주문이 성공적으로 이루어지면, 그 수익을 통해 투자금을 회수할 수 있고, 동시에 개발자들은 게임 개발을 이어갈 추가 자금을 확보하게 된다.

이 방식은 모든 비디오게임이 반드시 충족해야 하는 세 가지 핵심 요건을 동시에 해결할 수 있는 기회이기도 하다.

첫째 독창적인 메커니즘이 필요하다. 잘 만든 트레일러는 게임이 다른 작품과 무엇이 다른지, 그리고 플레이어를 흥분시키는 기능과 재미 요소가 무엇인지 분명하게 보여줄 수 있다. 둘째, 탄탄한 콘텐츠가 요구된다. 트레일러는 게임이 담고 있는 이야기와 정서, 즉 작품의 본질을 압축해 전달한다. 셋째, 도달 범위가 최대한 넓어야 한다. 트레일러는 마케팅의 출발점이 되어 입소문을 만들고, 많은 사람의 시선을 단번에 끌어당긴다.

그래서 비디오게임 트레일러는 내가 가장 좋아하는 투자 방식 중 하나다. 많은 개발자가 게임을 완성한 뒤, 최고의 트레일러를 만들기 위해 엑솔라를 찾는다. 아무리 좋은 게임이라도, 알려지지 않으면 성공할 수 없다. 우리는 작은 수익 공유를 대가로 마케팅 목표를 달성하도록 돕고, 최대한 넓은 관객에게 도달하도록 지원한다. 우리는 할리우드의 방식으로 움직인다. 그래서 프로젝트에 가장 마지막으로 투입되는 자금이면서, 가장 먼저 회수되는 자금이 된다.

현재 나는 비디오게임 트레일러를 제작하기 위해, 크리에이티브 하우스

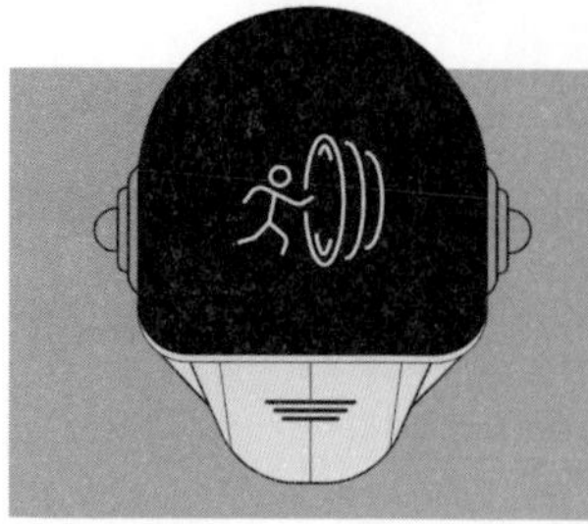

들과 매년 약 12~20건의 투자 계약을 직접 진행하고 있다. 이 방식은 충분히 성공 가능성이 크며, 시간이 지날수록 눈덩이 효과를 만들어낼 것이라 기대한다. 잘 만든 트레일러는 소셜미디어나 게임 전문 블로그에서 쉽게 공유될 수 있고, 업계 매체나 유튜브 크리에이터들의 관심을 받아 화제를 만들어 내고 게임의 매력을 수백만 명의 잠재 고객에게 효과적으로 보여 준다.

이것이 제작자와 투자자 모두에게 탁월한 성과를 가져다줄 매우 현실적인 비즈니스 모델이라고 믿는다. 앞으로 이 개념을 확장해, 역량 있는 팀이 포트폴리오와 게임 로열티 시스템을 구축함으로써 연간 1,000개 이상의 독립 게임에 자금을 공급할 수 있을 것으로 본다. 이 모델은 구조 자체는 단순하지만, 내가 여러 사업을 성공으로 이끈 동일한 전략, 즉 분산된 요소들을 하나의 플랫폼으로 집적하는 전략(aggregation)에 기반하고 있다.

난 게임과 결제 수단을 집적함으로써 성공했고, 이 비즈니스 모델이 매우 수익성이 높다는 것을 확인했다. 실제로 가장 성공한 기업들 상당수는 집적자다. 우버는 운전자를 집적하고, 에어비앤비는 숙소를 집적하며, 구글은 정보를 집적한다. 엑솔라의 경우, 우리는 게임 결제 시스템을 집적해

왔다. 이제는 개발자를 위한 모든 가능한 자금 조달원을 집적하고자 한다. 그리고 우리는 개인 투자자와 잠재적인 게임 이용자부터 패밀리 오피스나 적격 투자자 같은 기관 투자자에 이르기까지 가능한 모든 유형의 투자자를 염두에 두고 있다. 현재 우리는 개발자들이 자본을 조달하고 수익을 극대화할 수 있도록 돕는 두 가지 시스템을 이미 제공하고 있다.

예를 들어 엑솔라의 펀딩 클럽(Funding Club)은 개발자, 투자사·투자 그룹, 게임 퍼블리셔를 연결하는 매칭 서비스다. 투자자는 자신의 관심사와 기대 조건에 맞는 프로젝트를 찾을 수 있고, 개발자는 프로젝트 개발 단계에 맞는 자본과 조건에 접근할 수 있다. 또한 엑솔라의 게임 투자 플랫폼(Game Investment Platform)은 투자자에게 새로운 게임의 상세 정보, 수익화 모델에 대한 이해, 개발팀에 대한 인사이트를 제공한다.

내가 중요하게 여기는 핵심 신념 중 하나는 투자자와 개발자 모두를 '고객'으로 대하고 모든 측면에서 그들을 위해 싸워야 한다는 점이다. 여기에는 결제와 차지백 처리(카드 결제 취소 문제 대응), 사용자 유입 관리, 여러 국가에 걸친 세금 문제, 규제 준수 등 모든 영역이 포함된다. 이 사업에는 많은 도전 과제가 있지만, 나는 기회를 극대화하고 프로젝트가 잠재력을 끝까지 발휘하도록 돕는 일에 집요할 정도로 집중하고 있다. 엑솔라는 더 많은 사람이 자신의 비즈니스에서 성공하고, 각 프로젝트에 투입된 모든 달러의 가치를 최대한 끌어올려, 그 성과를 바탕으로 장차 또 다른 성공을 만들어 갈 수 있기를 바란다.

제 12 장
스토리 3: 소액 결제 기반의 스토리텔링

미국 로스앤젤레스(LA)에 있는 내 사무실에서 길모퉁이를 돌면 폭스 플라자가 있다. 1987년, LA 애비뉴 오브 더 스타스 2121번지에 자리한 이 34층짜리 빌딩은 잠시 다른 이름으로 불렸다. 영화 〈다이하드(Die Hard)〉의 촬영 세트로 사용되면서, 영화 제작자들이 이 건물을 '나카토미 플라자(Nakatomi Plaza)'라고 불렀기 때문이다.

미국에서는 1988년에 개봉한 〈다이하드〉가 과연 크리스마스 영화인지 아닌지를 두고 지금도 논쟁이 이어진다. 하지만 많은 사람은 이 영화가 로더릭 소프(Roderick Thorp)라는 소설가가 쓴 액션 스릴러 소설 『영원한 것은 없다(Nothing Lasts Forever)』를 원작으로 했다는 사실을 잊곤 한다.

이야기의 기본 구조를 놓고 보면, 〈다이하드〉는 출판과 영화 세계에서 가장 기본적인 두 가지 원형적 서사를 결합하고 있다는 점에서 흥미롭다. 작가이자 문학 교수였던 존 가드너(John Gardner)는 새로운 이야기를 쓸 때 두 가지 접근법 중 하나를 선택하라고 설명한 적이 있다. 영웅이 여행

224

을 떠나는 이야기이거나, 낯선 사람이 마을에 나타나는 이야기다. 가드너는 『젊은 작가를 위한 소설 쓰기 기술(The Art of Fiction: Notes on Craft for Young Writers)』에서 이렇게 조언했다.

> "작가의 전지적 시점을 분명히 드러내는 목소리로 소설의 첫 장면을 써라. 그 목소리를 확립한 뒤, 한 명 또는 여러 인물의 생각으로 들어가 전지성을 보여 주라. 주제는 여행 또는 낯선 인물의 등장 중 하나를 택하라 (질서가 깨지는 사건, 이것이 전형적인 소설의 시작이다)."[117]

사람들은 보통 브루스 윌리스가 연기한 존 맥클레인의 여정에 주목하지만, 사실 영화의 분위기를 결정짓는 것은 LA에 나타난 낯선 인물 한스 그루버(앨런 릭먼 분)의 등장이다. 그의 도착이 이야기를, 그리고 혼란을 앞으로 밀어붙인다.

눈치챘겠지만, 나는 이야기를 무척 좋아한다. 소설이든 영화든, 한 인물을 중심으로 출발해 그 인물에게 동기를 부여하고, 여정을 따라가게 만드는 작가들을 존경한다. 혹은 낯선 인물이 마을에 나타나고, 그로 인해 기존 인물들이 변화에 적응해야 하는 이야기 역시 매력적이다.

영웅의 여정을 보여 주는 대표적인 작품으로는 〈스타워즈〉, 〈헝거 게임〉 시리즈, 〈해리 포터〉, 〈스파이더맨〉, 〈반지의 제왕〉, 〈매트릭스〉 시리즈, 〈빅 피쉬〉, 〈오즈의 마법사〉, 심지어 〈해롤드와 쿠마(Harold & Kumar Go to White Castle)〉까지 떠올릴 수 있다. 낯선 인물이 등장하는 이야기의 예로는 〈풋루스〉, 〈데몰리션 맨〉, 〈리썰 웨폰〉 시리즈, 〈조 블랙의 사랑(Meet

Joe Black)〉, 〈베거 번스의 전설〉, 그리고 각종 기상 재난 영화들이 있다.

논픽션 분야에서는 나는 기자와 다큐멘터리 제작자들을 높이 평가한다. 이들의 작업은 전 세계적인 감시 속에 놓여 있고, 권력에 진실을 말하는 일은 결코 쉽지 않다. 경제 문제든 사회 문제든, 이를 글로 풀어내는 일은 매우 어렵다. 그 일에는 엄청난 인내심, 시간 관리 능력, 그리고 창의성이 필요하다.

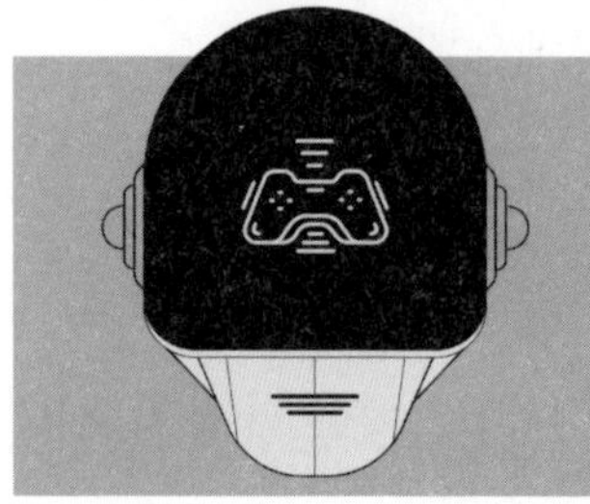

지난 20년 동안 뉴스 출판 환경은 극적으로 바뀌었다. 신문과 잡지는 종이 발행을 축소하고 디지털 운영에 집중해 왔고, 전통적인 미디어에서는 광고 수익이 급감하면서 대형 언론사들조차 뉴스룸 인력을 줄였다. 이런 흐름은 단편소설을 싣는 문예지에서도 똑같이 나타났다. 동시에 출판사들은 비용을 줄이기 위해 점점 더 디지털 중심 모델로 이동했고, 베스트셀러가 될 가능성이 크거나 할리우드의 관심을 끌 수 있는 작품에만 집중하는 경향이 강해졌다.

겉으로 보면, 지금은 역사상 작가로 살아가기에 가장 힘든 시기 중 하나일지도 모른다. 글을 써서 생계까지 이어 가기는 더욱 어렵다. 작가라면 내가 지금부터 말할 이런 문제들을 이미 잘 알고 있을 것이다. 하지만 작가들이 처한 현실적인 문제를 정확히 이해해야만, 창작자와 출판사 모두의 창의성에 정당한 보상을 주는 해법을 만들 수 있다.

더 나아가, 작가가 독자와 직접 연결되는 사용자 경험을 만들고, 오늘날 웹 2.0 시대의 중앙화된 플랫폼과 중개자를 건너뛸 수도 있다.

집중화가 만들어 낸 도전

디지털·온라인 미디어로의 전환은 지난 20여 년 동안 대부분의 기업에서 광고 수익을 고갈시켰고, 그 결과 출판사들의 급격한 집중화를 불러왔다. 이 변화는 많은 작가에게 풀타임 일자리의 감소, 불안정한 수입 구조, 그리고 업계의 미래에 대한 불확실성이라는 어려움을 안겨주었다. 이런 문제는 글을 쓰는 작가들만의 이야기가 아니다. 라인 에디터(문장 편집자), 그래픽 디자이너, 영상 편집자 등과 같은, 출판 생태계 전반의 다양한 직군으로까지 확산되고 있다.

오늘날의 미디어 환경에서 창작자들은 엄청난 시간을 네트워킹, 포트폴리오 구축, 콘텐츠 마케팅, 투고 제안서(query letter) 작성, 신규 클라이언트 발굴에 써야 한다. 어렵게 일을 따내도, 마감 기한을 맞추고, 클라이언트의 요구와 자신의 창작 관점 사이에서 줄타기하며, 수차례 원고 수정 작업을 감당해야 한다.

가령 800자짜리 기사나 1,500단어 분량의 단편소설 하나를 논픽션 또는 소설 출판사에 투고하는 과정을 떠올려 보자. 작가는 먼저 자신의 원고를 검토해 줄 가능성이 있는 출판사들을 조사해야 한다. 이를 위해 해당 매체가 과거에 다뤘던 유사한 주제나 작품을 읽고 분석한 뒤, 그 맥락에 정확히 맞는 자기소개서(cover letter)를 작성해야 한다. 이 과정만 해도 상당한 시간과 노력이 들어간다.

이런 글들은 대개 청탁 없이 보내는 원고이기 때문에, 먼저 이런 투고를 받아주는 출판사나 매체를 찾아야 한다. 또한 작가는 분량, 마감일, 형식 등과 관련된 모든 가이드라인을 철저히 충족해야 한다. 제출되는 기사나 단편소설은 흠잡을 데 없이 완성도가 높아야 하며, 세심한 편집을 거쳐 해당 매체의 문체와 스타일에 맞게 쓰여야 한다. 오탈자는 하나도 없어야 하고, 문장의 대부분은 능동태를 사용해야 하며, 문법적 오류 역시 전혀 없어야 한다.

저자가 투고 제안서와 원고를 제출하고 나면, 그때부터 기다림이 시작된다. 출판사가 처리해야 할 투고 물량에 따라 답변까지는 몇 주가 걸릴 수도 있다. 문제는 시의성이다. 최근 이슈를 다룬 뉴스 기사나 칼럼, 혹은 특정 헤드라인을 중심으로 한 기획은 며칠 사이에 금세 낡은 이야기가 되어 버릴 수 있다. 그렇게 많은 시간과 노력을 들이고도, 채택될 확률이 낮을 수도 있고, 처음 기대했던 원고료보다 훨씬 낮은 보수를 감수해야 하는 상황일 수도 있다.

이 산업은 극도로 시간 소모적이며, 작가와 편집자 모두를 빠르게 지치게 만든다. 특히 경제적 보상이 투입한 시간과 노력을 정당화하지 못할 경우, 그 부담은 더욱 커진다.

독자의 입장 역시 만만치 않다. 오랫동안 독자들은 신뢰할 수 있는 몇몇 언론 브랜드를 중심으로 뉴스를 소비해 왔다. 1980~1990년대에는 《뉴스위크》나 《타임》 같은 잡지가 발행 부수를 놓고 경쟁했고, 1990년대 초반

까지만 해도 텔레비전 뉴스는 네 개 채널이 사실상 시장을 지배했다.

하지만 지금은 너무 많은 뉴스 매체가 존재해 어디를 봐야 할지조차 판단하기 어렵다. 게다가 대부분의 언론사는 저마다의 이념적·정치적 성향을 지니고 있다. 디지털 미디어로의 급격한 전환은 종이 매체의 발행 부수를 급감시켰고, 매체들은 특정 인구통계학적 핵심 독자층에 더욱 의존하게 되었다. 그 결과, 오늘날 온라인 미디어 대부분은 만성적인 수익 부족 상태에 놓여 있다.

《뉴욕타임스》나 《워싱턴포스트》 웹사이트에 접속해 보면, 비구독자는 한 달에 두어 편의 기사만 무료로 읽을 수 있다. 세 번째 기사를 읽으려는 순간, 구독 결제를 요구받는다. 이런 상황은 예외가 아니다. 지난 몇 년 사이 거의 모든 주요 언론사가 유료 구독 모델로 전환했다.

ESPN에서 좋아하는 스포츠 팀에 대한 심층 분석을 읽고 싶다면 연 120달러짜리 ESPN 플러스 구독이 필요하다. 블룸버그에서 금융과 주식 시장에 대해 더 많은 것을 보려면 연간 360달러를 내야 한다. 한때는 가판대에서 2달러면 살 수 있었던 《월스트리트 저널》도 이제는 종이 신문 없이 디지털 구독만으로 연 100달러가 넘는다. 그 와중에 웹사이트는 광고로 가득 차 있고, 푸시 알림까지 쏟아진다.

뉴스는 공공서비스가 아니다. 하나의 비즈니스 모델이다.

하지만 앞으로는 더 나은 모델이 등장할 것이다. 그리고 그 가능성을 여는 핵심 동력이 바로 블록체인과 소액 결제(microtransactions)이다.

소액 결제와 스토리3의 가능성

출판사, 스토리텔러, 기자, 작가 등 다양한 창작자들은 내가 준비 중인 스토리3(Story3)이라는 프로젝트를 통해, 머지않아 자신의 작업에 대해 실질적인 보상을 받을 수 있게 될 것이다. 기존의 온라인 출판 방식에서는 독자들이 이야기의 도입부 몇 문단을 읽어보고, 마음에 들면 계속 읽을지를 결정한다. 만약 더 읽고 싶다면, 독자는 5센트에서 10센트 정도의 소액 결제를 하고 다음 내용을 이어서 볼 수 있다.

그렇다면 소액 결제란 무엇일까? 조금 더 자세히 살펴보자.

소액 결제는 이미 비디오게임 산업의 수익 구조에서 매우 성공적으로 활용되고 있는 방식이다. 전통적인 비디오게임에서는 퍼블리셔가 가상 아이템이나 게임 내 화폐를 실제 돈과 교환해 판매한다. 보통 이용자는 게임 플랫폼 안에 있는 온라인 상점에서 결제를 진행한다. 앞으로는 이런 거래들이 블록체인에 기록돼, 구매 사실을 확인하고 디지털 아이템의 진위를 보장하게 될 것이다.

아이템을 한번 구매하면, 그것은 디지털 지갑이나 인벤토리에 저장된다. 이런 소액 결제는 활용 범위가 매우 넓다. 어떤 플레이어는 아바타용 스킨이나 의상을 사고, 어떤 이는 무기 강화나 캐릭터 체력 업그레이드, 또는 게임 내 능력치 향상을 위해 돈을 쓴다. 또 어떤 경우에는 특정 레벨을 건너뛰거나 업적을 해금하기 위한 도구를 구매하기도 한다. 특히 내가 주목하는 부분은 이 마지막 두 가지다. 마치 결제를 통해 비디오게임의 다음 단계로 넘어가는 방식처럼 결제를 통해 이야기를 한 단계로 앞으로 진행할 수 있다는 점 때문이다. 즉 비디오게임에서 결제로 진행이 열리듯,

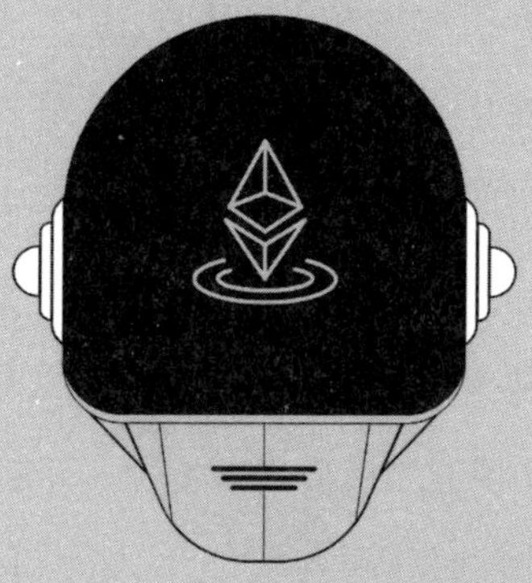

뉴스는 공공서비스가 아니다.
하나의 비즈니스 모델이다.

콘텐츠에서도 비슷한 경험이 가능하다는 것이다.

출판 분야에서도 소액 결제는 독자에게 긍정적 경험을 제공할 수 있다. 미디어는 클릭당 광고(PPC) 모델이나 이메일 마케팅에 의존하는 대신, 소액 결제를 통해 콘텐츠 자체를 수익화할 수 있다. 독자들은 심층 인터뷰, 독점 영상, 기사 뒷이야기 같은 프리미엄 콘텐츠를 소액으로 구매할 수 있다. 이런 거래를 통해 출판사는 가장 열성적인 독자와 시청자가 누구인지도 파악할 수 있다.

이는 단순히 누가 돈을 내는가를 아는 데서 그치지 않는다. 해당 독자층을 중심으로 로열티 프로그램을 구축하고, 이들에게만 제공되는 특별한 기회를 만들 수 있다. 앞서 말했듯, 모든 비즈니스는 전체 고객의 20%가 전체 매출의 80%를 만든다는 사실을 잊어서는 안 된다.

그 핵심 고객을 제대로 이해하려면, 이들과 직접 소통하고, 취향을 파악하고, 구매 행동을 분석하며, 그에 맞춰 콘텐츠 전략을 계속 조정해야 한다. 다만 전통적인 미디어에 단순히 소액 결제만 붙이는 방식이 출판 생태계 안의 스토리텔러와 작가들에게 충분한 도움이 될 것이라고는 보지 않는다.

내가 가장 큰 혜택을 주고 싶은 대상은 바로 이야기하는 사람들, 작가들, 콘텐츠 제작자들이다. 중요한 사실이 하나 있다. 오늘날 출판에서 온라인 지면은 부족하지 않다. 1980년대 신문처럼 인쇄 공간이 한정돼 있는 시대가 아니다. 우리가 더 많은 이야기를 온라인에 올린다고 해서 종이를 낭비하는 것도 아니다.

지금은 몇 번의 클릭만으로 새로운 웹페이지에 이야기를 올릴 수 있다.

그리고 출판사가 그 글을 소비하고 작가에게 일회성 원고료를 지급하는 대신, 그 글은 온라인에 영구히 존재하며 작가에게 지속적인 수익원이 될 수 있다. 이 모든 발상의 핵심은 작가에게 전통적인 '외주 용역(work-for-hire)' 모델에서 벗어날 기회를 주는 것이다. 즉 기존처럼 원고료 한 번 받고 끝이 아니란 뜻이다.

예를 들어 보자. 700단어짜리 기사 한 편에 대해 한 번에 100달러를 받는 것, 앞으로 20년 동안 독자 한 명당 5센트씩을 받는 것 중 과연 어느 쪽을 선택하겠는가? 손익분기점을 맞추려면 독자 2,000명이 5센트를 내야 한다. 하지만 만약 1만 명이 그 글을 즐겨 읽는다면, 수익은 곧바로 500달러, 즉 다섯 배로 늘어난다.

게다가 콘텐츠의 소유권이 작가에게 남는다는 점은 앞으로 더욱 중요해질 것이다. 가령 어떤 작가가 사회적으로 중요한 이슈를 다룬 장문의 탐사 보도를 썼다고 하자. 수천 명의 시민에게 영향을 미치는 정치적 문제를 폭로한 기사일 수도 있다. 이 글이 바이럴이 되어 수만 회의 조회 수를 기록한다면, 그 성과는 클릭을 가져간 언론사가 아니라 글을 쓴 저자에게 돌아가야 한다.

이제 상상해 보자. 한 할리우드 스튜디오가 이 이야기에 관심을 갖고 영화화 판권을 사고 싶어 한다면? 전통적인 영화 산업 구조에서는 언론사가 상당한 지분의 권리를 가져가고 작가는 그 일부만을 나눠 갖는 경우가 많다. 나는 이런 전통적 비즈니스 모델에서 더 이상 상식적인 판단을 찾기 어렵다.

저자들은 자신의 작업과 이야기의 권리에 대해 완전한 통제권을 가져야 한다. 특히 매체와 풀타임 고용 관계가 없는 프리랜서 작가라면 더욱 그렇다. 하지만 안타깝게도 현실에서는 이런 일이 자주 지켜지지 않는다.

소설이나 논픽션 작품의 판권을 할리우드에 판매하는 책 저자들의 경우도 마찬가지다. 이때도 저자가 모든 작업을 직접 수행하고, 모든 인물을 만들고, 모든 조사를 하고, 모든 인터뷰를 진행했음에도 출판사가 여전히 수익의 상당 부분을 가져간다. 현재와 같은 환경, 즉 작가가 자신의 브랜드를 구축하기가 그 어느 때보다 쉬워진 기회와 기술이 존재하는 상황을 고려하면, 이런 비즈니스 모델은 나로서는 도무지 납득하기 어렵다.

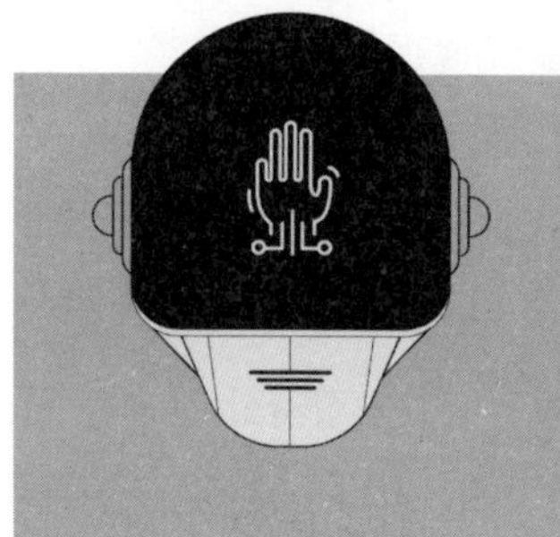

콘텐츠 유통과 창작을 탈중앙화하는 힘

지난 10년 동안 이야기를 대규모로 제작하고 유통할 수 있게 해주는 미디어 플랫폼이 폭발적으로 성장했다. 넷플릭스 모델은 극장에서 상영되던 블록버스터 영화를 소비자의 집 안으로 직접 가져왔고, 아마존의 킨들은 디지털 도서의 광범위한 유통을 가능하게 해 반즈앤노블(Barnes and Noble) 같은 오프라인 서점 방문을 줄이고 종이 사용량도 크게 감소시켰다. 이러한 미디어 플랫폼과 콘텐츠 집약자들(aggregators)은 인쇄된 글에서 디지털 글로의 전환을 가속해 왔다.

앞으로 웹 3.0으로의 전환과 기술의 탈중앙화가 본격화되면서, 콘텐츠 유통과 콘텐츠 창작 방식에 커다란 변화가 일어날 것이라 예상한다. 중앙화된 플랫폼에서 벗어나 탈중앙화된 플랫폼으로 이동할수록, 변화의 중심은 어디에 실리느냐가 아니라 어떤 이야기를 만들어 내느냐로 옮겨갈 것이다. 또 하나 중요한 변화는 보상 구조다. 이제까지는 중간 플랫폼이 수익의 대부분을 가져갔다면, 앞으로는 이야기를 만든 사람에게 더 많은 보상이 돌아가는 구조로 바뀌게 될 것이다.

바로 이런 방향을 염두에 두고 '스토리3'이라는 플랫폼을 만들기 시작했다. 이 플랫폼은 작가들이 자신의 이야기 도입부를 짧게 게시할 수 있도록 돕는다. 독자들은 광고 없이, 어떤 계약이나 약정도 없이 이 도입부를 자유롭게 읽을 수 있다. 그리고 이야기가 마음에 들면, 계속 읽을 수 있는 여러 선택지를 고를 수 있다.

독자들은 이야기의 절반 정도를 읽은 뒤, 초소액 결제(nanotransactions)를 통해 앞으로 얼마나 더 읽을지 스스로 결정할 수 있다. 예를 들어 작가는 이야기의 도입부를 먼저 제시하고, 그다음 단계에서 독자에게 여러 옵션을 제공할 수 있다. 무료로 읽을 수 있는 버전, 더 많은 설명과 내용을 담은 유료 확장 버전, 혹은 서로 다른 결말이나 인용문, 반전 요소, 더 깊은 서사를 포함한 완성판 버전 등이 그것이다.

이 모델에는 광고가 없다. 구독 방식도 아니다. 오직 소액 결제라는 개념에만 기반해 운영된다. 만약 독자가 어떤 이야기가 마음에 들지 않는다면, 부담 없이 다음 이야기로 넘어가면 된다.

하지만 더 중요한 점은 이 방식이 콘텐츠 창작과 협업을 위한 하나의 생태계를 만들어 낼 수 있다는 것이다. 스토리3은 창작자가 기여한 만큼 보상을 받는 구조로 발전할 수 있고, 더 나아가 영화나 만화, 혹은 창작·디자인을 보완하는 다른 예술 작품으로 확장될 수 있는 더 복합적인 이야기 구조로 진화할 수 있다.

예를 들어 이런 장면을 떠올려 보자. 미국 캘리포니아에 있는 한 작가가 여러 갈래의 변주를 가진 이야기를 쓰기 시작한다. 무료로 공개되는 짧은 단편이 있고, 더 많은 내용을 담은 두 번째 글이 있으며, 여기에 다른 콘텐츠 제작자들의 창의적 기여가 더해지는 세 번째로 좀 더 완성도 높은 이야기가 이어질 수 있다.

브라질 상파울루의 한 콘텐츠 제작자는 이 이야기를 포르투갈어 음성 버전으로 제작할 수도 있고, 나이지리아의 한 예술가는 이야기를 보완하는 시각 콘텐츠를 만들 수도 있다. 또 미국 댈러스의 그래픽 디자이너가 영국의 음악가와 협업해, 유료 버전에 포함될 추가 시각적 창작물(아트워크)이나 짧은 영상 콘텐츠를 제작할 수도 있다.

스토리텔링과 보상의 가능성은 무한하다. 시간이 지나면 이 시스템에는 언어 번역, 문법 개선, 맞춤법 교정 등을 담당하는 인공지능(AI)도 자연스럽게 결합될 수 있다. 이를 통해 서로 다른 매체에서 창작 활동을 하는 사람들이 협업하며 이야기를 함께 발전시킬 수 있다. 이러한 기여는 글쓰기, 음악, 미술, AI, 또는 그 밖의 다양한 매체에서 이루어질 수 있다. 난 훌륭한 이야기들이, 스무 명 남짓한 사람들이 협업해 5억 달러 규모의 비디오 게임을 만들어 낸 사례들처럼, 협업을 통해 성장하고 진화하길 바란다.

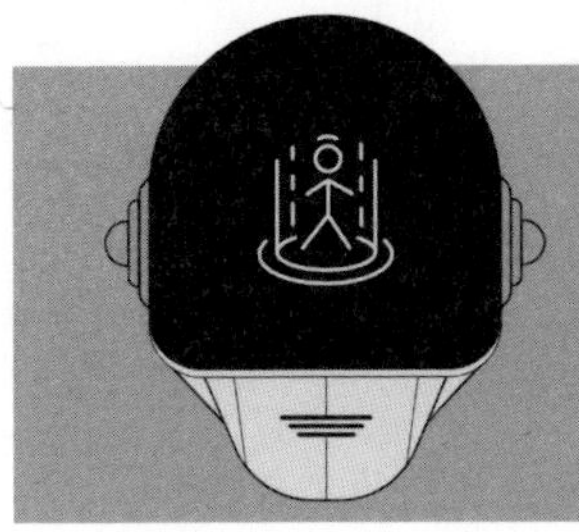

더 나아가, 각 참여자의 기여는 블록체인상에서 정량적으로 측정될 수 있으며, 이에 따라 직접적인 보상이 이루어진다. 이야기를 창작한 사람은 소액 결제를 통해 수익을 얻고, 청중을 모아 사이트로 유입시킨 사람은 소셜미디어 채널을 통한 보상을 받을 수 있다. 이 과정에 참여한 제휴 파트너(affiliate) 역시 정당한 보상을 받게 된다.

블록체인의 미래는 사실상 무한하다. 지난 10년간 콘텐츠 유통을 지배해 온 기존 플랫폼들은 점차 그 영향력을 잃기 시작할 것이다. 앞으로는 스토리텔링의 가치를 강화하고, 창작이라는 매체의 힘에 명확한 인센티브를 부여하는 탈중앙화 플랫폼이 지배적인 수익 모델로 자리 잡게 될 것이다. 난 이 놀라운 여정에 함께할 새로운 파트너들이 스토리3에 합류하길 진심으로 기대한다.

제 13 장

나는 LA도, 메타버스도 사랑한다

미국 캘리포니아주에 있는 로스앤젤레스(LA)는 반건조 지대에 가까운, 지중해성 기후를 지닌 도시다. 여름에는 비가 거의 오지 않는다. 남동쪽과 바로 북쪽 지역에는 오랜 가뭄이 이어지기도 한다. 그럼에도 LA에 내리는 비에는 묘하게 사람을 끌어당기는 힘이 있다.

하늘은 순식간에 잿빛으로 덮이고, 공기는 갑자기 차가워지며 축축한 기운을 띤다. 비가 내리기 시작하면, 보도블록과 지붕 위로 부드러운 두드림 소리가 번진다. 처음에는 마치 아이들이 공을 쫓아 달려가는 소리처럼 들린다. 그러다 이내 빗소리는 점점 커지고 빨라지며, 한순간 강렬하게 쏟아진다. 그 속도는 때로는 숨 가쁠 만큼 급해진다.

이 모습은 이야기꾼의 머릿속에서 아이디어가 걷잡을 수 없이 번져 나가는 순간을 떠올리게 한다. 단 하나의 눈송이가 눈사태를 일으키듯, 작가나 예술가 역시 하나의 생각에서 출발해 그 강도를 키워가며 가능한 모든 디테일을 종이 위나 캔버스 위에 쏟아붓는다. 그리고 마침내, 그 열기는 서서히 잦아든다.

나는 LA를 사랑한다. 그 사소한 디테일까지도. 이곳은 지구상에서 가장 다양한 도시 가운데 하나다. 수많은 문화적 관점이 공존하고, 창의적 표현에는 한계가 없다. 전 세계의 사람들이 이곳으로 모여들어, 함께 협업하고 자신의 열정을 좇는다.

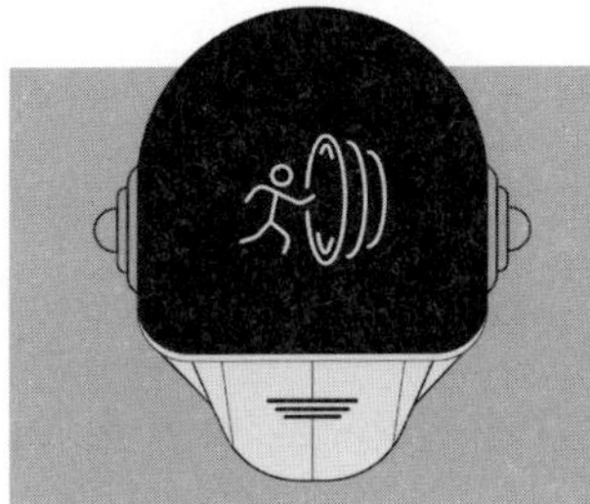

지리적으로 봐도, 창의적인 사고를 펼치기에 이보다 더 좋은 곳은 떠올리기 어렵다. LA 도심에서 차로 한 시간만 달리면 산타모니카 해변이나 헌팅턴 비치에 닿는다. 파도에 발을 담그고 서서, 끝없이 펼쳐진 태평양을 바라볼 수 있다.

두 시간이면 조슈아 트리 국립공원에 도착한다. 그곳에서는 사막을 걷고, 바위를 오르며, 선인장과 별이 가득한 밤하늘에 둘러싸일 수 있다. 북쪽으로 향하면 샌버나디노 산맥이 있다. 울창한 소나무 숲 사이로 긴 트레일을 따라 하이킹을 즐기고, 탁 트인 절경을 마주할 수 있다. 겨울이 되면, 차로 두 시간 거리 안에 여섯 곳이 넘는 스키 리조트도 있다.

자연이 취향이 아니라면, LA에서 말리부까지 이어지는 퍼시픽코스트 하이웨이(PCH)를 달려보라. 이 길은 지구에서 가장 인상적인 해안 도로 중 하나다. 따스한 햇살이 태평양 위로 쏟아지고, 도로 옆 바다에서는 수없이 많은 서퍼들이 조류를 거슬러 노를 저으며 거대한 파도를 탄다.

도심에 머무르고 싶은 이들을 위해서도, LA는 북미에서 가장 생동감 넘치는 문화 공간 중 하나다. 도시 전반에 걸쳐 박물관, 극장, 공연장이 촘촘히 자리 잡고 있고, 지역 예술가와 세계 각지에서 온 예술가들이 이 거대한 인프라 속에서 서로 연결되고, 공연하고, 전시한다.

이곳은 현대 영화와 텔레비전 산업의 본거지다. 음악가, 제작 스튜디오, 다양한 퍼포먼스 아티스트들에게도 오래전부터 같은 토양을 제공해 왔다. 이 도시의 창의성은 생태계의 모든 요소에서 드러난다. 웨이터와 바리스타는 근무를 마치고 곧장 영화와 TV 오디션 현장으로 향한다. 어떤 밤에는 발레파킹 직원이 자신이 쓴 각본을 수정하고 있는 모습을 보게 될지도 모른다. 이곳에서는 각자의 방식으로, 각자의 꿈을 좇는 사람들이 살아간다.

우리가 현재의 경제에서 메타버스로 이동해 가는 과정에서, 이 기술적 전환의 국제적 중심지로 빠르게 자리 잡을 수 있는 도시는 LA 말고는 떠오르지 않는다. 앞으로 설명하겠지만, 나는 LA의 메타버스 인프라가 결국 실리콘밸리의 기존 기술 기업 모델을 넘어설 것이라 믿는다. 이제, '천사의 도시'가 품고 있는 기회를 하나씩 풀어보자.

무한한 가능성의 도시

내가 살고 싶은 삶 때문에 2010년에 LA로 이주했다. 2장에서 언급했듯이, 러시아에서 자라며 나는 할리우드 영화를 보았고, 그 영화들은 더 나은 세계로 통하는 창처럼 느껴졌다. 비밀과 폐쇄성이 짙은 곳에서 자라, 이야기와 가능성으로 가득한 도시로 옮겨오면, 마치 해피엔딩을 향해 흘러가는 영화 속에 들어온 것 같은 기분이 든다.

이야기와 서사의 힘에 미치는 LA의 영향력은 세계 어느 도시와도 비교할 수 없다. 규모와 영향력 면에서 LA에 근접한 '2위 도시'조차 존재하지 않는다. 이 도시 어디를 가든 LA의 수많은 장소가 훌륭한 콘텐츠 제작자들이 매력적인 이야기를 들려주도록 돕는 도구 역할을 해왔다는 사실을 새삼 깨닫게 된다.

내 사무실 근처에는 셔먼 오크스 갤러리아(Sherman Oaks Galleria)가 있다. 이곳은 1980년대 영화 〈터미네이터 2〉와 〈코만도〉의 촬영지로 사용됐다. 가끔은 아놀드 슈워제네거가 연기한 슈퍼히어로들이 걸었던 바로 그 거리를 걷고 있다는 사실이 믿기지 않을 때도 있다.

센추리 시티에는 이른바 '나카토미 플라자(Nakatomi Plaza)'가 있다. 1987년에 문을 연 대형 오피스 빌딩으로, 이듬해 영화 〈다이하드〉에서는 가상의 기업 '나카토미 코퍼레이션' 본사로 등장했다. '천사의 도시'에 사는 사람들은 이 건물의 진짜 이름이 폭스 플라자(Fox Plaza)라는 사실을 알고 있다. 하지만 브루스 윌리스의 영화 팬들은 여전히 이곳을 찾고, 유명한 건물을 배경으로 사진을 찍으며 영화 속 이름으로 부른다.

할리우드의 가능성을 떠올리게 하는 상징적인 장소들도 있다. 베벌리 힐스 호텔이 그중 하나다. 웨스트 선셋 블러바드(West Sunset Boulevard) 인근에 자리한 이 5성급 호텔은 오늘날 하룻밤 숙박료가 2,000달러를 넘기도 한다.

1960년대 로버트 에번스(Robert Evans)라는 젊은 배우가 이 호텔에 투숙했다. 그는 처음에는 배우이자 모델로 LA에서 활동했지만, 사람과 이야기를 알아보는 눈을 지니고 있었고, 곧 영화 제작으로 방향을 틀었다. 그는 그 10년 동안 〈로즈메리의 아기〉, 〈러브 스토리〉처럼 여러 편의 호평받는 영화를 제작했다.

1966년 파라마운트 픽처스는 재정적 어려움에 직면해 있었다. 경영진도 대대적으로 교체되는 상황이었다. 에번스의 재능을 알아본 파라마운트는 그를 제작 총괄 책임자로 임명했다.

에번스는 뛰어난 스토리텔러이자 현대적인 비즈니스 감각을 지닌 인물이었다. 그는 파라마운트를 현대화하고, 박스 오피스 경쟁력을 갖춘 영화를 만드는 데 집중했으며, 할리우드가 어려운 전환기를 넘기는 데 핵심적인 역할을 했다.

그의 재임 기간 약 15년 동안, 파라마운트는 전성기를 누렸고 〈대부〉와 〈차이나타운〉이라는 영화사상 가장 위대한 작품 두 편을 세상에 내놓았다. 두 영화 모두 각각 11개 부문에서 아카데미상 후보에 올랐고, 〈대부〉는 작품상을 수상했다.

LA를 바라볼 때, 화려함도 있고, 거침도 있다. 이 두 가지는 서로 배타적인 것이 아니다. 스토리텔러로 살아간다는 것은 매일 반복되는 고된 노동이다. 글을 쓰고 연기하고 장면을 만들고 제작한다. 수많은 사람이 하루는 실패하고, 다음 날 다시 일어나 같은 꿈을 향해 나아간다. 자신의 소명을 좇기 위해서다. 그 모습은 정말로 깊은 영감을 준다.

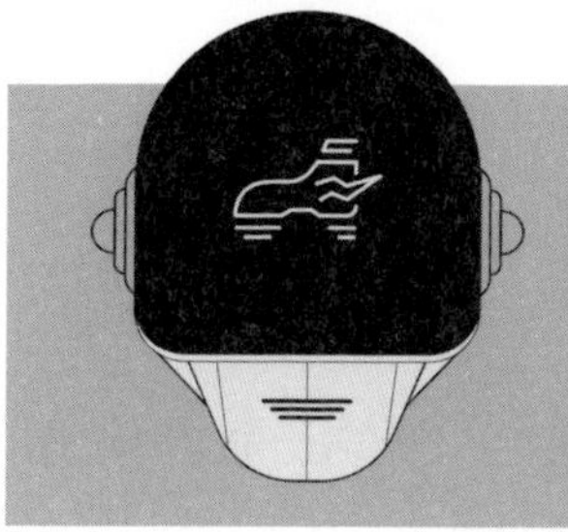

나는 센추리 시티의 에비뉴 오브 더 스타스(Avenue of the Stars) 주변을 드라이브하거나 '할리우드 명예의 거리(Hollywood Walk of Fame)'를 지나가곤 한다. 이곳에는 영화 산업에 기여한 할리우드의 전설들이 보도블록 위에 별과 이름(대개는 손도장까지)을 새겨 기념되고, 그 공로는 찬미된다. 그 풍경을 보고 있노라면, 얼마나 많은 사람이 바로 그 목표를 향해 노력하고 있는지 새삼 느끼게 된다.

가끔은 할리우드 블러바드(Hollywood Boulevard)나 선셋 블러바드(Sunset Boulevard)를 따라 고성능 머슬카 한 대가 굉음을 내며 질주하는 모습을 보게 되는데, 그럴 때마다 강력한 '크리에이티브 아티스트 에이전시(CAA)'를 공동 설립한 슈퍼 에이전트 마이클 오비츠(Michael Ovitz)의 부상과 명성을 떠올린다. 오비츠가 고급 자동차를 사랑했다는 사실은 잘 알려져 있다. 전성기 시절 그는 다섯 대의 재규어를 소유했고, 요일마다 다른 차를 몰았다고 전해진다. 빨강, 노랑, 파랑, 초록, 검정 재규어 중 그날의 옷 색깔에 맞는 차를 골라 타고 다녔다는 것이다. 이 일화는 널리 퍼지며, 오비츠를 '강력한 창의적 에이전트'로 각인시키는 데 한몫했다. 여러 면에서, 그가 재규어 브랜드를 사랑했던 방식과 현실 세계에서 자신의 창의적 정체성을 표현했던 모습은 내가 메타버스에서 사람들이 럭셔리 브랜드를 통해 자신의 정체성과 '어떻게 보이고 싶은지'를 표현하는 방식을 떠올릴 때 완벽한 사례처럼 느껴진다.

할리우드에는 재능이 있다. 인프라도 갖춰져 있다. 그리고 셀 수 없이 많은 이야기가 있다. 이 도시 반경 100마일 이내 어디에서든 누구나 시대를 초월하는 영화를 찍어 즉각적인 성공을 만들어낼 수 있다. 나는 이것을 비디오게임 산업에서 직접 목격해 왔다. 그리고 사람들이 자신의 이야기와 캐릭터에 생명을 불어넣을 수 있도록 필요한 도구를 제공하는 것이 나의 목표다.

LA는 우리 세계가 메타버스로 전환해 가는 과정에서 그 수도가 되어야 한다. 앞선 장들에서도 언급했듯, 메타버스와 관련된 대부분의 기술은 이미 개발되어 있다. 앞으로 수년, 수십 년에 걸쳐 새로운 층위들이 더해질 것이다. 메타버스에 진정으로 필요한 것, 그 생명줄은 위대한 스토리텔러들이다.

왜 LA와 메타버스는 잘 어울리는가

스토리텔링은 서버나 반도체, 컴퓨터보다 훨씬 더 중요하다. 메타버스가 지닌 잠재적 파급력을 더 잘 이해하기 위해, 이 이야기를 두 가지 큰 흐름으로 나누어 살펴보고자 한다.

1. 거시경제적·사회적 요인

2. 스토리텔링 그 자체에 미치는 극적인 영향

먼저 LA의 영화·TV 생태계가 왜 메타버스로의 전환에 성공할 수밖에 없는지, 그 큰 그림부터 짚어보자. 우선 기억해야 할 점은 영화 자체가 하나의 브랜드라는 사실이다. 예를 들어 〈스타워즈〉는 극장에서 상영되는 시각적 서사에만 머무르지 않는다. 오늘날 디즈니월드에는 〈스타워즈〉 세계관을 구현한 대규모 테마파크가 조성되어 있다. 앞선 장에서 나는 아디다스 같은 기업이 축구 팬을 위해 인터랙티브한 경험을 만들어낼 수 있다고 이야기했다. 할리우드는 이 기대를 한 단계 더 끌어올릴 것이다.

〈스타워즈〉 프랜차이즈(영화, 드라마, 애니메이션, 게임, 테마파크, 굿즈까지 포함하는 IP 전체를 가리킴)는 차세대 경험을 제공하는 메타사이트를 구축해, 팬들이 영화와 TV 시리즈 속 상상의 세계를 직접 탐험하도록 할 수 있다. 예컨대 팬들은 모스 아이슬리 칸티나(Mos Eisley cantina, 칸티나는 우주 항구의 술집을 뜻함)를 방문해 '한 솔로(Han Solo)가 먼저 쐈는가?'라는 오래된 논쟁을 직접 확인해볼 수도 있을 것이다.

메타버스는 대작이든 독립 영화든 모든 영화 프랜차이즈가 팬들에게 비슷한 경험을 제공하도록 만든다. 캐릭터를 만나고, 모험을 떠나며, 이야기의 역사와 세계관을 직접 탐험하는 것이다. 〈대부(The Godfather)〉를 여러 차례 언급했는데, 이 작품은 여전히 역사상 가장 위대한 영화 중 하나로 평가받는다. 비토 콜레오네(Vito Corleone)의 딸 결혼식 날, 팬이 가상 공간에서 그의 책상 맞은편에 앉아 대화를 나눌 수 있다면 어떨까? 뒤에서 설명하겠지만, 이런 작은 경험들이야말로 캐릭터의 세계관을 확장하고, 프랜차이즈의 생명력을 연장하며, 새로운 수익 기회를 만들어내는 핵심 요소가 된다.

메타버스형 콘텐츠가 도입되면, 수십 년 전 블록버스터였던 영화 프랜차이즈조차 즉각적인 신규 수익원을 확보할 수 있다. NFT 같은 가상 아이템, 의상, 독점적인 경험과 이벤트를 판매할 수 있기 때문이다. 여기에는 비하인드 영상 접근권이나 배우·제작진을 만날 수 있는 특별한 기회도 포함될 수 있다. 무엇보다 이는 기꺼이 비용을 지불하려는 가장 충성도 높은 팬층과 직접 연결될 수 있는 기회다.

두 번째는 개인적으로 나에게 매우 중요한 기회다. 메타버스는 수많은 영화와 TV 프랜차이즈가 전통적인 서사를 넘어, 몰입감 있는 새로운 세계로 확장되며 사실상 영원히 살아남을 수 있게 해준다. 이것이 무엇을 의미하는지는 곧 설명하겠다. 메타버스는 지금까지 세상의 빛을 보지 못했던 영화들마저 되살릴 수 있는 가능성을 열어준다.

하지만 여기서 말하는 것은 단순한 복원이 아니다. 영화의 이야기와 캐릭터를 계속해서 확장하는 가능성이다. 프랜차이즈는 새롭고 인터랙티브한 콘텐츠를 만들어낼 수 있다. 팬들이 캐릭터의 과거 이야기를 직접 탐험할 수 있다면 어떨까? 〈포레스트 검프〉의 팬이라면, 앨라배마 농장에서 포레스트와 직접 대화를 나누고, 그가 제니와 이야기를 나누던 유명한 나무를 직접 볼 수 있을지도 모른다. 〈어벤저스〉의 팬이라면, 자신의 초능력을 선택해 캐릭터들과 함께 모험을 떠날 수도 있다. 스토리텔러에게 몇 시간짜리 상영 시간을 넘어, 캐릭터와 그들이 살아가는 세계를 충분히 풀어낼 시간과 무대를 준다면 어떤 새로운 가능성이 열릴까?

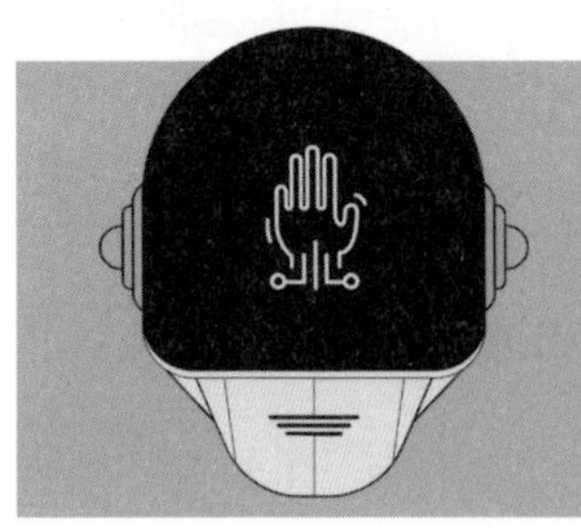

〈타이타닉〉의 가장 아래 갑판에 앉아, 레오나르도 디카프리오(Leonardo DiCaprio)가 연기한 인물과 함께 시간을 보낸다면 어떤 기분일까?

위스콘신의 작은 마을에서 자라난 젊은 남자의 시선으로 세상을 바라보며, 메인 데크 위에 있는 부유한 대도시 출신 인물들과 자신을 비교해 본다면 말이다.

그 캐릭터에 대해 우리는 무엇을 더 알게 될까? 1912년 4월, 북대서양 한가운데에서 벌어진 그 재난을 바라보는 우리의 이해는 어떻게 달라질까? 당시의 계급 구조와 문화, 그리고 그 시대가 품고 있던 긴장과 균열에 대해 우리는 무엇을 새롭게 느끼게 될까?

메타버스는 창작자와 개발자들에게 캐릭터의 모든 배경과 동기, 서사를 살아 숨 쉬게 할 수 있는 무한한 가능성을 제공한다. 이는 기존 영화가 전달할 수 있었던 범위를 훨씬 넘어서는, 일종의 '살아 있는 기념비'를 만들어내는 일이다.

하지만 이것은 지금 존재하는 영화들에만 국한된 이야기가 아니다. 나는 종종 전통적인 영화 스튜디오들의 지하 창고에 잠들어 있는 수많은 영화를 떠올린다. 내가 지금까지 인생에서 본 위대한 영화들을 생각하다 보면, 동시에 보지 못한 영화가 얼마나 많은지도 실감하게 된다.

LA의 어떤 스튜디오를 골라도 마찬가지다. 그들은 엄청난 콘텐츠의 금광 위에 앉아 있다. 한 편의 영화가 만들어질 때마다, 제작되지 못한 수백 편의 각본이 함께 쌓인다. 단 한 편으로 끝나버린 영화 프랜차이즈들도 그중 일부다.

수십 년 동안 세상에 공개되지 못한 이야기들이 수천 편은 될 것이다.

셀 수 없이 많은 캐릭터들이 시간의 캡슐 속에 갇혀 있고, 메타버스는 마침내 그들을 세상 밖으로 끌어낼 수 있는 수단이 된다. 메타버스를 활용하면, 이러한 각본들을 비교적 적은 비용으로 세상에 공개하고, 라이선스를 부여하며, 메타버스 제작자들이 이를 기반으로 새로운 작품을 개발하도록 할 수 있다. 더 나아가, 예산이 필요한 영화 제작자라면 누구든 수익 공유 모델과 새로운 계약 구조를 통해 자금을 조달하고, 자신이 만든 영화 세계관을 확장해 나갈 기회를 얻게 될 것이다.

새로운 황금기

마지막으로, 메타사이트를 통해 할리우드 제작자들에게 이 미래를 현실화하고 수익화할 수 있게 만드는 세 가지 핵심 요소를 설명하고자 한다. 즉 캐릭터, 디지털 아이템, 환경(공간)이다. 이 세 가지 요소에는 막대한 자본과 잠재력이 담겨 있다.

먼저 캐릭터부터 살펴보자. 미래에는 대부분의 사람들이 실제 사람이 말하는 영상과 인공지능(AI)이 생성한 영상을 구분하지 못하게 될 가능성이 크다. 물론 이에 대한 우려도 존재하지만, 할리우드의 세계에서는 이것이 무한한 가능성을 열어 준다고 본다.

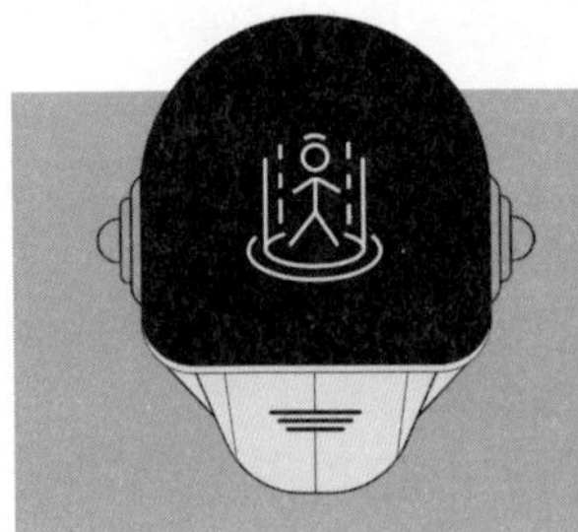

AI 기술의 발전 덕분에 과거 영화와 드라마 속 캐릭터, 그리고 배우들의 '디지털 초상(digital likeness)'을 수익화할 수 있는 길이 열리게 된다. 할리우드의 위대한 배우들의 유산을 관리하는 사람이라면, 이 유산을 어떻게 활용하고 확장할 것인지의 중요성을 곧 깨닫게 될 것이다.

앞으로는 관객과 다시 소통할 수 있는 기회가 지금까지 한 번도 보지 못한 방식으로 확대될 것이다. 역사상 가장 위대한 발명 중 하나는 1436년 요하네스 구텐베르크(Johannes Gutenberg)의 인쇄기였다. 덕분에 책의 대량 생산과 전 세계적 확산이 가능했고, 성경이 전 세계로 퍼졌으며, 17세기 중반에는 윌리엄 셰익스피어(William Shakespeare)의 작품을 모든 대륙에서 읽을 수 있게 됐다.

인공지능은 이 인쇄기를 모든 면에서 능가할 것이다. AI는 끊임없이 학습하고 성장하며, 그 속도와 힘은 흔히 6개월마다 두 배씩 증가한다고 한다.[118] 1년 후면 AI는 지금보다 4배 더 강력해지고, 4년 후면 무려 256배 더 강력해진다. 이러한 발전은 기술의 잠재력을 폭발적으로 확장할 기회를 제공한다.

나는 지금 당장 시작할 수 있는, 비교적 단순한 프로젝트를 제안하고 싶다. 과거 영화와 TV 시리즈의 캐릭터들을 챗봇이나 디지털 경험 형태로 되살리는 것이다. 팬들은 이 캐릭터들과 실제로 대화를 나눌 수 있게 될 것이다. 그리고 그 대화는 오늘날의 스토리텔러들에게 다음과 같은 질문을 던지게 만든다.

이 캐릭터는 어떻게 말할까? 무엇을 생각할까? 무엇을 느낄까? 어떤 질문은 피하려 할까? 무엇이 그들을 당황하게 만들까?

이 질문들은 메타버스에서 캐릭터를 구축하고, 수십 년 동안 지속될 서사 경험을 만들어내는 데 핵심적인 요소다.

캐릭터가 만들어지면, 그들이 살아가는 환경을 구축할 기회도 자연스럽게 따라온다. 메타사이트를 통해, 이 캐릭터들이 어디에서 어떻게 살아가는지까지 구현할 수 있다. 스토리텔러들은 캐릭터의 배경에 담긴 아주 사소한 디테일까지 설계하는 데 참여할 수 있다. 예를 들어, 한 팬이 유명 캐릭터의 집을 재현한 메타사이트를 방문한다고 가정해 보자. 그 공간 안의 모든 디테일은 의미를 가지며, 대화 속에서 질문의 대상이 될 수 있다.

영화 〈레이더스(Raiders Of The Lost Ark)〉와 〈인디아나 존스: 최후의 성전〉에 등장하는 헨리 '인디애나' 존스(Henry 'Indiana' Jones) 교수의 대학 연구실에 들어간다고 상상해 보라. 1930년대 분위기의 책상은 논문과 유물로 어지럽게 덮여 있고, 뒤편 선반에는 중동 어딘가에서 발견한 보물의 파편들이 놓여 있을지도 모른다. 그 작은 유물 하나에 대해 질문하면, 존스 교수는 분명 답을 가지고 있을 것이다. 더 나아가, 메타버스가 진화함에 따라 그는 당신을 모험으로 직접 데려갈 수도 있다.

이것은 단 하나의 캐릭터, 하나의 영화 프랜차이즈에 불과하다. 스토리텔링의 가능성은 사실상 무한하다. 한 솔로, 터미네이터(Terminator), 제임스 본드(James Bond), 엘런 리플리(Ellen Ripley), 잭 스패로우(Jack Sparrow) 선장, 브루스 웨인(Bruce Wayne), 존 맥클레인(John McClane), 타일러 더든(Tyler Durden), 비토 콜레오네, 마티 맥플라이(Marty McFly), 브라운 박사(Doc Brown), 그리고 아직 세상에 등장하지도 않은 캐릭터들까지. AI는 이 모든 캐릭터의 세계를 확장하게 해줄 것이다. 이들은 서로 다른 환경을 넘나들고, 서로 상호작용하며, 메타버스 전반에서 팬들을 위한 새로운 경험을 만들어낼 것이다.

하지만 이 모든 가능성이 허구에만 국한될 필요는 없다. 메타버스는 다큐멘터리 제작자들에게도 조사와 이야기의 깊이를 한층 더 확장할 수 있는 도구가 될 수 있다. 예를 들어 실제 범죄 분야에서 메타버스는 제작자와 감독에게 실제 사건의 미스터리를 좀 더 입체적으로 보여줄 기회를 제공한다. 시청자는 살인 사건을 단순히 '보는' 존재가 아니라 직접 수사에 참여하는 존재가 될 수 있다. 탐정과 함께 단서를 추적하고, 중요한 증거를 디지털 지갑에 저장하며, 과거의 사건을 퍼즐처럼 하나씩 맞춰 나가는 세계를 상상해 보라.

이 지점에서 자연스럽게 디지털 아이템을 통한 수익화라는 요소가 등장한다. 메타사이트의 세계에서 스토리텔러들은 이야기를 확장하는 다양한 아이템을 수익화할 수 있다. 창작자들은 자신들의 가장 인기 있는 캐릭터와 서사를 메타버스로 옮겨오고, 그 과정에서 발생하는 수익을 함께 나눌 수 있다. 특히 충성도 높은 팬들과 직접 소통할 기회가 열리며, 특별한 NFT를 통해 오직 그들만을 위한 맞춤형 경험에 초대할 수도 있다.

디지털 아이템은 단순한 굿즈를 넘어, 마케팅 잠재력을 확장하고 사용자들이 스토리텔러가 만들어 낸 세계를 더 깊이 파고들도록 유도하는 인센티브가 된다. 가장 몰입감 있는 캐릭터와 환경을 경험하고 싶은 관객들은 그 세계에 더 깊이 들어가기 위해 기꺼이 비용을 지불할 것이다. 그들은 메타버스 속 캐릭터들을, 열성적인 독자들이 위대한 작가를 친구처럼 느끼는 것과 같은 방식으로 알아가게 될 것이다.

AI는 대량의 텍스트, 음성, 시각 콘텐츠를 만들어낼 것이다. 이때의 과제이자 기회는 분명하다. 사람들을 반복해서 다시 불러들이는, 진짜 몰입형 경험을 제공하는 것이다. 메타버스는 사용자를 15초짜리 틱톡 영상과 끝없는 트위터·소셜미디어 스크롤에서 끌어낼 수 있다. 이러한 플랫폼과 달리, 메타버스는 훨씬 더 깊고, 상호작용적이며, 숨이 멎을 만큼 인상적인 경험에 몰입할 수 있는 무한한 놀이터다.

앞으로 메타버스를 형성해 나갈 주체는 결국 창의적인 스토리텔러들이다. 그들은 자신만의 캐릭터와 창작 과정을 통해, 세상이 이야기를 이해하는 방식을 한 단계 더 깊게 만들어 줄 것이다. 로스앤젤레스의 모든 작가, 콘텐츠 제작자, 감독, 그리고 이야기를 하고 싶은 모든 이들에게 이 흐름에 동참할 것을 제안한다. LA 밖에 있지만 같은 스토리텔링의 열망을 가진 이들에게도 문은 열려 있다.

나는 여러분과 함께 일할 것이다. 여러분과 함께 제작할 것이다. 그리고 이제 막 상상하기 시작한 방식으로, 이 메타사이트들을 현실로 만들어갈 도구를 함께 개발할 것이다. 메타버스는 할리우드의 새로운 황금기를 창조할 것이다.

여러분이 해야 할 일은 단 하나다. 첫걸음을 내딛는 것이다.

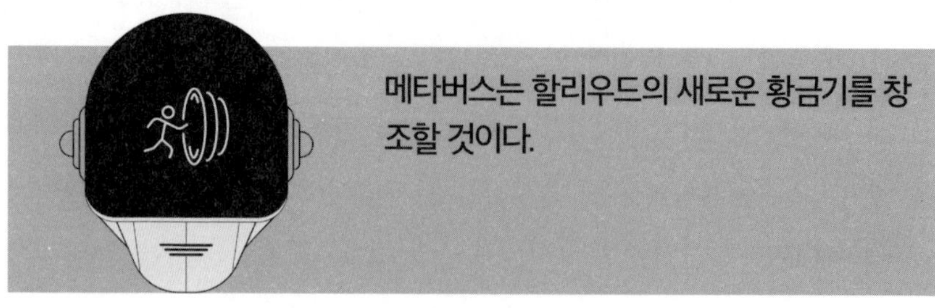

제 14 장

결론: 메타버스의 기회 붙잡기

우리는 메타버스에서 스토리텔러, 콘텐츠 제작자, 창의적인 인재, 그리고 기업가들에게 열릴 기회에 대해 이야기해 왔다. 이 새로운 세계는 많은 사람의 삶을 근본적으로 바꿔놓을 것이다. 이 과정에서 나 자신의 경험도 함께 나누었다. 러시아에서의 소박한 출발부터 비디오게임이 어떻게 내 삶을 바꾸었는지, 그리고 미국으로 이주하면서 기술과 비디오게임, 기업가정신 덕분에 '무엇이 가능한가'에 대한 인식이 어떻게 확장되었는지까지 돌아보았다.

인터넷이 태동하고 디지털 기술이 급속히 확산되던 시기에, 수많은 기업가와 벤처캐피털, 그리고 소비자들이 거둔 성공을 나는 직접 목격했다. 그럼에도 불구하고, 메타버스만큼 거대한 기회는 지금까지 본 적이 없다. 지난 20년 동안 인터넷이 나에게 거대한 기회의 평준화 장치였다면, 메타버스는 전 세계를 향한 더 거대한 경제적·사회적 선(善)의 동력이 될 것이다. 메타버스가 앞으로 사람들이 어떻게 교류하고, 자선 기금을 모으며, 모든 연령층을 교육하고, 지속 가능한 브랜드를 만들어가는지를 어떻게 바꿔놓을지 지켜보는 일이 몹시 기대된다.

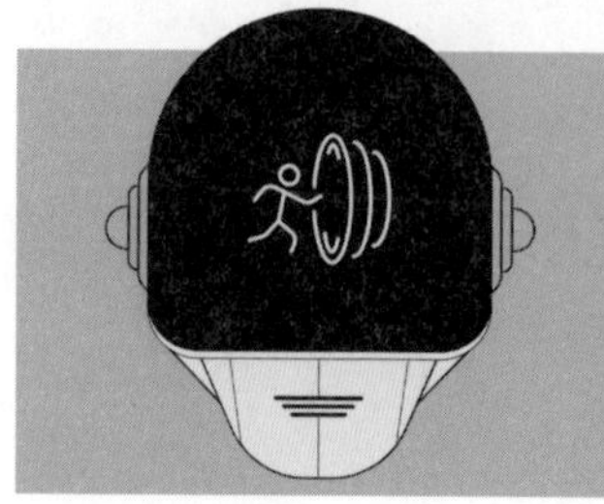

인터넷의 다음 단계가 80억 인류 모두에게 엄청난 선(善)의 원천이 될
수 있는, 전례 없는 기회가 될 것이라고 확신한다. 이러한 사회적 가치와
더불어, 메타버스는 사람들이 더 많은 소득을 얻고 자신의 열정과 관심사
를 마음껏 탐구할 수 있는 공간이 돼야 한다.

그리고 이와 맞물린 경제적 기회는 그 규모 면에서 비교 대상조차 없다.
앞으로 10년 안에 메타버스는 전 세계적으로 10조~30조 달러에 달하는
경제적 기회를 창출할 수 있을 것으로 전망된다. 이는 씨티그룹과 에필리
온 CEO 매튜 볼의 추정치다.[119]

이제 아이디어와 브랜드, 이야기, 그리고 비전을 가진 사람이라면 누구
나 이를 메타버스에 적용해 훨씬 더 밝은 미래를 향해 나아갈 수 있다. 내
가 그리는 메타버스는 마크 저커버그 같은 단 한 명의 기업가로 시작해 끝
나는 세계가 아니다. 이는 중앙집중적이지 않으며, 실리콘밸리의 거대 기
업들이 지배하는 공간도 아니다. VR 헤드셋 같은 단일 기술에 의존해서
작동하는 세계 역시 아니다.

메타버스는 수많은 디지털 세계와 최첨단 기술이 확장되고 결합된 결

과물이다. 최신 비디오게임 기술과 가상 세계를 기반으로 성장하며, 누구나 몰입해 참여할 수 있는 전 지구적 커뮤니티를 형성해 우리가 일하고 놀고 쇼핑하고 탐험하며, 브랜드와 관계 맺는 방식을 근본적으로 바꿔놓을 것이다. 이는 어느 한 개인이나 기업이 독점하고 통제할 수 있는 생태계가 아니다.

이 세계는 우리가 지금까지 알고 있던 인터넷과는 본질적으로 다를 것이다. 앞서 설명했듯이, 상호운용성은 사용자가 여러 세계를 넘나들며 디지털 자산을 함께 가져갈 수 있게 해준다. 블록체인은 거래의 보안을 강화하고, 당사자 간의 투명성을 높이며, 디지털 정체성을 보호하고, NFT나 부동산처럼 희소한 자산의 소유권을 검증한다.

더 나아가 메타버스의 분산적 구조는 어느 한 기업이나 기업 집단이 이를 지배하지 못하도록 보장한다. 권력은 메타버스 전반에서 자산을 만들어가는 창작자와 공동 창작자들에게 분산된다. 우리는 구글 같은 검색 공룡, 마이크로소프트 같은 소프트웨어 거인, 스포티파이나 애플 뮤직 같은 엔터테인먼트 플랫폼, 액티비전 블리자드나 EA 스포츠 같은 게임 대기업이 지배해 온 중앙화된 인터넷과 작별할 수 있다.

메타버스는 사람들이 상상력을 뛰어넘는 방식으로 가상 세계와 물리적 세계를 탐험하도록 만든다. '디지털 동굴' 같은 기술은 역사적 사건, 박물관, 라이브 콘서트, 스포츠 경기, 나아가 우리 은하 너머의 장소까지 즉각적으로 이동하는 듯한 감각을 제공할 것이다. 메타버스는 우리를 미래로 데려다줄 수 있다. 앞으로 수백 년 동안 기술과 사회가 어떻게 진화할지 탐색할 수도 있고, 한때는 도달 불가능하다고 여겨졌던 화성의 대지나 그

너머에 발을 디딜 수도 있다.

또한 메타버스는 뮤지션과 아티스트에게도 최고의 팬들과 직접 교류할 수 있는 엄청난 기회를 제공한다. 핵심 고객 20%가 전체 매출의 80%를 만들어낸다는 80/20 수익 모델은 브랜드와 비즈니스 성공의 중심이 될 것이다. 메타버스에서는 아티스트들이 가상 라이브 이벤트를 열고, 가장 충성도 높은 팬들에게 보상을 제공하며, 파티와 체험형 콘텐츠를 선보일 수 있다. 그 모든 과정에서 누구도 집을 나설 필요가 없다.

아울러 메타버스는 사람들이 소통하는 방식 역시 바꿔놓을 것이다. 코로나 이후 시대에 더 많은 사람이 집에 머무르고, 여행과 숙박 비용은 계속 상승하고 있다. 메타버스는 전 세계에서 비슷한 생각을 지닌 사람들을 연결해 줄 것이다. 사람들은 자신이 좋아하는 브랜드를 드러내고, 비슷한 이야기와 가치, 꿈을 공유하는 이들과 교류하게 될 것이다.

어쩌면 함께 게임을 즐기고, 완전히 새로운 방식으로 재택근무를 하게 될지도 모른다. 중요한 것은 이 기술이 우리의 상상을 넘어서는 힘을 발휘해, 언제 어디서든 사람과 커뮤니티를 하나로 묶는 강력한 도구가 된다는 점이다.

우리는 이제 막 가능성의 출발선에 서 있다. 메타버스는 사람들이 가상 세계 안에서 구축하고 창조할 수 있는 무한한 지평선을 제공한다. 디지털 도시와 생태계를 설계하려는 놀라운 시도들이 이어질 것이며, 이는 이미 〈마인크래프트〉나 〈디센트럴랜드〉 같은 프로젝트에서 현실이 되고 있다. 앞으로 사용자들은 아바타를 만들고, 새로운 제품을 탐험하며, 혁신적인 방식으로 쇼핑하고, 언제든 친구들과 소통할 수 있는 실질적인 동기를 발견하게 될 것이다.

이미 많은 브랜드들이 메타버스 전반에 걸쳐 자신들만의 '디지털 발자국'을 만들어가고 있다. 나이키와 아디다스 같은 스포츠 브랜드부터 크레이트 앤 배럴, 구찌에 이르기까지 대기업들은 소비자들이 이 기술이 더 편리해지고 더 저렴해지며 더 몰입적으로 진화함에 따라 메타버스로 이동하게 될 것임을 인식하고 있다.

하지만 이 새로운 골드러시는 이제 막 시작됐을 뿐이다. 할리우드는 프랜차이즈의 생명 주기를 획기적으로 연장할 수 있는 엄청난 기회를 맞이하고 있다. 인공지능은 캐릭터와 그들이 속한 세계에 새로운 생명을 불어넣을 것이며, 창작자들에게는 사실상 한계 없는 가능성이 열릴 것이다.

한편으로 기술은 점점 범용재가 되어갈 것이라 본다. 지난 수십 년 동안 기술 비용의 상승은 개인이 창업하거나 실리콘밸리의 거대 기업들과 경쟁하는 것을 어렵게 만들었다. 그러나 기술이 발전하고 가격이 하락함에 따라, 누구나 오늘날의 미디어 환경을 지배하는 기업들과 유사한 자신만의 버전을 만들어낼 수 있는 시대가 열릴 것이다.

예를 들어, AI 기반의 영화와 TV 콘텐츠만을 다루는 나만의 넷플릭스 채널을 갖고 싶다고 상상해보라. 그것은 충분히 가능한 일이 될 것이다. 인공지능이 고도화되고 제작 기술의 품질이 향상되면서 영화 제작 비용은 급격히 낮아질 가능성이 크다. 이런 변화는 결국 이야기를 만들 수 있는 사람, 그리고 메타버스의 탈중앙화된(분산된) 힘을 받아들일 수 있는 사람의 중요성을 더욱 부각시킬 것이다.

물론 탈중앙화(분산화)에는 반드시 해결해야 할 과제들도 따른다. 앞으

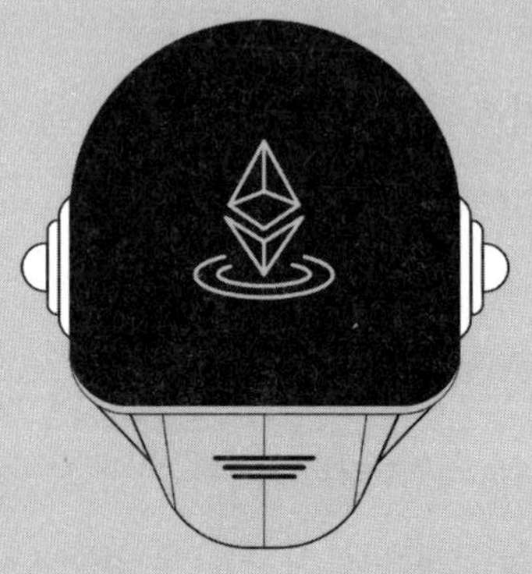

메타버스는 사람들이
가상 세계 안에서 구축하고
창조할 수 있는 무한한 지평선을 제공한다.

로 이 산업은 윤리 문제를 포함해 다양한 논의를 거쳐야 할 것이다. 나는 메타버스의 진화 과정에서 이런 논의에 적극적으로 참여하고 싶다. 탈중앙화되고 상호운용 가능한 세계로 이동해 가는 과정에서, 메타버스 역시 하나의 사회처럼 법과 규제, 윤리 기준이 필요할 것이다. 메타버스 전반에 적용될 기본적인 윤리 원칙이 정립되어, 사용자들이 허용되는 행동과 허용되지 않는 행동을 구분할 수 있을 것이다. 이런 규범은 사람들이 공적 공간에서 서로를 어떻게 대하는지에 대한 문제를 중심으로, 지식재산권, 데이터 프라이버시, 인권과 같은 좀 더 넓은 이슈로 확장돼야 한다.

기술과 상거래는 언제나 규제보다 훨씬 빠르게 움직인다. 그 과정에서 비즈니스 관행, 소비자 보호, 규제 감독과 관련된 시행착오가 불가피하게 발생할 것이다. 데이터 보호, 소비자 프라이버시, 메타버스 계약법 역시 더 깊은 논의가 필요한 영역이다. 그럼에도 불구하고, 앞선 장들에서 설명했듯이 블록체인 기술은 프라이버시 보호, 계약 이행, 데이터 보호, 지식재산권과 관련된 여러 문제를 완화하는 데 중요한 역할을 할 수 있다.

시간이 지나면 이 주제를 다루는 수많은 책과 콘퍼런스가 등장할 것이다. 역사적으로도 새로운 기술과 생태계가 등장할 때마다 법률 전문가, 기업가, 철학자, 윤리 사상가가 함께 등장해 왔다. 사용자를 교육하고 역량을 키우려는 노력은 점점 더 탄력을 받을 것이며, 메타버스가 우리의 일상 속으로 깊이 스며들수록 규제와 교육의 틀 역시 함께 확장될 것이다.

그래서 지금, 당신은 메타버스에서 자신의 목표를 생각해봐야 한다. 어떻게 수익을 창출할 것인가? 이 생태계의 성장에 어떻게 기여할 것인가? 지금 당장 어떻게 첫걸음을 내딛고, 메타버스와 함께 성장할 것인가?

만약 당신이 브랜드를 만들고 자신의 이야기를 전하고 경쟁자를 앞서며 인터넷이나 모바일 혁명보다 더 강력한 디지털 혁명에 참여고 싶다면, 지금이 바로 메타버스를 시작할 때다. 누구에게나 이야기는 있다. 그리고 메타사이트를 만드는 일은 차세대 스토리텔링의 가능성을 직접 탐험할 수 있는 당신만의 기회다.

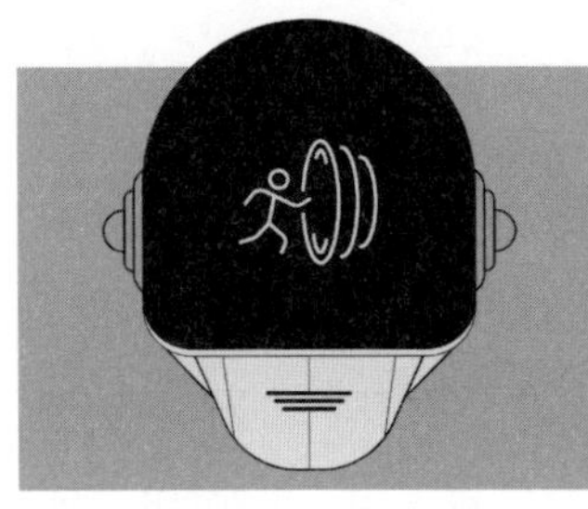

메타버스는 불과 몇 년 안에 대중적으로 확산될 것이다. 그 인기가 커질수록 경쟁은 치열해질 것이고, 더 많은 기업이 이 공간에 본격적으로 진입할 것이다. 지금이야말로 대형 브랜드와 경쟁 기업들보다 한발 앞서 나갈 수 있는 시점이다. 지금부터, 특히 메타사이트를 구축하기 시작한다면, 당신은 이 공간의 '토지'를 소유하게 되고, 메타버스의 개척자이자 초기 탐험가로서 자신의 명성을 확립할 수 있다.

2034년이 되면 사람들은 디지털 부동산과 암호화폐가 얼마나 비싸졌는지 이야기하게 될 것이다. 그리고 그때 이렇게 말하게 될지도 모른다. "10년 전에 시작하는 게 얼마나 쉬웠는지 알기나 해?" 이는 마치 1970년대에 맨해튼 부동산을 샀다거나, 2011년에 500달러도 안 되는 가격에 비트코인을 샀다거나, 10달러도 안 되는 돈으로 훗날 수십만 달러의 가치를 지닌 웹사이트 도메인을 확보한 것과 같은 이야기다.

메타버스에서의 구축은 브랜드 인지도를 즉각적으로 확장할 수 있게 해준다. 메타사이트는 기업이 제품과 서비스를 선보이고, 핵심 고객 및 팔로워와 직접 소통하며, 사람들이 반복해서 돌아오게 만드는 몰입형 경험을 설계할 수 있도록 한다. 블록체인의 힘을 활용하면, 맞춤형 NFT와 다양한 디지털 아이템을 만들어 사용자와 브랜드의 거리를 더욱 좁힐 수 있다.

메타버스 전략을 도입하는 것만으로도, 모든 비즈니스에는 자연스럽게 새로운 수익원이 생긴다.

메타사이트는 물리적 세계와 디지털 세계를 결합하는 독특한 방식을 제공하며, 두 영역을 넘나드는 상품·서비스의 교차 홍보도 가능하게 한다. 또한 메타사이트는 스토리텔러와 브랜드 매니저에게 기존의 판매·마케팅 전략을 뛰어넘는 창작과 혁신의 기회를 제공한다. 당신의 메타사이트는 사람들이 머물고 교류하고, 당신을 더 깊이 이해하는 공간이 될 수 있으며, 사업이 성장하는 과정에서 충성도 높은 커뮤니티를 형성하는 데 기여할 수 있다.

하지만 지금 가장 중요한 질문은 이것이다. 왜 지금 메타버스에 들어가야 하는가? 당신은 지금 당장 브랜드의 미래 경쟁력을 확보하고 싶을 것이다. 그리고 메타버스가 앞으로 수십 년간 우리의 일상에서 핵심적인 역할을 하게 될 흐름 속에서, 누구보다 앞서고 싶을 것이다.

소비자라면 이 혁명에 초기에 참여하고 싶을 것이다. 군중보다 먼저 움직이고, 브랜드와 관계를 맺고, 메타버스에서 기업과 상호작용하며 얻는 보상을 경험하고, 아직 비용이 비교적 낮은 지금 자신의 존재감을 쌓아가고 싶을 것이다.

기억하자. 경제는 수요와 공급이라는 단순한 법칙 위에서 움직인다. 지금은 공급이 늘어나고 있지만, 시장의 본격적인 수요는 아직 뒤따르지 못하고 있다. 지금 메타버스에서 NFT와 디지털 자산, 각종 아이템을 먼저 확보하는 일은 해변의 땅을 사 두고 그 주변에 거대한 공동체가 형성되는 과정을 지켜보는 것과 같다.

엑솔라는 언제나 시대의 흐름보다 한발 앞서 움직여 왔고, 사용자와 기업이 이 전환을 성공적으로 이뤄낼 수 있도록 필요한 도구를 제공해 왔다. 우리는 지난 20여 년간 비디오게임 산업을 통해 이러한 도구들을 발전시켜 왔으며, 핵심 고객과의 관계를 강화하고 수익을 극대화하는 데 활용해 왔다.

메타버스에서도 우리는 선점자(first mover)의 이점을 바탕으로 같은 일을 해낼 것이다. 이 메타버스 혁명에 참여하는 창작자들을 위한 목표는 분명하다. 우리는 음악, 영화, 엔터테인먼트 전반에서 수익의 파이를 더 크게 만들고자 한다.

우리는 아티스트들이 애플 뮤직 같은 플랫폼과의 계약이나 기존 제작 계약에서 좀 더 유리한 조건을 직접 협상할 수 있도록 힘을 실어주고자 한다. 그리고 충성도에 보답하는, 잊을 수 없는 소비자 경험을 만들어내고자 한다. 이를 위해 우리는 메타버스를 민주화하고 탈중앙화하며, 그 통제권을 오늘의 개척자들에게 돌려주는 구체적인 로드맵을 구축했다.

메타사이트는 인터넷의 얼굴을 영원히 바꾸게 될 것이다. 그것은 사용자와 브랜드의 가치, 정체성, 잠재력을 담아내는 개인화된 감각과 경험의 공간이 될 것이다.

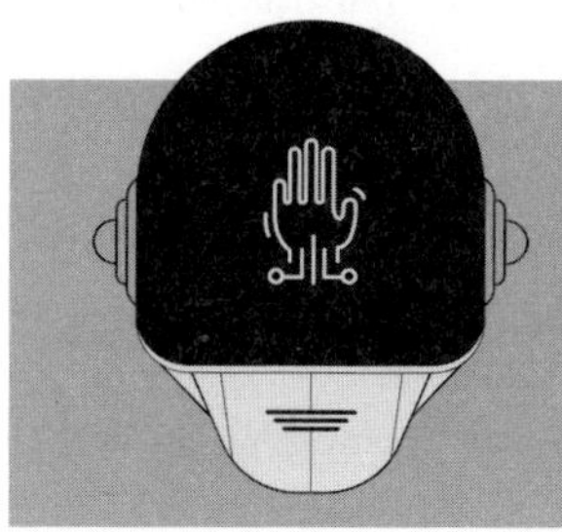

엑솔라를 통해 우리는 디지털 아이템과 핵심 고객을 위한 차별화된 경험을 적극적으로 활용함으로써 전체 수익의 파이를 세 배까지 키울 수 있다. 그리고 그보다 더 중요한 점은 엑솔라를 통해 콘텐츠 제작자들이 자신의 노력에 대해 확실하게 대가를 지급받을 수 있다는 사실이다.

블록체인을 수용하고, 핵심 이용자(슈퍼유저)들과 적극적으로 소통함으로써 콘텐츠 제작자들은 사용자 거래 내역을 훨씬 더 투명하게 확인할 수 있다. 이를 통해 자신이 받아야 할 정확한 수익 규모를 명확히 알 수 있게 된다.

메타버스는 결제 과정 역시 간소화하고, 창작자 로열티의 정확성을 보장한다. 이는 기존의 플랫폼들이 커져 가는 수익 파이에서 과도한 몫을 가져가는 일을 막는 동시에, 아티스트들이 자신의 작업에 대해 더 큰 수익 지분을 정당하게 확보할 수 있도록 해준다.

만약 당신이 인터넷의 첫 번째 혁명에 제대로 올라타지 못했다고 느낀다 해도, 걱정할 필요는 없다. 전자상거래나 모바일 인터넷의 초기 성장기를 직접 경험하지 못했더라도 상관없다. 메타버스, 그리고 웹 3.0의 부상은 기업과 소비자 모두를 근본적으로 변화시키며, 초기 참여자들에게는 막대한 경제적 기회를 제공할 것이다. 또한 누구나 이 거대하고 빠르게 성장하는 디지털 경제 속에 자신만의 깃발을 꽂을 수 있는 기회를 얻게 된다.

우리는 지금 메타버스라는 경기의 초반 이닝에 들어서고 있다. 앞으로 공공 정책, 기술 발전, 그리고 이 새로운 세계를 떠받칠 글로벌 전자상거래 생태계의 변화에 대해 논의할 기회는 충분히 많아질 것이다.

이것이 바로 당신을 향한 나의 초대다. 지금 이 순간, 메타버스에서 자신의 가능성을 더 깊이 탐색하고, 자신의 존재감을 구축하는 방법을 알아가길 바란다.

감사의 글

하버드를 졸업한 뒤 YPO(Young Presidensts' Organization, 젊은 최고경영자 글로벌 네트워크), 비스티지(Vistage), UCLA CEO 포럼, ABL(Association for Business Leadership, 기업 리더십 협회)에 참여했다. 하지만 그중에서도 타이거 21(Tiger 21)은 내가 가장 좋아한 커뮤니티였고, 내 생각과 관점을 깊이 있게 형성해 준 곳이었다. 이 그룹은 포트폴리오 방어 과제의 하나로 내 이야기를 글로 쓰게 했고, 그 글은 이 책의 2장이 되었다. 그렇게 해서 작가로서의 여정이 시작되었다.

타이거 21은 내가 훗날 에이전트이자 출판인이 될 저스틴 배트(Justin Batt)로부터 하나의 '영업 피치'를 듣게 된 계기로 학습 행사를 마련해주었다. 그는 이렇게 말했다. "작가가 되면, 당신은 권위를 갖게 됩니다."

LA03 그룹 전체에 감사를 전하고 싶다. 이들은 진정한 친구이자 멘토가 되어주었다. 니콜 디아즈(Nicole Diaz), 르네 라브란(Renee LaBran), 빅토리아 플로레스(Victoria Flores), 아르멘 예메니지안(Armen Yemenidjian), 빌 도프먼(Bill Dorfman), 대런 카비노키(Darren Kavinoky), 에릭 만루나스(Eric Manlunas), 제이 슐먼(Jay Schulman), 마크 셔(Mark Scher), 마이크 존스(Mike Jones), 마이크 셸던(Mike Sheldon), 네이선 존슨(Nathan Johnson), 네이선리얼 레드리프(Nathaniel Redleaf), 레자 자마니(Reza Zamani), 롭 디르덱(Rob Dyrdek), 로빈

누르망드(Robin Nourmand), 로저 린하르트(Roger Lienhard), 셉 다르다쉬티 (Sep Dardashti).

나는 아무것도 없는 상태에서 수십억 달러 규모의 기업, 엑솔라(Xsolla)를 만들었다. 하지만 개인적으로는, 그 과정을 통해 내가 어떤 사람이 되었는지가 훨씬 더 중요하다. 엑솔라를 함께 만들어 준 팀에게 감사를 전하고 싶다. 안톤 젤레닌(Anton Zelenin), 올가 코비노바(Olga Kovinova), 샘 가글라니 (Sam Gaglani), 드미트리 부르코프스키(Dmitry Bourkovsky), 버클리 이건스 (Berkley Egenes), 멘시(Menshi), 징보(Jingbo), 제이든(Jayden), 크리스 휴이시(Chris Hewish), 소피아 리사이우스(Sophia Lisaius), 안드레이 포드시비야킨 (Andrey Podshibyakin), 발렌티나 세보디나(Valentina Sevodina), 알렉세이 트레실로프(Aleksey Treshilov), 안톤 즈바킨(Anton Jvakin), 콘스탄틴 골루비스키 (Konstantin Golubisky, 엘레나 사코바(Elena Sakova), 저스틴 베런바움(Justin Berenbaum), 엘레나 포포바(Elena Popova), 알렉산드르 토카레프(Aleksandr Tokarev), 닉 본다렌코(Nick Bondarenko), 나탈리아 보지얀(Natalia Voziyan). 혹시 누군가를 빠뜨렸다면 용서해 달라. 엑솔라의 모든 사람은 나에게 소중하고, 모두가 각자의 자리에서 의미 있는 기여를 하고 있다.

나는 많은 콘퍼런스에 참석하며 지인들로부터 다양한 아이디어를 얻는다. 이름은 잘 기억하지 못하고 얼굴만 기억하는 경우도 많지만, 그들은 분명 내 비즈니스 관점을 형성하는 데 큰 영향을 주었다. 특히 에너지를 얻고 영감을 받았던 행사는 다음과 같다. GDC(Game Developers Conference, 게임 개발자 콘퍼런스), 게임스컴(Gamescom), 다이스(DICE), 지스타(G-Star), 차이나조이(ChinaJoy), E3, 밀켄 인스티튜트(Milken Institute), 어번던스 360(abundance360).

마이크 밀켄(Mike Milken)은 내게 큰 영감을 준 인물이다. 그는 다른 사람들이 돈을 벌 수 있도록 도와주면서 스스로도 수익을 창출하는 방법을 찾아냈고, 놀라운 커뮤니티로 자신을 둘러싸는 동시에 자신의 건강과 헬스케어 시스템과도 균형 잡힌 관계를 유지해 왔다. 피터 디아만디스(Peter Diamandis)는 나에게 북극성 같은 안내자다. 낙관주의의 원천이자 거대한 변혁적 목적을 제시해 주는 존재다. 마이크와 피터는 둘 다 지역 기반의 인물이지만, 나는 전 세계 어디에서 열리든 그들의 행사, 즉 어번던스(Abundance), 엑스프라이즈(Xprize), 밀켄 인스티튜트 서밋 등을 따라다녔다.

임원 교육은 내 직관과 세계관을 분명히 바꿔 놓았다. 하버드 비즈니스 스쿨 교수진과 OPM 55기수에 감사를 전하고 싶다. 또한 UCLA 앤더슨 스쿨, 스탠퍼드, 와튼, 칭화대학교에도 감사한다. 그리고 페름 제2 리체움(Perm Lyceum #2) 수학반 친구들과, 나의 소중한 친구이자 짝꿍이었던 알렉세이 베르칙(Alexey Verchik)에게도 인사를 전하고 싶다.

투자은행가들은 비즈니스 세계의 슈퍼 커넥터다. 수많은 소개를 이어 주고, 기회를 만들어 주며, 나와 함께 새로운 가능성을 탐색해 온 우리 은행가 팀에게 깊이 감사한다. 헤말 타커(Hemal Thaker)와 골드만삭스 전체 팀, 마이클 메츠거(Michael Metzger)와 드레이크 스타(Drake Star), 라이언트리(Liontree)와 그리핀 게이밍 파트너스의 닉 투오스토(Nick Tuosto), (그리고 피터 레빈(Peter Levin), 당신을 잊을 수 없다!), 에어리엄 & 코(Aream & Co)의 카르틱 프라바카라(Kartik Prabhakara)와 아판 버트(Affan Butt), 뱅크오브아메리카(BofA)/메릴의 마즈 야페(Maz Yafeh). 귀중한 조언과 아낌없는 지원을 해준 여러분과 모든 자문위원에게 진심으로 감사드린다.

때로는 까다롭지만 언제나 공정한 스승이 되어 준 엑솔라의 고객들에게도 감사하고 싶다. 밸브(Valve), 넥스터스(Nexters), 워너 브라더스(Warner Bros.), 넥슨(Nexon), 로블록스(Roblox), 에픽 게임즈(Epic Games), 유비소프트(Ubisoft),

그리고 그 외 수많은 고객.

또 다른 어머니에게서 태어난 형제나 다름없는 두 사람, 올렉시 사브첸코 (Oleksi Savchenko)와 키릴로 토카레프(Kyrylo Tokarev), 그리고 나보다 훨씬 멋진 80.lv 팀에게도 깊은 감사의 마음을 전하고 싶다.

한때는 불가능해 보였던 이 프로젝트를 끝까지 이끌어 준 책 작업팀에게 깊이 감사하고 싶다. 마이클 레빈(Michael Levin), 제시 에일런(Jesse Aylen), 제니퍼 진저리치(Jennifer Gingerich), 질 스미스(Jill Smith), 카테리나 예르몰라예바 (Kateryna Yermolaeva), 그리고 출판사 워스(Worth)와 유통사 사이먼 & 슈스터 (Simon & Schuster). 또한 이 책의 표지를 디자인하고 시각적 언어를 만들어 준 타이 라이프셋(Ty Lifeset)과 그 팀에게 특별한 감사를 전한다.

게이브 뉴웰과 밸브 팀은 이 산업의 살아 있는 전설이다. 게임 개발을 민주화한 유니티(Unity)와 에픽게임즈(Epic Games)에도 경의를 표한다. 내가 큰 영향을 받은 크립토 인플루언서(블록체인 기반의 새로운 디지털 경제와 사회 구조를 설계하고 그 철학과 방향성에 영향을 미치는 인물)는 비탈릭 부테린(Vitalik Buterin)과 찰스 호스킨슨(Charles Hoskinson)이다. 나는 그들의 글을 꾸준히 읽어 왔고, 그것이 이 책을 쓰는 데 중요한 영감을 주었다. 드미트리 돌고프(Dmitry Dolgov), 팀 텔로(Tim Tello), 리티스(Rytis), 그리고 크립토 키드(블록체인 세계관 속에서 자라난 차세대 창조자). 여러분은 빌더, 즉 실무형 창조자다. 여러분의 시대가 오고 있다.

끝으로, 언제나 나를 지지하고 위로해 준 가족에게 감사를 전한다. 내 모든 초안을 읽어준 딸, 늘 나를 격려해 준 아내. 항상 곁에 있어 준 두 여동생 나탈리아와 알레나. 그리고 분명 나를 사랑하고 계시지만, 언제나 자기만의 방식으로 표현해 온 어머니.

주(註)

1 "메타: 마크 저커버그가 페이스북의 새 이름을 발표하다", 가디언 뉴스(Guardian News), 유튜브 영상, 2021년 10월 28일, https://www.youtube.com/watch?v=Sya_ET05N7E.

2 씨티 GPS(Citi GPS): 글로벌 퍼스펙티브 및 솔루션, 『메타버스와 돈: 미래 해독하기』, 2022년 3월, https://ir.citi.com/gps/x5%2BFQJT3BoHXVu9MsqVRoMdiws3RhL4yhF6Fr8us8oHaOe1W9smOy1%2B8aaAgT3SPuQVtwC5B2%2Fc%3D.

3 로버트 나이트(Robert Knight), "메타버스 경제는 향후 10년 안에 최대 30조 달러 가치가 될 수 있다", 비인크립토(BeInCrypto), 2021년 11월 12일, https://beincrypto.com/metaverse-economy-could-value-30-trillion-in-a-decade/.

4 케이시 뉴턴(Casey Newton), "메타버스의 마크", 더 버지(The Verge), 2021년 7월 22일, https://www.theverge.com/22588022/mark-zuckerberg-facebook-ceo-metaverse-interview.

5 살바도르 로드리게스(Salvador Rodriguez), "마크 저커버그가 페이스북의 '믿을 만한 해결사'를 전면에 내세웠다", CNBC, 2021년 9월 23일, https://www.cnbc.com/2021/09/23/what-mark-zuckerberg-gets-with-new-cto-andrew-boz-bosworth.html.

6 프라시드 바너지(Prasid Banerjee), "메타의 변화: '페이스북 퍼스트'에서 '메타버스 퍼스트'로 - 저커버그", 민트(Mint), 2021년 10월 29일, https://www.livemint.com/technology/tech-news/meta-change-from-facebook-first-to-metaverse-first-says-zuckerberg-11635446450286.html.

7 마크 저커버그(Mark Zuckerberg), "창업자 서한(2021)", 메타(Meta), 2021년 10월 28일, https://about.fb.com/news/2021/10/founders-letter/.

8 훼이링 탄(Huileng Tan), "페이스북: 메타버스 투자로 올해 이익이 '약 100억 달러' 감소할 것으로 예상", 비즈니스 인사이더(Business Insider), 2021년 10월 25일, https://

www.businessinsider.com/facebook-metaverse-investment-reduce-profits-by-10-billion-2021-10.

9 "E102: 일론의 트위터 인수 마무리, 메타의 불확실성, 저커버그의 역사적 베팅, 빅테크 쇠퇴 등", 올-인(All-In) 팟캐스트, 유튜브 영상, 2022년 10월 29일, https://www.youtube.com/watch?v=A-bIpJdaCnM.

10 위의 방송.

11 라이언 맥(Ryan Mac), 쉬이라 프렌켈(Sheera Frenkel), 케빈 루즈(Kevin Roose), "회의감, 혼란, 좌절: 마크 저커버그의 메타버스 고투 내부"《뉴욕 타임스(The New York Times)》, 2022년 10월 9일, https://www.nytimes.com/2022/10/09/technology/meta-zuckerberg-metaverse.html.

12 위의 글.

13 2023년 10월 기준.

14 2023년 기준 측정 자료, https://www.nasdaq.com/articles/is-the-worst-over-for-meta-platforms-stock#.

15 마크 저커버그(Mark Zuckerberg), "메타 직원들에게 보내는 마크 저커버그의 메시지", 메타(Meta), 2022년 11월 9일, https://about.fb.com/news/2022/11/mark-zuckerberg-layoff-message-to-employees/.

16 제프 테퍼(Jeff Teper), "마이크로소프트와 메타, '미래의 일과 놀이'를 위한 몰입형 경험 제공에 협력", 공식 마이크로소프트 블로그(Official Microsoft Blog), 2022년 10월 11일, https://blogs.microsoft.com/blog/2022/10/11/microsoft-and-meta-partner-to-deliver-immersive-experiences-for-the-future-of-work-and-play/

17 제프리 골드파브(Jeffrey Goldfarb), "저커버그, 슈퍼의결권 주식으로 경영권 저항 돌파", 로이터(Reuters), 2022년 10월 27일, https://www.reuters.com/breakingviews/zuckerberg-motivates-supervoting-stock-resistance-2022-10-27/.

18 가조 세비야(Gadjo Sevilla), "메타, VR 헤드셋 시장의 점유율 90% 확보" 인사이더 인텔리전스(Insider Intelligence), 2022년 7월 6일, https://www.insiderintelligence.com/content/meta-captures-90-of-vr-headset-market-share.

19 "글로벌 소셜 미디어 통계", 데이터리포털(DataReportal), 날짜 없음, https://datareportal.com/social-media-users.

20 해리 베이커(Harry Baker), "저커버그: 메타는 헤드셋 비용 보조를 계속할 것", 업로드 VR(UploadVR), 2021년 11월 2일, https://uploadvr.com/zuckerberg-meta-headsets-cost/.

21 케이시 뉴턴(Casey Newton), "마크 저커버그는 페이스북의 미래를 메타버스에 걸고 있다", 더 버지(The Verge), 2021년 7월 22일, https://www.theverge.com/22588022/mark-zuckerberg-facebook-ceo-metaverse-interview.

22 데이비드 매틴(David Mattin), "무한 오피스로의 여정", 메타의 워크플레이스(Workplace from Meta), 날짜 없음, https://www.workplace.com/metaverse-work-infinite-office.

23 "메타버스에서의 원격 근무", 워크플레이스(Workplace), 날짜 없음, https://www.workplace.com/metaverse-work-infinite-office.

24 토머스 저메인(Thomas Germain), "메타의 새 헤드셋은 '맞춤 광고'를 위해 눈동자를 추적할 것이다", 기즈모도(Gizmodo), 2022년 10월 13일, https://gizmodo.com/meta-quest-pro-vr-headset-track-eyes-ads-facebook-1849654424.

25 톰 워런(Tom Warren), "마이크로소프트, 메타와 협력해 팀즈(Teams)·오피스(Office)·윈도즈(Windows)·엑스박스(Xbox)를 VR로 가져온다", 더 버지(The Verge), 2022년 10월 11일, https://www.theverge.com/2022/10/11/23397251/meta-microsoft-partnership-quest-teams-office-windows-features-vr.

26 제이 피터스(Jay Peters), "팀 스위니는 에픽이 '진짜로 긍정적인' 메타버스를 만드는 데 도움 되길 원한다", 더 버지(The Verge), 2022년 12월 15일, https://www.theverge.com/2022/12/15/23511494/tim-sweeney-epic-games-metaverses-positive-dystopian.

27 위의 글.

28 로버트 나이트(Robert Knight), "메타버스 경제는 향후 10년 안에 최대 30조 달러 가치…"; "씨티그룹 보고서: 2030년 메타버스 가치 10조 달러 이상", 레저 인사이트(Ledger Insights), 2022년 3월 31일, https://www.ledgerinsights.com/citi-report-values-metaverse-at-10-trillion-plus-by-2030/.

29 2018년 이 화약 공장에서 발생한 원인 불명의 폭발로 3명이 사망했다. 이후 러시아가 우크라이나 전쟁을 위해 탄약을 생산하던 2022년에도 여러 차례 추가 폭발이 보고됐다. 제니퍼 규릭스카(Jennifer Gyuricska), "러시아 페름의 화약 공장에서 폭발… 3명 사망", 더스트 세이프티 사이언스(Dust Safety Science), 2018년 10월 20일, https://

dustsafetyscience.com/gas-explosion-perm-russia.

30 "20년 전 호텔 객실은 오늘날 일부 상품보다 2배 넓었다", 《USA 투데이 (USA Today)》, 2015년 11월 4일, https://www.usatoday.com/story/travel/ roadwarriorvoices/2015/11/04/hotel-rooms-20-years-ago-were-twice-as-large-as-some-of-todays-offerings/83847338/.

31 막심 보이코(Maxim Boycko), 안드레이 슐레이퍼(Andrei Shleifer), 로버트 비슈니 (Robert Vishny), 「러시아 민영화」, 『브루킹스 페이퍼스 온 이코노믹 액티비티(Brookings Papers on Economic Activity)』, 2호, 1993년, https://scholar.harvard.edu/files/ shleifer/files/privatizing_russia.pdf.

32 "2009-12-05: '레임 호스' 화재", 타임노트(TimeNote), 2023년 10월 5일, https://timenote. info/en/events/Lame-Horse-fire

33 「비디오게임 시장 규모·점유율 및 트렌드 분석 보고서: 기기별(콘솔, 모바일, PC), 유형별(온라인, 오프라인), 지역별(아시아태평양, 북미, 유럽) 분석 및 2023~2030년 시장 전망」, 그랜드 뷰 리서치(Grand View Research), 2020년 5월, https://www. grandviewresearch.com/industry-analysis/video-game-market.

34 루크 플런켓(Luke Plunkett), "포트나이트와 발렌시아가의 협업은 게임이 받을 만한 모든 것" 코타쿠(Kotaku), 2021년 9월 20일, https://kotaku.com/the-fortnite-x-balenciaga-collab-is-everything-the-game-deserves-1847711963.

35 로버트 나이트(Robert Knight), "메타버스 경제는 향후 10년 안에…".

36 "미 의회예산처(CBO), 새로운 10년 경제전망 발표", 책임 있는 연방예산 위원회 (Committee for a Responsible Federal Budget), 2021년 2월 2일, https://www.crfb. org/blogs/cbo-releases-new-10-year-economic-projections.

37 프랭크 홈스(Frank Holmes), "메타버스는 1조 달러 매출 기회… 투자 방법은?", 《포브스(Forbes)》, 2021년 12월 20일, https://www.forbes.com/sites/ greatspeculations/2021/12/20/the-metaverse-is-a-1-trillion-revenue-opportunity-heres-how-to-invest/?sh=59ed40984df9.

38 루크 그레이엄(Luke Graham), "씨티: 가상현실 기술에서 '조(Trillion) 달러 산업' 주목", CNBC, 2016년 10월 14일, https://www.cnbc.com/2016/10/14/citi-eyes-a-trillion-dollar-industry-in-virtual-reality-technology.html.

39 위의 글.

40 엘리스 돕슨(Elise Dopson), "인플루언서 마케팅 통계 30+ (2023)", 쇼피파이(Shopify), 2022년 11월 15일, https://www.shopify.com/blog/influencer-marketing-statistics.

41 "글로벌 인플루언서 시장 규모(2019)", 스태티스타(Statista), 2021년 10월 14일, https://www.statista.com/statistics/1092819/global-influencer-market-size.

42 "대체불가토큰(NFT) 시장, 2030년 2,117.2억 달러 규모", 그랜드 뷰 리서치(Grand View Research), 2023년 5월, https://www.grandviewresearch.com/press-release/global-non-fungible-token-market.

43 "웹 3.0 시장, 2030년 815억 달러 도달(에머전 리서치)", 블룸버그(Bloomberg.com), 2022년 6월 1일, https://www.bloomberg.com/press-releases/2022-06-01/global-web-3-0-market-size-to-reach-usd-81-5-billion-in-2030-emergen-research.

44 릭 매튜스(Rick Mathews), "미국 GDP의 70%는 개인소비: 숫자 속 이야기", Mic, 2012년 9월, https://www.mic.com/articles/15097/us-gdp-is-70-percent-personal-consumption-inside-the-numbers.

45 제이슨 델 레이(Jason Del Rey), "아마존 광고는 어디에나 있다. 이제 시작일 뿐", 복스(Vox), 2022년 11월 10일, https://www.vox.com/recode/2022/11/10/23450349/amazon-advertising-everywhere-prime-sponsored-products.

46 펠릭스 리히터(Felix Richter), "테이프에서 타이달까지: 미국 음악 판매 40년", 스태티스타(Statista), 2022년 6월 24일, https://www.statista.com/chart/17244/us-music-revenue-by-format/.

47 조슈아 프리들랜더(Joshua Friedlander), 매슈 배스(Matthew Bass), 「2021년 연말 RIAA 매출 통계」, RIAA, 2022년 3월, https://www.riaa.com/wp-content/uploads/2022/03/2021-Year-End-Music-Industry-Revenue-Report.pdf.

48 "미국 극장 시장 요약(1995~2023)", 더 넘버스(The Numbers), 2023년, https://www.the-numbers.com/market/.

49 위의 글.

50 「비디오게임 시장가치, 구매 매출 감소에도 2023년까지 2,000억 달러 이상으로 성장」, 주니퍼 리서치(Juniper Research), 2020년 9월 8일, https://www.juniperresearch.com/press/video-games-market-value-to-grow-to-over.

51 사이먼 리드(Simon Read), "게임 산업은 호황이며 계속 성장 전망. 이 차트면 충분", 세계경제포럼(World Economic Forum), 2022년 7월 28일, https://www.weforum.org/

agenda/2022/07/gaming-pandemic-lockdowns-pwc-growth/.

52 「뉴주(Newzoo) 글로벌 게임 시장 보고서 2022(무료 버전)」, 뉴주(Newzoo), 2022년 7월 26일, https://newzoo.com/insights/trend-reports/newzoo-global-games-market-report-2022-free-version?utm_campaign=GGMR2022&utm_source=press.

53 "스포티파이 매출 및 이용 통계(2023)", 비즈니스 오브 앱스(Business of Apps), 2023년 8월 2일, https://www.businessofapps.com/data/spotify-statistics.

54 리사 이디치코(Lisa Eadicicco), "테일러 스위프트의 '애플 뮤직' 비판에 애플이 대응한 방식", 인사이더(Insider), 2015년 8월 6일, https://www.businessinsider.com/apple-reaction-to-taylor-swift-blog-post-2015-8.

55 로힛 세왈레(Rohit Shewale), "2023년 넷플릭스 통계 45개(이용자·매출·트렌드)", 디맨드세이지(DemandSage), 2023년 9월, https://www.demandsage.com/netflix-subscribers.

56 퍼트리샤 창(Patricia Chang), "미 해군, 훈련·모병에 VR/AR 활용", AR포스트(ARPost), 2018년 10월 12일, https://arpost.co/2018/10/12/us-navy-virtual-augmented-reality-cutting-edge-training-recruitment/.

57 조니 스위트(Joni Sweet), "비디오 게임, 정신질환 치료에 '미개척 잠재력' 있을 수 있다", 베리웰 마인드(Verywell Mind), 2021년 7월 5일, https://www.verywellmind.com/video-games-could-treat-mental-illness-study-shows-5190213.

58 「비디오게임 시장가치… 2023년 2,000억 달러 이상으로 성장」, 주니퍼 리서치(Juniper Research).

59 "엔비디아, 테슬라 전기 세단의 디지털 대시보드에 전력 제공", 엔비디아 뉴스룸(NVIDIA Newsroom), 2012년 6월 20일, https://nvidianews.nvidia.com/news/nvidia-powers-digital-dashboard-in-new-tesla-motors-electric-sedan-6622770.

60 "엔비디아, 마이크로소프트와 함께 대규모 클라우드 AI 컴퓨터 구축", 엔비디아 뉴스룸(NVIDIA Newsroom), 2022년 11월 16일, https://nvidianews.nvidia.com/news/nvidia-microsoft-accelerate-cloud-enterprise-ai.

61 제프 머리(Geoff Murray), 로리 헤일라카(Rory Heilakka), "항공사 조종사 부족은 더 악화될 것", 올리버 와이먼(Oliver Wyman), 2022년, https://www.oliverwyman.com/our-expertise/insights/2022/jul/airline-pilot-shortage-will-get-worse.html.

62 웬디 벡먼(Wendy Beckman), 「교실에서 '마이크로소프트 플라이트 시뮬레이터' 활용…

의사결정 능력 향상」, 국제 항공심리학 심포지엄(International Symposium on Aviation Psychology), 2011년, https://corescholar.libraries.wright.edu/cgi/viewcontent.cgi?article=1097&context=isap_2011.

63 마리오 알론소 푸이그(Mario Alonso Puig) 외, 「소아암 환아에서 비디오 게임 통증 완화와 미주신경 긴장도 증가의 연관」, 『의학 인터넷 연구 저널(Journal of Medical Internet Research)』, 22권, 3호, 2020년 3월: e16013, https://doi.org/10.2196/16013.

64 "비디오 게임은 아동의 더 나은 인지 수행과 연관될 수 있다", 미 국립보건원(NIH), 2022년 10월 24일, https://www.nih.gov/news-events/news-releases/video-gaming-may-be-associated-better-cognitive-performance-children.

65 엘리자베스 M. 젤린스키(Elizabeth M. Zelinski), 리카르도 레예스(Ricardo Reyes), 「노년층을 위한 컴퓨터 게임의 인지적 이점」, 『저론테크놀로지(Gerontechnology)』, 8권, 4호, 2009년, https://doi.org/10.4017/gt.2009.08.04.004.00.

66 「폴 크루그먼의 빗나간 예측」, 래펌스 쿼털리(Lapham's Quarterly), 날짜 없음, https://www.laphamsquarterly.org/revolutions/miscellany/paul-krugmans-poor-prediction.

67 「예측과 미래기획의 기술」, 『더 넥스트 웨이브(The Next Wave)』, 18권, 4호, 2011년, https://media.defense.gov/2020/Oct/23/2002522458/-1/-1/0/TNW-18-4.PDF.

68 제니퍼 랫슨(Jennifer Latson), "미국 석유 산업은 어떻게 시작됐나", 《타임(Time)》, 2015년 8월 27일, https://time.com/4008544/american-oil-well-history/.

69 「예측과 미래기획의 기술」.

70 엘라이 암두르(Eli Amdur), "브래드버리, 라이트 형제, 클로드: 장애물? 무슨 장애물?", 《포브스(Forbes)》, 2022년 11월 3일, https://www.forbes.com/sites/eliamdur/2022/11/03/bradbury-wrights-claude-obstacles-what-obstacles/?sh=1ffad83757f1.

71 리처드 브로디(Richard Brody), "찰리 채플린의 스캔들 많은 삶과 무한한 예술성", 《뉴요커(The New Yorker)》, 2015년 9월 18일, https://www.newyorker.com/culture/richard-brody/charlie-chaplins-scandalous-life-and-boundless-artistry.

72 에디터스 초이스(Editor's Choice), "빗나간 위대한 기술 예측들", 인포메이션 에이지(Information Age), 2019년 8월 8일, https://www.information-age.com/greatest-tech-predictions-missed-mark-14423/.

73 클리퍼드 스톨(Clifford Stoll), "왜 웹은 낙원이 되지 못할까", 《뉴스위크(Newsweek)》, 1995년 2월 26일, https://www.newsweek.com/clifford-stoll-why-web-wont-be-nirvana-185306.

74 살바도르 로드리게스(Salvador Rodriguez), "페이스북, 사상 처음 시가총액 1조 달러 돌파 후 마감", CNBC, 2021년 6월 29일, https://www.cnbc.com/2021/06/28/facebook-hits-trillion-dollar-market-cap-for-first-time.html.

75 "인터넷 성장 통계", 인터넷 월드 스탯츠(Internet World Stats), 2022년, https://www.internetworldstats.com/emarketing.htm.

76 「디지털 2023년 4월 글로벌 스탯샷 보고서」, 데이터리포털(DataReportal), 2023년 4월, https://datareportal.com/reports/digital-2023-april-global-statshot.

77 리아 콜린스(Leah Collins), "'거대한 가치와 거대한 위험': 트위터 2억 DAU(일일 활성 사용자)까지의 길이 쉽지 않았던 이유", CNBC, 2022년 8월 25일, https://www.cnbc.com/2022/08/25/heres-why-twitters-road-to-200-million-daily-users-hasnt-been-easy.html.

78 "채드와 스티브의 메시지", 유튜브, 2006년 10월 9일, https://www.youtube.com/watch?v=QCVxQ_3Ejkg.

79 만수르 이크발(Mansoor Iqbal), "유튜브 매출 및 이용 통계(2022)", 비즈니스 오브 앱스(Business of Apps), 2022년 1월 11일, https://www.businessofapps.com/data/youtube-statistics/.

80 타티아나 워크-모리스(Tatiana Walk-Morris), "가트너: 2026년까지 소비자 4분의 1이 매일 메타버스를 사용할 것", 리테일 다이브(Retail Dive), 2022년 2월 10일, https://www.retaildive.com/news/gartnera-quarter-of-consumers-will-use-the-metaverse-daily-by-2026/618474/.

81 에드 그레서(Ed Gresser), "PPI '무역 팩트': 미국 가정의 의류·신발 지출은 50년간 거의 3분의 2 감소", 프로그레시브 정책연구소(Progressive Policy Institute), 2023년 1월 4일, https://www.progressivepolicy.org/blogs/ppis-trade-fact-of-theweek-american-families-have-cut-their-bills-for-clothes-and-shoes-by-nearly-twothirds-in-50-years/.

82 "크레이트 앤 배럴, 메타버스 담당 SVP로 세바스찬 브라우어 임명", 리테일 범(Retail Bum), 2022년 5월 13일, https://retailbum.com/2022/metaverse/crate-and-barrelappoints-sebastian-brauer-as-svp-of-the-metaverse.

83 제임스 로열(James Royal), "비트코인 가격 역사: 2009~2023", 뱅크레이트(Bankrate), 2023년 6월 14일, https://www.bankrate.com/investing/bitcoin-price-history.

84 「암호화폐 지갑 시장 규모·점유율 및 트렌드 분석 보고서: 지갑 유형별(핫 월렛·콜드 월렛), 운영체제별(Android·iOS·기타), 응용 분야별, 사용 주체별(개인·기업), 지역별 분석 및 2023~2030년 세그먼트별 시장 전망」, 그랜드 뷰 리서치(Grand View Research), 날짜 없음, https://www.grandviewresearch.com/industry-analysis/crypto-wallet-market-report.

85 로버트 맥밀런(Robert McMillan), "마운트 곡스(Mt. Gox), 비트코인 4억 6천만 달러 재앙의 전말", 《와이어드(Wired)》, 2014년 3월 3일, https://www.wired.com/2014/03/bitcoin-exchange/.

86 네이선 라이프(Nathan Reiff), "FTX 붕괴: 암호화폐 거래소에서 무슨 일이 벌어졌나", 인베스토피디아(Investopedia), 2023년 2월, https://www.investopedia.com/what-went-wrong-with-ftx-6828447.

87 「로열티 관리 시장 규모, 점유율 및 코로나19 영향 분석: 구축 방식별(온프레미스·클라우드), 기업 규모별(대기업·중소기업), 산업별(BFSI, IT·통신, 운송, 유통, 호스피탈리티, 제조, 미디어·엔터테인먼트 등) 및 지역별 전망, 2023-2030」, 포춘 비즈니스 인사이트(Fortune Business Insights), 날짜 없음, https://www.fortunebusinessinsights.com/industry-reports/loyalty-management-market-101166.

88 린지 핀치(Lindsey Finch), "고객 신뢰 위기 관리: 새로운 연구 인사이트", 더 360 블로그(The 360 Blog), 2018년 9월 6일, https://www.salesforce.com/blog/trends-customer-trust-research-transparency-blog/.

89 위의 글.

90 "메리어트 본보이, 여행 영감 NFT로 메타버스에 데뷔", 메리어트 인터내셔널 뉴스센터(Marriott International Newscenter), 2021년 12월 4일, https://news.marriott.com/news/2021/12/04/marriott-bonvoy-logs-into-the-metaverse-with-debut-of-travel-inspired-nfts.

91 카일리 로건(Kylie Logan), "스눕 독, '스눕버스' 개발… 가상 부동산이 거의 50만 달러에 팔렸다", 《포춘(Fortune)》, 2021년 12월 10일, https://fortune.com/2021/12/09/snoopdogg-rapper-metaverse-snoopverse.

92 얼라이드 마켓 리서치(Allied Market Research), "인터넷 광고 시장, 2027년까지 전 세계 1.08조 달러… 연 17.2% 성장" PR 뉴스와이어(PR Newswire), 2020년 11월 25일, https://www.prnewswire.com/news-releases/internet-advertising-market-to-reach-1-08-trillion-globally-by-2027-at-17-2-cagr-allied-market-research-301180403.html.

93 메건 그레이엄(Megan Graham), 제니퍼 엘리아스(Jennifer Elias), "구글의 1,500억 달러 광고 사업은 어떻게 돌아가나", CNBC, 2021년 5월 18일, https://www.cnbc.com/2021/05/18/how-does-google-make-money-advertising-business-breakdown-.html.

94 "구글은 어떻게 돈을 버나: 구글 광고에서 가장 비싼 키워드 20개", 워드스트림(WordStream), 2011년, https://www.wordstream.com/articles/most-expensive-keywords.

95 마이크 슈로보(Mike Schrobo), "2022년 가장 비싼 키워드", PPC 히어로(PPC Hero), 2022년 3월 7일, https://www.ppchero.com/the-most-expensive-keywords-for-2022/.

96 후안 카를로스 페레즈(Juan Carlos Perez), "업데이트: 구글, 클릭 사기 소송 9천만 달러 합의", 컴퓨터월드(Computerworld), 2006년 3월 9일, https://www.computerworld.com/article/2562406/update—google-to-settle-click-fraud-lawsuit-for--90m.html.

97 "구글 매출: 연간·분기·역대", 지피아(Zippia), 2023년 7월 21일, https://www.zippia.com/google-careers-24972/revenue.

98 벤 러브조이(Ben Lovejoy), "VR 앱: 개발자들, 메타를 애플에 비유… '위선' 비판", 9to5Mac, 2022년 6월 29일, https://9to5mac.com/2022/06/29/vr-apps/.

99 "메타 CEO 마크 저커버그, 애플 30% 수수료를 우회하도록 개발자 지원 제안", 인포테크리드(InfotechLead), 2021년 11월 4일, https://infotechlead.com/digital/meta-ceo-mark-zuckerberg-offers-support-to-developers-to-bypass-apples-30-fees-69558.

100 피터 머리(Peter Murray), "아마존 판매자 결제의 가속이 연말 매출 성장을 견인하는 방식", 이컴엔진(eComEngine), 2022년 12월 8일, https://www.ecomengine.com/blog/amazon-seller-payments.

101 "연구: 2022년 데이터 유출 평균 비용, 사상 최고치", 모건 루이스(Morgan Lewis), 2023

년 1월 4일, https://www.morganlewis.com/blogs/sourcingatmorganlewis/2023/01/study-finds-average-cost-of-data-breaches-reaches-all-time-high-in-2022.

102 에밀리 히슬립(Emily Heaslip), "중소기업이 알아야 할 랜섬웨어", 미국 상공회의소(US Chamber of Commerce), 2023년 1월 23일, https://www.uschamber.com/co/run/technology/small-businesses-ransomware.

103 헬스데이(HealthDay), "미국 병원 랜섬웨어 공격, 2016년 이후 두 배로 증가", U.S. 뉴스 & 월드 리포트(U.S. News & World Report), 2023년 1월 4일, https://www.usnews.com/news/health-news/articles/2023-01-04/ransomware-attacks-on-u-s-hospitals-have-doubled-since-2016.

104 "개인정보를 파는 데이터 브로커를 막는 방법", 카스퍼스키(Kaspersky), 날짜 없음, https://www.kaspersky.com/resource-center/preemptive-safety/how-to-stop-data-brokers-from-selling-your-personal-information.

105 "소비자 데이터 프라이버시 보호를 위한 입법안 검토", 미 상원 상무·과학·교통위원회(U.S. Senate Committee on Commerce, Science, & Transportation), 2019년 12월 4일, https://www.commerce.senate.gov/2019/12/examining-legislative-proposals-to-protect-consumer-data-privacy.

106 에밀리 크레인(Emily Crane), "미 상원, 중국이 모든 미국인 신상 기록을 만들 수 있을 만큼의 데이터 확보했다고 경고", 《뉴욕 포스트(New York Post)》, 2021년 8월 9일, https://nypost.com/2021/08/09/senate-panel-warned-china-has-enough-data-for-dossiers-on-all-americans/.

107 레이철 트레이스먼(Rachel Treisman), "FBI, 틱톡이 국가안보 우려를 제기한다고 주장" NPR, 2022년 11월 17일, https://www.npr.org/2022/11/17/1137155540/fbi-tiktok-national-security-concerns-china.

108 찰스 아서(Charles Arthur), "구글, 사파리 추적 우회로 FTC에 역대급 2,250만 달러 벌금", 《가디언(The Guardian)》, 2012년 8월 9일, https://www.theguardian.com/technology/2012/aug/09/google-record-fine-ftc-safari.

109 "FTC, 페이스북에 50억 달러 벌금 및 광범위한 신규 프라이버시 제한 부과", 미 연방거래위원회(FTC), 2019년 7월 24일, https://www.ftc.gov/news-events/news/press-releases/2019/07/ftc-imposes-5-billion-penalty-sweeping-new-privacy-restrictionsfacebook.

110 로이터(Reuters) 스태프, "EU, 왓츠앱 거래 관련 페이스북에 1억 1천만 유로 벌금", 로이터, 2017년 5월 18일, https://www.reuters.com/article/us-eu-facebook-antitrust-idUSKCN18E0LA.

111 "개인화 전략의 성패가 만들어내는 가치의 격차는 갈수록 커지고 있다", 맥킨지 앤드 컴퍼니(McKinsey & Company), 2021년 11월 12일, https://www.mckinsey.com/capabilities/growth-marketing-and-sales/our-insights/the-value-of-getting-personalization-right-or-wrong-is-multiplying.

112 위의 글.

113 에이미 갈로(Amy Gallo), "올바른 고객을 유지하는 가치", 《하버드 비즈니스 리뷰(Harvard Business Review)》, 2014년 10월 29일, https://hbr.org/2014/10/the-value-of-keeping-the-right-customers.

114 제프리 그레이보(Jeffrey Grabow), "2022년 4분기 벤처캐피털 투자 트렌드", 언스트앤영(Ernst & Young), 2023년 1월 30일, https://www.ey.com/en_us/growth/venture-capital/q4-2022-venture-capital-investment-trends.

115 「벤처캐피털 투자 시장 점유율 및 규모(2022-2027)」, IMARC 그룹(IMARC Group), 날짜 없음, https://www.imarcgroup.com/venture-capital-investment-market.

116 애덤 헤이스(Adam Hayes), "공인투자자(Accredited Investor) 정의: 요건 이해하기", 인베스토피디아(Investopedia), 2023년 7월 4일, https://www.investopedia.com/terms/a/accredited investor.asp.

117 "줄거리는 두 가지뿐: (1) 누군가 여행을 떠난다 (2) 낯선 이가 마을에 온다", 쿼트 인베스티게이터(Quote Investigator), 2023년 2월 20일 접속, https://quoteinvestigator.com/2015/05/06/two-plots/.

118 클리프 사란(Cliff Saran), "스탠퍼드대 연구: AI가 무어의 법칙을 앞지르고 있다", 컴퓨터위클리(ComputerWeekly.com), 2019년 12월 12일, https://www.computerweekly.com/news/252475371/Stanford-University-finds-that-AI-is-outpacing-Moores-Law.

119 로버트 나이트(Robert Knight), "메타버스 경제는 향후 10년 안에…".